■ 现代医院建设与管理系列

Contemporary Hospital Programming and Design

丛书主编◎陈　智　　张新跃　　朱　慧

现代医院
规划与设计

黄　昕　陈　建　徐　昉　孙　涛◎著

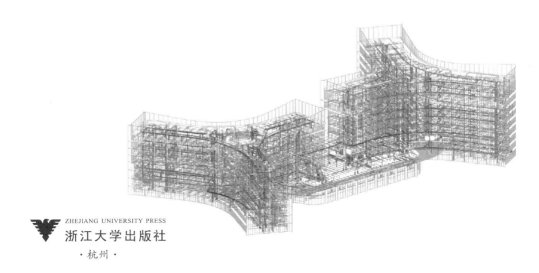

ZHEJIANG UNIVERSITY PRESS
浙江大学出版社
·杭州·

图书在版编目（CIP）数据

现代医院规划与设计 / 黄昕等著. -- 杭州：浙江
大学出版社，2024.10
ISBN 978-7-308-23712-3

Ⅰ.①现… Ⅱ.①黄… Ⅲ.①医院－建筑设计 Ⅳ.
①TU246.1

中国国家版本馆CIP数据核字（2023）第071622号

现代医院规划与设计

黄　昕　陈　建　徐　昉　孙　涛　著

责任编辑	张　鸽　冯其华
责任校对	张凌静
封面设计	续设计_黄晓意
出版发行	浙江大学出版社
	（杭州天目山路148号　邮政编码：310007）
	（网址：http://www.zjupress.com）
排　　版	浙江大千时代文化传媒有限公司
印　　刷	浙江省邮电印刷股份有限公司
开　　本	710mm×1000mm　1/16
印　　张	22.25
字　　数	360千
版 印 次	2024年10月第1版　2024年10月第1次印刷
书　　号	ISBN 978-7-308-23712-3
定　　价	228.00元

作者介绍

黄昕

    毕业于浙江大学信息与电子工程学系，获硕士学位，研究员。现任浙江大学医学院附属邵逸夫医院党委书记，曾在浙江大学医学院附属儿童医院、新疆和田地区人民医院（挂职）、浙江大学医学院附属口腔医院任职。长期从事医院医疗设备管理、信息化建设、基本建设和医院行政党务管理工作，熟悉和掌握行政后勤管理政策法规、规范标准，规划建设了儿童医院、口腔医院和邵逸夫医  院五期工程，获得浙江省尖兵领雁研发攻关计划一项，致力于未来医院的数智化建设、智慧化运维管理研究。

陈建

    浙江大学建筑设计研究院有限公司副总建筑师兼建筑五院院长；国家一级注册建筑师，教授级高工。杭州市首届优秀青年建筑师，中国建筑学会第十一届"青年建筑师奖"获得者，建国60周年建筑创作大奖获得者，建国70周年优秀勘察设计奖获得者，中国医疗建筑十佳设计师，中国建筑学会专家库医疗专家。从业以来一直活跃在创作第一线，专注于当代语境下的地域性创作。作品获国内  国际奖项共70余项，先后主持设计了20余项大型医疗项目，并参与了多个科研课题的研究和行业标准的编制，对医疗建筑有丰富的设计经验和深入的理论研究。设计创作了浙江大学医学院附属第二医院未来医学中心、杭州市第一人民医院桐庐分院等代表性作品。

徐昉

曾任浙江大学建筑设计研究院有限公司医疗事业部主任。2013 年毕业于美国得州农工大学（TexasA&M University）健康系统与设计研究中心医疗专业设计方向。获得美国注册建筑师执业资格。在美国医疗建筑设计排名前列的 HKS 建筑事务所达拉斯总部工作六年，参与国内外多项大型医疗建筑的设计。入职浙江大学建筑设计研究院医疗事业部后参与了浙江大学医学院附属第二医院未来医学中心、杭州市第一人民医院桐庐分院、衢江区妇幼保健院等多项各种类型的医疗建筑设计。获得发明专利"可快速转变为传染病房的普通病房"一项。

孙涛

教授级高工，现任浙江大学建筑设计研究院有限公司医疗事业部机电总监。毕业于浙江大学能源工程系，1994 年起从事医疗建筑的暖通空调设计、建筑能化设计、绿色建筑规划和评价工作。教育部科技进步奖获得者，拥有发明专利两项，主编学术专著一部。曾参与浙江大学医学院附属邵逸夫医院、上海市东方医院、浙江大学医学院附属第二医院未来医学中心等大型综合性医院项目的工程设计，在暖通空调与院内感染防控、医疗建筑节能设计方面有丰富的实践经验。兼任住房和城乡建设部绿建星级评定专家、浙江省制冷学会理事、浙江省能源能效领域专家、浙江省工程建设标准化专家等。曾担任浙江省卫生监督专家库专家、浙江省暖通空调及动力专业学会副主任委员等。

序

当前，我国医疗健康产业蓬勃发展，大型综合性医院业务规模迅速扩大，新型诊疗技术持续更新，这对医院建设的前期规划和设计提出了更高的要求。未来医疗卫生服务将呈现更多差异性、更长时间性和更强连续性的特点。为了给从事医院建设与管理的相关人员提供更丰富的资源与可靠的经验，浙江大学医学院附属邵逸夫医院与浙江大学建筑设计研究院有限公司医疗事业部倾力推出《现代医院规划与设计》。本书作为"现代医院建设与管理系列"之一，旨在为广大医院建设管理者、设计师和医疗从业者提供一套系统、科学、实用的国际视野下的医院总体规划与设计指南。

本书内容翔实，结构严谨，既有理论阐述，又有实践案例，既适用于医疗行业从业人员阅读，也可供建筑设计人员参考。书中结合国内外先进的医院设计理念和项目建设经验，为读者提供了一套完整的医院科室与流程规划与设计指标体系。

本书以平衡共生的理念为指导，探索"情理合一、技艺合一、形质合一"的未来医疗建筑设计方向。立足于当代建筑语境下的时间、空间、人三要素的平衡，构建更高效、更温馨、更智慧、更绿色的健康港湾。追求医疗工艺的功能性、建筑工程的技术性、疗愈环境的舒适性、空间设计的艺术性以及未来发展的绿色低碳可持续性。

感染控制始终是医院规划与设计的基本原则。在后疫情时代，强化院内获得性感染控制的理念得到更广泛认同，相关实践也日渐丰富。与此同时，平急转换的需求亦被纳入医院管理日程。医疗流程规划与设计的调整应与这些需求相适应。为此，本书提供了丰富的基础理论知识和重点科室的设计要求，供读者借鉴。

希望"现代医院建设与管理系列"能为广大读者提供一个学习、交流的平台，帮助大家更好地了解医院设计与管理的最新动态，提高自己的专业素养，为构建健康中国贡献力量。也衷心祝愿《现代医院规划与设计》能够为广大读者带来实实在在的帮助，成为医疗健康产业领域的一部佳作。让我们携手共进，为人们设计更美好的医院！

黄和申

于浙江大学平衡建筑研究中心

2023年8月

前　言

进入 21 世纪后，人民生活水平日益提升，人们对健康生活的需求逐渐提高，我国医疗卫生事业进入了新的高速发展时期，医院建设如火如荼地进行。

从 2003 年 SARS 到 2019 年新冠疫情暴发，面对病毒传播途径的多样性和病毒的潜伏期，医院如何有效管理、切断传染源，对医院整体医疗流线布局带来了极大的考验。后疫情时代，医院如何提升传染性突发公共卫生事件的应对能力，有效降低患者集聚产生的院内感染，在医院建设方面有许多值得反思、研究与突破的空间。本书主要的写作意义在于，院方管理者、设计者如何通过建设前期介入"院感"理念和措施，更加合理地布局患者流线、医疗功能空间，最大限度地缩短患者的就医流程，改善室内环境，提升空气质量，更加有效地控制传染源、阻断传播途径和保护易感人群，从而展现医疗领域设计、施工、运营过程管理的优越性，特别是前期设计的重要性。

得益于医院发热门诊、传染病病区等建设规范，院内感染得到了有效控制，也引起了医疗学术领域的重点关注，如何通过设计与管理将院内感染控制的理论研究落地，也是本书探讨的重要内容。借鉴国外的医院设施建设规范，如美国医院设施指南协会（Facilities Guidelines Institute，FGI）等的相关规范，医院生命周期的设计、施工及运营阶段，均应纳入感染控制的视域。

为了多维度地完成院感控制的目标，既需要建立敏锐、专业、综合的院内感染管控体系，也需要强大的多学科团队（Multi-Disciplinary Team，MDT）作为核心的支撑，包括院感控制人员、医护人员、工程师、后勤维护人员等，共同实现院感风险的预评与控评。本书的写作成员组成也依据MDT 的管理概念，从医院的整体概念出发，到具体的科室规划设计，结合具体的案例，较为系统和全面地阐述了医院建筑设计的原则和方法。其涵盖的内容包括：医院前期规划、医院的一二级流程规划、医院室内设计、医院通风与空调系统的设计、智慧医院、医院物流传输系统、医院绿色建筑规划等医院设计过程中具有前瞻性的热门话题，完整阐述了医院生命周期的整体思路。

为了给从事医院建设与管理的相关人员提供更丰富的资源与可靠的经验，浙江大学医学院附属邵逸夫医院与浙江大学建筑设计研究院有限公司相关人员联合编写了《现代医院规划与设计》一书。本书的参编人员有长期奋斗在临床一线的医护工作者，有医疗卫生行业的行政管理人员，有医院设计经验丰富的设计师。本书的主编曾设计和建设了浙江大学医学院附属儿童医院和口腔医院两个新院区。浙江大学建筑设计研究院医疗事业部承接设计了浙江大学医学院附属第一医院城站院区、第二医院柯桥院区、第四医院双江湖院区等多个不同类型医院。

本书从不同的视角切入，整合多个维度，结合当下热点，从设计的源头为新时期医院建设提供全面、具体、实用的建议，以全方位、全过程的院感视角来表达对现代医院建设的见解与期望。

得益于武汉战"疫"传染病房布局中"三区两通道"的实践经验，邵逸夫医院五期工程在设计上落实"三区两通道"的布局和空调气流组织的设计理念，完善了常规标准层的平疫转换设计，一旦疫情来临，在预留位置加装管控门禁和医护穿脱通过区域高效过滤空气自净装置即可满足"三区两通道"的要求。同时，医院的肠道门诊与发热门诊、感染病区的改造也实现了平疫结合。本书将与大家分享交流从中收获的经验与面对的挑战。

医院建设是一个庞大的系统性工程，从规划到设计，从建设到管理，从运营到维护，离不开每一个环节，离不开每一个角色的付出与努力。我们深信院感控制必须与医院工程设计紧密联系，希望广大医院管理者和设计者从医院建设的庞杂工程中提取精华、总结经验，集百家之长，得到新的启发，打开新的思路，少走一些弯路，共建美好未来。真诚欢迎读者对编纂过程可能存在的失之偏颇的观点或不足之处予以指正。

致　谢

　　本书的创作始于 2020 年，定稿于 2023 年，期间经历了新冠疫情。本书在成稿过程中经过多次修订与内容更新，特别是从院感控制的视角出发，呈现后疫情时代国内外最新研究成果和设计实践，为读者提供有益的参考和指导。

　　感谢浙江大学医学院卫生政策与医院管理研究中心的大力鼓励、支持与帮助，使得本书的出版工作得以顺利进行。

　　感谢浙江大学平衡建筑研究中心对本书出版工作的支持，中心主任董丹申教授为本书提供学术指导并作序。平衡建筑的学术理论为本书的写作提供了有力的理论支撑。

　　感谢浙江大学医学院附属邵逸夫医院的医护人员，他们在抗击新冠疫情的前线展现了非凡的勇气和奉献精神。邵逸夫医院的医护人员参与整理第一手资料和书稿的审查工作，使本书更具专业性，内容更贴近医疗从业人员的需求。在此，表达由衷的感谢和敬意。

　　感谢浙江大学建筑设计研究院有限公司，本书的写作任务由专注于医疗建筑设计的第五建筑设计研究院承担。团队成员在医疗建筑设计领域有深厚的专业底蕴，积累了众多大型综合性医院成功设计案例。他们以专业性、前瞻性和国际性的视角，为本书贡献了第一手的素材和丰富的设计经验。

　　感谢浙江大学医学院附属医院和其他众多医疗业主单位给予的信任。本书引用了一些医疗建筑的工程案例，正因为有他们的支持，才有浙江大学建筑设计研究院有限公司参与这些项目的规划和设计，汇聚思考，完成本书的积累。

　　感谢关心和曾经指导本书写作的所有医疗行业专家和医院建设管理者。

　　我们谨向下列参与人员和所有提供过帮助的人士表示衷心的感谢：翁晓

川、沈水珍、严静、祁海鸥、沈富女、王勤燕、袁玉华、王亚娟、许益盛、黄恺悦、乔洪波、倪剑、应倩、祖武、李沫汲、张繁、李琪、吴洁琼、方星凯、江山、张杨、孙海峰、郑文杰、马健、张武波、汪波、张敏敏、毛阗、孟晓静、姜哲远、陈骏峰、吴钟笑。

目　录

第一章

总　论

第一节　概　述

医疗建筑是医疗卫生服务体系的基石,是关乎民生的重要公共服务设施。

我国拥有 14 亿人口，医院建筑需求量居世界首位。随着经济增长、城市化发展、医疗改革持续深化，我国医院呈现爆发增长的趋势。大型综合医院建设需要耗费大量资源，在建设过程中如何更有效地利用有限的资源以更好地满足人们对大型综合医院建筑的需求，成为医院设计方、建设方与管理方需要关注的问题。大型综合医院建筑本就是公共建筑中技术含量较高、功能较复杂、各技术专业配合需求较多的建筑类型，必然受到众多因素的影响，从选址策划到施工建成，各个环节均不可忽视，并且建筑设计领域以外的医疗技术、建造技术、建设管理模式等多方面因素也不可忽视。

国家"十四五"规划强调"全面推进健康中国建设"，"健康中国建设"上升为国家战略。公立医院既是实现健康中国建设战略的重要组成部分，又是医疗服务体系的主体，还是居民健康服务的主要供给者，应当全面承担提供居民健康服务的任务。公立医院要实现该任务，关键是要实现自身高质量发展，这是时代所赋予的重大发展机遇。2021 年 2 月 9 日，国家卫健委在公布的对十三届全国人大三次会议第 6293 号《关于增加公立医院数量、扩大公立医院的建议》的答复中明确指出，将公立医院作为维护国家安全的战略性基础设施，形成特色鲜明、功能互补、错位发展、有序竞争的公立医院发展格局。要提高公立医院规模和建设标准，开展医院基础设施改造和设备升级，提高建设前瞻性和现代化水平。支持部分实力强的公立医院发展单体多院区模式，发生重大疫情时迅速转换为传染病收治定点医院。强化学科建设和人才培养。以满足重大疾病临床需求为导向，加强临床学科和重点专科建设，发挥大型综合医院的科技创新核心作用，深化医教协同。大力推进公立医院信息化建设。支持公立医院医疗信息基础设施建设，拓展"互联网＋医疗健康"服务，打造数字医院、智慧医院。

本书针对当前医院设计、建设、管理的热点与难点问题展开论述，并结合新冠疫情背景下新一轮医院建设的特点，探讨新时代医院建设的新需求、新痛点、新思路。伴随医院管理理念从以资源为核心转变为以患者为中心，医院流程将会重组，疫情防控概念、院内感染防控思想、平疫转换思路在医院设计中会得以更彻底地实践。

从建筑学的范畴，医疗建筑被定义为功能属性明确的疗愈空间。医疗建筑的发展主要经历了初始期、分离期和发展期三大阶段。追溯到古希腊时期，当时的诊疗理念相对滞后，社会生产力水平和医疗技术科学水平较低，医疗技术手段匮乏，仅靠医生的观察和简单的工具来实现诊断和治疗。面对疾病，人类选择相信宗教自我救赎的力量，因此医疗建筑功能融合依附于教堂、寺庙、民居等建筑形式中。到了 19 世纪初期，医疗技术的快速发展得益于工业革命，生理学、病理学、微生物学和免疫学等基础学科的发展有了长足的进步，精确定量分析方法成为现代医学的主流。医学的专业化催生了医院作为独立的建筑类型出现。在 20 世纪中期，随着 X 线机等复杂医疗设施的出现，以及 CT、MRI、DSA 等大型影像装置的普及，医技部门成为医疗建筑的核心，更加强调医院的高效运转。同时期的医疗建筑表现为大体量、紧凑型、垂直型的群体建筑。医院作为一种建筑形态的发展，从早期融入城市肌理，逐渐成长为高度专业化、形态制式化、与城市群体分割的功能性建筑。

未来的医院更加多元化，强调功能属性与城市属性的融合。大尺度的空间与复杂的功能，使大型医疗建筑往医疗综合体方向发展，医院的公共空间更注重城市公共空间属性的融合。此外，伴随着"生物—心理—社会—医学"

（恩格尔，1977）、"以患者为中心"等行为科学和社会学研究成果的提出，医院设计开始注重病患人群的就诊体验，以及医院工作人员的工作体验。医学模式的变化使人们用"医疗环境"这个术语来描绘、评价和设计医院空间，医院功能由原先单一的医疗型向"医疗、预防、保健、康复"复合型转化，医院的艺术化、家庭化、数字化趋向更为明显。本书针对未来更加多元与融合的综合医院，从人性化医院的设计、专业化的诊疗手段、合理化的空间塑造等多角度，同时结合医院建设各阶段，从前期策划到后期评估，多维度阐述医院定位、设计、运营与评价体系。

目前，我国尚缺乏对综合医院建筑的系统研究，本书对我国综合医院规划、设计、管理的各个环节进行全面系统的梳理与总结，旨在对未来发展提出具有参考价值的建筑设计策略。

第二节 医院设计标准浅析

一、分类与分级

医院是我国医疗卫生机构的主要形式，按业务性质可以划分为综合医院、中医院、中西医结合医院、专科医院、妇幼保健院以及专科疾病防治院等。

我国医院按规模和任务不同，可划分为一、二、三级。

一级医院：病床数在100（含）张以内，是直接为社区提供医疗、预防、康复、保健综合服务的基层医院，是初级卫生保健机构。

二级医院：病床数在101～500张，是跨几个社区提供医疗卫生服务的地区性医院，是地区性医疗服务、疾病预防的技术中心。

三级医院：病床数在501张（含）以上，是跨地区、省、市以及向全国范围提供医疗卫生服务的医院，是具有全面综合医疗、教学、培训、疾病预防、科学研究的机构。

二、国内外现有规范标准

（一）中国《综合医院建筑设计规范》（GB51039–2014）和《综合医院建设标准》的编制思路

《综合医院建筑设计规范》（GB51039–2014）是根据原建设部《关于印发〈二○○二—二○○三年度工程建设国家标准制订、修订计划〉的通知》（建标〔2003〕102号）的要求，由国家卫生和计划生育委员会规划和信息司、中国医院协会医院建筑系统研究分会会同有关单位共同编制完成的。

我国的《综合医院建设标准》一共经历了三次比较大的调整，分别是2008版的标准《综合医院建设标准》（建标110–2008），2018年国家卫生健康委网站发布的《关于征求综合医院建设标准（修订版征求意见稿）意见的函》以及2021年7月1日的《综合医院建设标准》（建标110–2021）。这三轮修订都对上一轮的标准有较大幅度的调整。

（二）美国医院设计标准FGI[①]（2014）及FGI（2018）的编制思路

美国医院设计标准FGI（2014）及FGI（2018）是美国的医院建筑设计导则，内容涵盖医疗设施的基本配置和标准（见表1–1）；包含了暖通、电气和给排水等机电设计的标准，及医用气体、医疗专项的设计要求，对医院的消防、安保控制和感染控制也有相关要求。FGI与英国卫生建筑设计标准被并列为国际上应用最广的医院建筑设计导则，是北美、南亚、中东、非洲等国家采用的设计标准。中美标准目录大纲对比见表1–2。

---

① FGI：Facilities Guidelines Institute，美国医院设施指南协会。

表 1-1 美国医院设计标准 FGI（2018）大纲

1 概述	1.1 介绍	综述、新建医院、改建医院、政府法规、规范与标准、对等概念、度量单位、法规、标准与其他文件
	1.2 规划、设计、建设和调试	综述、功能策划、空间策划、安全风险评估、护理环境要求、规划和设计考量及要求、改造、调试、档案文件及说明
	1.3 场地	综述、位置、场地特征、环境污染控制
	1.4 设备	综述、设备类别、设备要求、设备空间要求
2 医院设施	2.1 医院一般要素	综述、护理单元及其他护理区域、医技区域、患者支持区域、后勤支持区域、行政管理区域、设计及建设要求、建筑机电系统
	2.2 综合医院的具体要求	同"2.1 医院一般要素"
	2.3 独立急诊部	同"2.1 医院一般要素"
	2.4 特殊性出入口的医院具体要求	同"2.1 医院一般要素"
	2.5 精神病医院的具体要求	同"2.1 医院一般要素"
	2.6 康复医院的具体要求	同"2.1 医院一般要素"
	2.7 儿童医院的具体要求	同"2.1 医院一般要素"
	2.8 可移动医疗单元的具体要求	同"2.1 医院一般要素"
3 医院空调通风设计	ANSI/ASHRAE/ASHE 2021版《医疗护理场所通风标准》*	医疗设施通风设计
附表	第一部分	安全风险评估构成
		感染控制评估设计考量
		场外噪声控制
		室内噪声控制
	第二部分	插座
		呼叫系统
		医疗气体设备带
		热水
		检查、处置、手术室分类
		影像设备间分类

*注：ANSI/ASHRAE/ASHE 2021 版《医疗护理场所通风标准》：2021 版《医疗护理场所通风标准》（ANSI/ASHRAE/ASHE Standard 170-2021《Ventilation of Health Care Facilities》，由美国国家标准协会（American National Standards Institute，ANSI）、美国暖通空调与制冷工程师协会（American Society of Heating，Refrigerating and Air-Conditioning Engineers，ASHRAE）以及美国卫生工程学会（American Society for Health Care Engineering，ASHE）共同制定。

表 1-2　中美标准目录大纲对比

中国《综合医院建筑设计规范》（GB51039-2014）	中国《综合医院建筑设计标准》（建标 110-2021）	美国医院设计标准 FGI（2018）
总则	总则	概述
术语	建设规模与项目构成	医院设施
医疗工艺	选址与规划布局	医院空调通风设计
选址与总平面	建筑面积指标	附表
建筑设计	建筑与建筑设备	
给水排水	医疗设备	
消防和污水处理	相关指标	
采暖、通风及空调系统		
电气		
智能化系统		
医用气体系统		
蒸汽系统		

（三）德国医院设计标准编制思路

德国医院设计标准的编制思路与中美两国有较大的区别，它是将患者分门别类进行梳理，如老年病患、妇幼病患、精神病患等各个专项，然后针对每种患者设置了专门的医院建设工作小组参编特定的设计标准并配以具有代表性的医院案例，类似国内的建筑资料集，让读者可以更直观有效地理解该标准的设置要求。

（四）日本医院设计标准编制思路

日本医疗机构可以划分为诊所、区域性综合医院、专科医院和大学附属医院，它们具备成熟的分级诊疗体系，拥有完善的转诊制度。医院的级别高低与医院占地面积大小、床位规模多少等没有主要关系，与医院的接诊能力、接诊人数、手术能力和手术台次有关。日本的大型综合医院指的是设置床位的医院。由于日本实行严格的分级诊疗制度，患者在一般情况下需要转诊才能到大医院看病，所以在日本一般200张床位以上的医院就属于大医院，300张床位以上的医院就属于超大规模的医院了。这样规模的医院目前有1200家左右。只有少量大型综合医院的床位数超过500张。

日本HEAS-02-2013《医院设施设计指南》（新版）是世界上重要的医院建设标准之一，同时深受美国相关标准的影响。2022版《医院设施设计指南》反映了近年来日本诊疗科技的进步以及相应环境控制技术的发展水平。

《医院设施设计指南》一般先由医院设施设计师起草手稿，然后纳入感染控制专家的意见（这些专家是医院建设和建筑设备方面的顾问和学术专家），获得公众意见，进行修正，最终确定。

《医院设施设计指南》历次主持编写专家的专业领域各不同，第1版和第2版侧重于建筑工程；第3版侧重于医疗护理；第4版关于设计企业与建筑设备；而第5版由医学主席起草，广泛纳入了委员会成员及工程协会成员意见，旨在为患者和医疗专业人员提供最佳医疗和卫生环境，并在实践中得到广泛应用（见表1-3）。

表1-3 《医院设施设计指南》各章节的关注点

章节	规划与设计实施中的主要关注点
1 概要 1.1 医院 1.2 医院建筑概要与空调设备 1.3 空调设备与建筑规划的接合点	· 医疗法中"医院"与"诊疗所"的定义。 · 医疗法中的医院种类。 · 五大部门（病房、门诊、诊疗、供应、管理）的建筑概要与空调设备的概要。 · 说明温度、湿度、洁净度、气流、换气次数，及温度与湿度关系，建筑规划的调整项目（7项）
2 医院感染对策. 2.1 医院感染对策和空调 2.2 不同感染途径的预防措施 2.3 基于感染法感染性疾病类型的特征 2.4 防止空气感染的考虑 2.5 室内压力的管理 2.6 医疗相关感染的对策 2.7 新型流感世界大流行时的对策	· 高度洁净环境、防护环境（PE）、空气传染隔离（AI）与空调设备关系。 · 不同感染途径的预防措施（空气、飞沫、接触）。 · 感染性疾病的类型与特征。 · 全新风系统、再循环系统的关注点，维持负压。 · 室内压力的管理方法（室压与气流）与室压目标值。 · 标准预防措施。 · 各感染的案件。 · 感染表的评价。 · 大流行时的各阶段的对策

续表

章节	规划与设计实施中的主要关注点
3　室内环境 3.1　洁净度分级 3.2　空气品质条件 3.3　温湿度条件 3.4　噪声与振动条件	·基于洁净度级别的空调分区。 ·明确空气过滤器效率的（JIS 和 ASHRAE 标准）表示。 ·洁净度等级 Ⅰ ~ Ⅴ 的关注点，明确室内循环设备中过滤器级别定义送风的末端过滤器。 ·为满足空气品质提出最小新风量、总风量和换气次数。 ·增加相对湿度与流感病毒活性，以及结露，霉菌滋生的关系，采用风机过滤单元的空调场合允许室内噪声水平增加 5dBA
4　运行与维护 4.1　基本方针 4.2　日常运行 4.3　定期维护监测 4.4　设备更新 4.5　参与设计与施工	·最新法令的整合。 ·增加医院职工接种疫苗的必要性。 ·增加日本的医疗福利设施协会的"认证的医院工程师"制度。 ·增加"建筑设备定期检查报告"，"预防特定化学物质伤害的规则"以及"女性的劳动标准规定"的部分修正。 ·风机盘管机组作为单元式空调机进行维护、监测。 ·RI 管理区域维护监测
5　空调方式与设备 5.1　基本方针 5.2　热源设备 5.3　空调与换气设备 5.4　空气过滤器 5.5　风管系统 5.6　配管系统	·增加气化式加湿器的采用与使用的注意事项 ·评价空气过滤器的种类 ·采用 JS 标准表示空气过滤器的过滤效率 ·空气过滤器试验用气溶胶由 DOP 改为 PAO ·RI 管理区域的排风过滤器的通过率
6　节能 6.1　基本方针 6.2　建筑规划中节能 6.3　设备规划中节能 6.4　运用中节能 6.5　节能相关的法规	·对节能方法的研讨参考案例的一览表进行修订 ·节能相关的法规与制度等的介绍［节能法、都市环境确保条令、建筑环境综合性能评价系统（CASBEE）、建筑环境综合性能评价指标（LEED）］
7　灾害对策 7.1　基本方针 7.2　火灾对策	·阐述了火灾对策。灾害时参照《医院设备设计指南（BCP）编 HEAS-05-2012》
8　不同部门设计指南 8.1　门诊部 8.2　急诊急救部 8.3　住院部 8.4　医技部 8.5　放射科 8.6　手术部 8.7　妇产科	·增加疑似结核患者相应的负压空调的接诊室等。 ·从隔离诊室的排风在人流场所或住宅街必须设置 HEPA 过滤器。 ·各病房楼增加设置 1 间左右收治感染性疾病患者的负压病房。 ·介绍风机盘管机组（单元机）对每个病床的风量控制。 ·增加放射性治疗室。 ·进行甲醛相关作业的室内应设置局部排风或吹吸式通风装置，将浓度控制在 0.1ppm 以下

续表

章节	规划与设计实施中的主要关注点
8.8 康复科 8.9 药剂科 8.10 营养科 8.11 特殊诊疗科 8.12 消毒供应室 8.13 太平间	·增加 PET、SPET。 ·手术部平面布局中增加新型外周走廊形式。 ·一般手术室的室压由 8Pa 改为 2.5Pa。 ·增加多功能复合手术室。 ·EOG 设置无害化装置 ·介绍海外参考文献的动向
9 课题与对策 9.1 凝露对策	·凝露原因。 ·凝露实例与对策

注：本表引用于《日本 HEAS-02-2013 医院设施设计指南（空调设备篇）简介》.

作者：同济大学，沈晋明，刘燕敏

三、中国综合医院建设标准的演化

我国现行的综合医院建筑设计标准历经 2008 版本、2018 版本、2021 版本三次修订，在适用对象、建设规模分级等方面做了调整。

（一）适用对象

2008 版本适用于建设规模在 200 ~ 1000 张病床的综合医院新建工程项目。一般情况下，不宜建设 1000 张以上病床的超大型医院。确需建设 1000 张以上病床的医院时可参照执行。改建、扩建工程项目可参照执行。

2018 版本适用于综合医院新建、改建、扩建工程项目。

2021 版本适用于综合医院新建、改建、扩建工程项目，其他医院类工程项目可参照执行。

（二）建设原则

2008 版本综合医院的建设应坚持以人为本、方便患者的原则，在满足各项功能需要的同时，注意改善患者的就医条件和员工的工作条件，做到功能完善、布局合理、流程科学、规模适宜、装备适度、运行经济、安全卫生。

2018 版本综合医院的建设应坚持以人民为中心的原则，在满足各项功能需要的同时，注重改善患者的就医环境和医护人员的工作条件。充分考虑使用人群的生理特点及心理需求，打造适宜空间环境，做到功能完善、布局合理、流程科学、环境温馨和管理智慧化。

2021版本标准强调综合医院的建设应坚持以人为本，在满足各项功能需要的同时，注重改善患者的就医条件和医护人员的工作环境，做到功能完善、布局合理、流程科学、环境舒适、绿色智慧。

（三）建设规模分级

在面积指标上，我国的综合医院建筑面积指标根据床位数来确定。

2008版本综合医院的建设规模按病床数量分为9种：200张床、300张床、400张床、500张床、600张床、700张床、800张床、900张床、1000张床。

2018版本综合医院的建设规模按病床数量分为6个级别：200张床以下、200～399张床、400～599张床、600～899张床、900～1199张床、1200～1500张床及以上。

2021版本综合医院的建设规模按病床数量应分为5个级别：200张床以下、200～499张床、500～799张床、800～1199张床和1200～1500张床及以上。

（四）建设项目

2008版本综合医院建设项目由急诊部、门诊部、住院部、医技科室、保障系统、行政管理和院内生活用房等7项设施构成。承担医学科研和教学任务的综合医院还应包括相应的科研和教学设施。

2018版本综合医院建设项目由场地、房屋建筑、建筑设备和医疗设备组成。场地包括建设用地、道路、绿地、室外活动场地和停车场等。房屋建筑主要包括急诊、门诊、住院、医技科室、保障系统、行政管理和院内生活用房等。建筑设备包括电梯、物流、暖通空调设备、给排水设备、电气设备、通信设备、智能化设备、动力设备、燃气设备等。承担预防保健、医学科研和教学任务的综合医院还应包括相应预防保健、科研和教学设施。

2021版本综合医院建设项目由场地、房屋建筑、建筑设备和医疗设备组成。场地包括建筑占地、道路、绿地、室外活动场地和停车场等。房屋建筑主要包括急诊部、门诊部、住院部、医技科室、保障系统、业务管理和院内生活用房等。建筑设备包括电梯、物流设备、暖通空调设备、给排水设备、电气设备、通信设备、智能化设备、医用气体设备、动力设备和燃气设备等。

医疗设备包括一般医疗设备和大型医用设备。承担预防保健、医学科研和教学培训任务的综合医院还应包括相应预防保健、科研和教学培训设施。

（五）患者、污物分设出入口

2008 版本未提及出入口设置。

2018 版本要求综合医院的出入口不宜少于两处。

2021 版本要求综合医院设置两处及以上出入口，污物出口宜单独设置。

（六）建筑密度及容积率

2008 版本未提及建筑密度和容积率。

2018 版本要求新建综合医院建筑密度不宜超过 35%，容积率宜为 1.0～1.5；改建、扩建项目可根据实际情况及当地规划要求调整，但容积率不宜超过 2.5。

2021 版本要求新建综合医院建筑密度不宜超过 35%，容积率不宜超过 2.0；改建、扩建项目容积率可根据实际情况及当地规划要求调整。

（七）床均建筑面积指标

历版医院建设标准有关床均建筑面积的变化见表 1-4。

表 1-4　历版医院建设标准床均面积指标变化表

建设规模(床)		0~199	200~299	300~399	400~499	500~599	600~699	700~799	800~899	900~999	1000~1099	1100~1199	1200~1500及以上
床均面积指标（m²/床）	2008版本		80			83		86		88		90		
	2018版本	110	110		115		114			113			112
	2021版本	110	113			116				114			112

（八）七项设施的建筑面积指标

历版医院建设标准中，七项设施用房的建筑面积占比变化见表 1-5。

表 1-5　历版医院建设标准中七项设施用房建筑面积占比变化

版本		2008	2018	2021
部门	急诊部	3%	3% ～ 5%	3% ～ 6%
	门诊部	15%	12% ～ 15%	12% ～ 15%
	住院部	39%	37% ～ 41%	37% ～ 41%
	医技科室	27%	25% ～ 27%	25% ～ 27%
	保障系统	8%	8% ～ 12%	8% ～ 12%
	行政管理	4%	3% ～ 4%	3% ～ 4%
	院内生活	4%	3% ～ 5%	3% ～ 5%

我国近 20 年来的医院标准演化轨迹说明不论在面积规模还是在功能划分上，都趋向更加舒适合理。综合医院建设标准在不断发展和完善中确定了以人为本的建设原则，在满足各项功能需要的同时，注重改善患者的就医条件和医护人员的工作环境，做到功能完善、布局合理、流程科学、环境舒适、绿色智慧。

四、中美感染控制比较

新冠疫情以后，感染控制成为一个重要的话题。我国现行规范缺乏对感染控制设计指导的具体指标要求，造成实际设计中无据可依的局面。美国医院建筑设计标准 FGI 对感染控制进行了多章节、多层次、多视角的规定要求，比如在医院设计项目的预设计阶段就明确需要做感染控制风险评估（infection control risk assessment，ICRA），其中涉及感染控制评估，并强调安全风险评估应是任何卫生保健机构持续安全改进计划的重要组成部分。感染控制风险评估不仅包含对建成使用后的医院内部因医学动作导致的感染风险的评估，还包含对建设改造过程中有可能产生的感染风险的评估。因此，感染控制风险评估是预先记录的一个过程。

1. 确定和规划安全设计要素，包括考虑长期感染预防。

2. 确定和规划在施工、改造期间将受到影响的内部和外部建筑区域与场地。

3. 感染控制风险评估还要求，对于任何一个包含安全设计的医院项目，其管道系统、材料的选择、感染控制风险评估应是综合设施规划、设计、施工和调试活动的一部分，并应纳入安全风险评估。感染控制风险评估会对医院设计提出相关建议，以降低感染风险。美国的感染风险控制并非简单的医患流线控制，或限制区、非限制区的划分，还包括一系列管理问题。例如，在设备调试阶段，当空调和管道系统被重启时，如何避免水性生物污染；遇到潜在的安全事故，医疗被迫中断，或受紧急情况的影响时，如何降低疏散期间患者感染的风险；在遇到紧急供水或通风应急事件时，管理者应该如何操作等。

4. 除此之外，FGI 在医院的具体每个门诊医技房间的篇章中，详细说明了每个房间的具体感染控制要求。对比而言，美国医院建筑设计标准 FGI 中对感染控制的要求，对我们的实际项目有很多参考作用，且对我国综合医院建筑规范和标准具有借鉴意义。

5. 美国医院建筑设计标准从每一个房间单元的规定出发，提出了护理单元等的具体指标要求，这种"自下而上"的构成方法更具有科学性。FGI 对功能房间的尺寸、面积等的描述，以及对使用后的调研评估等都是我们在制定新规时可以重点学习的。

第三节　医院设计前期策划

医院设计前期策划在项目立项之前就应开展，保证项目能够充分实现总体规划的目标，并为其在运营时尽可能产生较高的经济、环境和社会效益提供科学依据。医疗建筑功能复杂，体量庞大。在其建设使用过程中，建设方、管理方、使用方有各自不同的要求，患者、家属、医生、护士有不一样的使用场景，洁品、污物等有不同的流通路径。因此，医院设计前期策划显得尤为重要。

一、医院设计前期策划的主要内容

医院设计前期策划的主要目标是从使用方的角度梳理各功能科室之间的逻辑关系，明确定位和发展方向，使医院的功能最优化。前期策划的主要工作一般围绕两个方面展开：一方面，是对方案进行论证和研究；另一方面，是为项目的后续建设做准备，办理各项有关的审批手续。医院设计前期策划工作的参与主体有建设方、设计方、咨询方及相关政府职能部门。建设单位提出规模诉求与设计愿景；咨询单位需要配合建设单位将诉求细化，形成详细的项目建议书、可行性研究报告、环境影响评价报告和设计任务书等依据；设计单位形成完善的设计方案成果；相关政府职能部门则需要对方案进行审核、审批。

医院设计前期策划主要可以分为医疗指标和规划指标两大组成部分。医疗指标主要涉及医院类别、医院性质、服务对象、服务半径、医院定位与规模、医院内部的具体功能。明晰医疗指标能够帮助建设单位了解自身需求，避免设计空间不足或者造成盲目浪费，节约成本和时间。项目规划指标的主要调查内容有建设面积、规划红线、用地红线、容积率、限高、绿地率、地质、气候、水文、景观、日照、噪声、城市配套水电条件、公共交通枢纽情况、投资要求等。这些条件一般被统称为"外部影响因素"，在前期策划和设计过程中应当引起充分重视。以上因素的确定有利于项目建议书、环境影响评价报告和设计任务书的编制，为后续设计和项目实施做好准备工作，避免在后期项目实施过程中出现重大遗漏或偏差。

二、医院设计前期策划的必要性

如果医院项目建设单位没有充足的准备，匆忙拟定设计要求，内容简单概要，没有针对实际情况进行充分调研，未深入了解科室的实际需求，会对医院的建设产生深远的负面影响。作为医院建设项目最重要的设计依据，完善成熟的项目建议书和设计任务书需要经过相关专家审核、论证。"盲人摸象"的探索式设计往往造成设计后期大幅度修改，建设过程中重大返工，既浪费资金又延误工期。

医院项目建设周期长，在建设期内难免会发生相关规范调整、新技术应用、市场变化等诸多情况，这些因素均会对原设计造成影响。比如新冠疫情后，卫健委出台了诸多有关发热门诊的设计规范，而使一些未独立设置发热门诊的项目须重新调整设计。比如消防设施在设计时采用的是原有规范，在审批时却启用新规审核，则原设计需要根据新规范进行调整。又比如建材市场的波动会造成建设概算与标准的调整。统计显示，约60%的设计变更是前期策划时对功能和需求的调研不足造成的；30%的设计变更是建设单位或代建单位、设计单位业务水平不足造成的；10% 的设计变更是政策原因、市场波动及施工缺陷等造成的。这些问题的避免均需要具有一定前瞻性的医疗策划前期介入，打下基础。

 三、医院设计前期策划的主要表达形式

（一）一级流程医疗工艺策划

一级流程医疗工艺策划指通过表格和调查问卷等形式了解院方的功能设置需求（见表 1-6），大概了解科室面积和位置。在该阶段，我们要了解医院设计的重点科室及相应的需求，结合院方需求对科室面积进行科学合理的分配，将院方的需求及对科室的发展定位记录下来，为下一步的深化设计提供依据。

表 1-6　一级流程策划表

科室		总体	一期		科室意见		负责人签字
科室	内容	总数量	数量	位置	面积(m²)	特殊要求	
放射科	MRI	6	3	医技楼一层或地下室	2200	MRI、CT、DSA 考虑急诊共用	
	CT	8	4				
	DR	5	2				
	乳腺钼靶	2	1				
	骨密度	2	1				
	胃肠造影	2	1				
核医学	ECT	2		无		药剂外送，不考虑回旋加速器	
	PET-CT	1					
	PET-MR	1					
	病房	8					
放疗中心	直线加速器	4		无			
	后装机	1					
	CT 模拟机房	1					
介入治疗	DSA	5	5	一般与手术室同层	1500	考虑设计独立的介入中心	

（二）二级流程医疗工艺策划

在一级流程医疗工艺策划的基础上，针对每个科室的具体需求与科室逐一对接，了解内部的功能用房需求，并将房间的名称、数量、面积等记录汇总形成表格，为下一阶段规划设计提供依据。以医院检验科为例，我们按照表1-7统计检验科所需要的功能及房间。

表 1-7　二级流程策划表

检验中心					
房间/区域名称		数量	单位使用面积（㎡）	小计使用面积（㎡）	注释
标本接收区					
等候		1	200	200	
女卫生间		1	17	17	
男卫生间		1	17	17	
抽血		1	38	38	
标本接收工作站		1	38	38	
	小计			310	
检验区					
尿常规		1	50	50	
血常规		1	65	65	
血液分析		1	65	65	
中心实验室		1	1100	1100	
冷库		1	20	20	
易燃物品储藏		1	10	10	
生化物储藏		1	10	10	
污洗		1	10	10	
供给存储		1	30	30	
高温消毒		1	15	15	
PCR 实验室		1	150	150	
细菌		1	50	50	
微生物		1	50	50	
结核		1	25	25	
	小计			1375	

续表

检验中心				
房间/区域名称		数量	单位使用面积（㎡）	小计使用面积（㎡）	注释
艾滋病检测					
艾滋病检测		1	50	50	
试剂		1	20	20	
卫生间		2	5	10	
标本处理		1	30	30	
培养		1	20	20	
检验		1	35	35	
无菌		1	10	10	
	小计			175	
辅助用房					
数据储存		1	25	25	
报告室		1	25	25	
会议室		1	25	25	
设备储藏		1	25	25	
	小计			100	
医护人员辅助用房					
医护办公室		4	6	24	
主任办公室		1	15	15	
员工休息		1	30	30	
男更衣		1	15	15	
女更衣		1	15	15	
员工厕所		2	5	10	
	小计			109	
使用面积总计（㎡）				2069	
科室区域建筑面积系数				1.30	
检验中心建筑面积总计（㎡）				2690	

第四节 综合医院设计综述

综合医院的功能设置齐全，其三大主要功能为门诊、医技和住院，同时有急诊提供 24 小时服务。综合医院的设计选址要充分考虑场地条件因素：便利交通，一般宜邻两条城市道路；城市基础设施便利；远离环境污染，以及易爆、易燃的危险区域等。随着医疗设备的进步与设计理念的发展，综合医院的布局也更加多元化。

一、综合医院的布局类型

（一）分散式布局

整个院区由若干幢建筑组成，每个单体建筑为一类医疗功能，比如门诊楼、医技楼、住院楼。各个单体之间有连廊。该布局的优点在于每个区域都有良好的采光通风环境。

（二）集中式布局

此种布局形式门诊与医技毗邻，方便门诊患者在诊区与检查科室之间通行。护理单元坐落于医技之上面的楼层，方便住院患者垂直转运检查。该布局节省占地面积，方便了各部门之间的联系。在人流量大、治疗种类多的医院中，这种由高层和裙房组成的医院要注意划分各部门的空间与流线，避免出现路线干扰与交叉。

（三）分中心式布局

医院规模越建越大，对医院的运行效率、就诊流程、组织管理都提出了更大的挑战。只有用全新的思路和超前的观念，才能改革传统的管理模式，大胆革新医疗流程，突出"以疾病为主线、以患者为中心、以人为本"，使患者治病的各主要环节更加合理。分中心式布局的医院以各科功能专业化为中心，将几个相关的专科中心归并形成"院中院"格局，例如脑科中心、肿瘤中心、心脏中心、移植中心、生殖中心。

共享医技是分中心式布局的核心区域，为各个分中心提供拓展治疗与检查支持。共享医技包括两类：一类是面向患者的辅助检查与治疗科室，比如共享影像科室、B超中心、手术中心等；另一类是后台支持科室，比如检验科、病理科、血库等。分中心式布局一般将各个分中心的门诊和相应的专科检查设备成模块化围绕共享医技布置，通过宽敞的医疗街将各个分中心与共享医技联系起来。

二、综合医院的发展方向

新时期的医院建设，尤其是新冠疫情之后有着比较明显的时代特征：建设周期缩减，建设规模增加，建设标准提高，城市形象提升，平疫结合要求。其中，最值得医疗建筑师思考的是医院这类特殊建筑的功能属性与城市属性之间的碰撞：医院的使用者强调功能分区、流线高效，城市管理者更加注重城市形象、规模尺度。功能与形式在一定程度上会有碰撞与矛盾点。纵观医院发展历程，其经历了从萌芽期（公元500年）依附于其他建筑形式，到初始期（公元1000年）以宗教建筑形式出现，到分离期（公元1900年）医院的功能逐渐独立于城市及其他建筑，再到近代医院建筑的发展期，即随着诊疗设备的发展，医院布局趋向于紧凑型（见图1-1）。在医院发展的历程中，医院的医疗功能化越来越强，而相应的医院作为城市建筑类型的一种，其建筑化与多元化越来越弱，从而导致医院建设的制式化。

随着信息化发展，智慧医院的建设也如火如荼，以往诸多分散的医疗功能得到融合与精简。医学高新技术的发展，移动端的医疗服务，将医疗服务对象迅速扩大，从而产生对医疗服务之外的各种各样的功能诉求，医院的设计逐渐由医院向医疗综合体过渡，比如融入商场、城市公共交通、休闲娱乐设施等非医疗功能，更加体现以人为本的人本主义精神。因此，医院建设在新时期会逐渐走向融合期，此种发展会给医疗建筑的设计提出新的命题，注入新的活力。

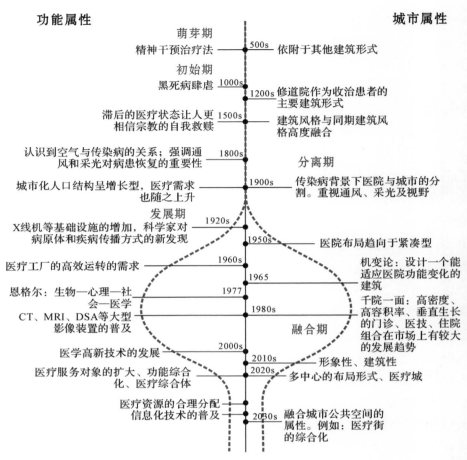

功能属性　　　　　　　　　　　　　　　城市属性

萌芽期
精神干预治疗法 —— 500s 依附于其他建筑形式

初始期
黑死病肆虐 —— 1000s
　　　　　1200s 修道院作为收治患者的
　　　　　　　　主要建筑形式
滞后的医疗状态让人更 —— 1500s
相信宗教的自我救赎　　　建筑风格与同期建筑风
　　　　　　　　　　　　格高度融合

认识到空气与传染病的关系；强调通 —— 1800s
风和采光对病患恢复的重要性
　　　　　　　　　　　　　分离期

城市化人口结构呈增长型，医疗需求 —— 1900s
也随之上升　　　　传染病背景下医院与城市的分
　　　　　　　　　割。重视通风、采光及视野

发展期
X线机等基础设施的增加，科学家对 —— 1920s
病原体和疾病传播方式的新发现
　　　　　　　1950s —— 医院布局趋向于紧凑型

医疗工厂的高效运转的需求 —— 1960s
　　　　　　　1965　　机变论：设计一个能
　　　　　　　　　　　适应医院功能变化的
恩格尔：生物—心理—社 —— 1977　建筑
会—医学
CT、MRI、DSA等大型 —— 1980s　千院一面：高密度、
影像装置的普及　　　　　　　　高容积率、垂直生长
　　　　　　　　　　融合期　　的门诊、医技、住院
　　　　　　　　　　　　　　　组合在市场上有较大
医学高新技术的发展 —— 2000s　的发展趋势

医疗服务对象的扩大、功能综合 —— 2010s —— 形象性、建筑性
化、医疗综合体　　　　　2020s
　　　　　　　　　　　多中心的布局形式、医疗城

医疗资源的合理分配 —— 2030s
信息化技术的普及　　融合城市公共空间的
　　　　　　　　　　属性。例如：医疗街
　　　　　　　　　　的综合化

图 1-1　医院发展的各个历史阶段
（注：s 表示年代）

第二章

医院重点科室规划

　　医院科室规划也称为二级流程规划，属于科室内部的功能布局与流线规划，是在医院的主体构架（即门急诊、医技、住院三大功能）基本确定，科室之间的流线关系基本稳定之后的深化设计。科室二级流程规划属于部门内部行为系统的平面规划，着重处理部门内部医生区域、等候区域、治疗区域等相互位置关系，重点解决这些区域的面积与空间组织形态。二级流程规划涉及患者流线、医护流线、物品流线，直接影响各类使用人群的行为方式及使用体验，是医院设计中至关重要的一环。以下选取门诊、护理单元、各类医技科室等共 13 个重点科室进行详细阐述。

第一节　门　诊

一、科室简介与规范标准

　　门诊是医院的主要功能之一。门诊主要指对病情表征比较轻的患者采取的接诊行为，具有接诊患者多、就诊环节多等特点。门诊包含的内容繁多，包含内科、外科、妇科、儿科等十多种类型。随着门诊的接诊量日益增大，诊室数量的增加，门诊的组织形式也更加组团化、模块化。

　　医院门诊的建设可参照：

《综合医院建筑设计规范》（GB 51039-2014）

《医疗机构门急诊医院感染管理规范》（WS/T 591-2018）

二、门诊功能及面积测算

（一）门诊功能表

大型综合医院的门诊区通常以模块化的门诊单元来设计，每个门诊单元的诊间在 12 ～ 16 间左右，其中还包含如下功能（见表 2-1）。

表 2-1　门诊功能分区及建议面积比例表

部门	功能分区	建议面积比例	具体房间	备注
门诊	一次候诊	16%	采血	卫星采血站
			接待、护士站	
			体征	或治疗室
	诊疗区	66%	诊室	
			MDT 会诊间	
			二次候诊区	
			污物间	
	办公区	18%	医生办公室	
			主任办公室	
			更衣、卫生间	

（二）候诊空间

门诊候诊厅的面积，据《现代医院建筑设计》（中国建筑工业出版社），以该科日门诊人次量的 15% ～ 30% 为高峰在厅人数，以成人 $1.2 \sim 1.5 m^2$/ 人，儿童 $1.5 \sim 1.8 m^2$/ 人计算。

成人科室候诊厅面积 = 分科人次 ×30%（高峰比例）×60%（候诊比例）×1.5m^2

儿科陪伴率为 96.62%，其中一人陪伴占 5.5%，2 人陪伴占 83.22%，3 人陪伴占 3.29%，每个儿童平均有 1.82 人陪同前来，因此儿童科室的候诊厅面积需要相应增加。

儿童科室候诊厅面积 = 分科人次 ×30%（高峰比例）×60%（候诊比例）×2m^2×1.82（平均陪伴率）

（三）数量测算

门诊数量根据《综合医院建筑设计规范》（GB51039-2014），按日平均门诊诊疗 50 ～ 60 人次测算。医院门诊总体数量 = 日门诊量 / 每间门诊日均诊疗次数。若无统计数据时，按照表 2-2 中的规范数据测算。

表 2-2　各科室门诊量占比

科别	占总门诊量的比例
内科	28%
外科	25%
妇科	15%
产科	3%
儿科	8%
耳鼻喉科、眼科	10%
中医	5%
其他	6%

三、诊室空间与柱网选址

（一）诊室空间

诊室的布置形式可分为单人诊室、检查与诊室组合形式（多见于妇科诊室）。诊室内的区域包含清洁区、检查区、医患交流区、资料存储区等（见图 2-1）。诊室内需设置的家具有诊桌、诊床、诊椅、洗手盆、垃圾桶、置物柜等（见图 2-2）。标准双人诊室面积应大于 12m^2，标准单人诊室面积应大于 8m^2。

图 2-1　诊间的功能分区

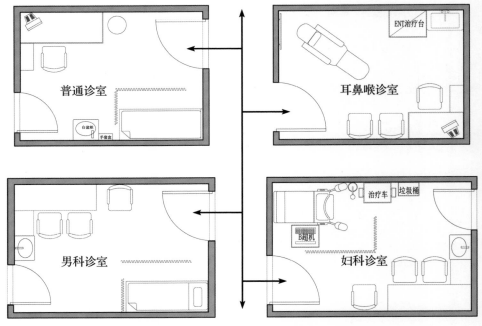

图 2-2　各类诊室的空间布局

（二）柱网选择

门诊区除诊室功能外，也会承担一些治疗功能。门诊区的柱网布置应具有一定的通用性，以顺应不同的医疗功能。通常情况下，宜采用 8.4m 或 9m 柱网，单个柱网可划分 3 个诊室。这种轴网尺寸也同时兼顾了地下停车库的停车模数（见图 2-3）。

以下图解使用 600mm×600mm 柱子，以杭州地区停车位（2500mm×6000mm）为例。

地上诊室划分中，9m 柱网更宽敞实用；地下停车位布置中，8.4m 柱网更经济紧凑；设计中可根据工程具体情况灵活选用。

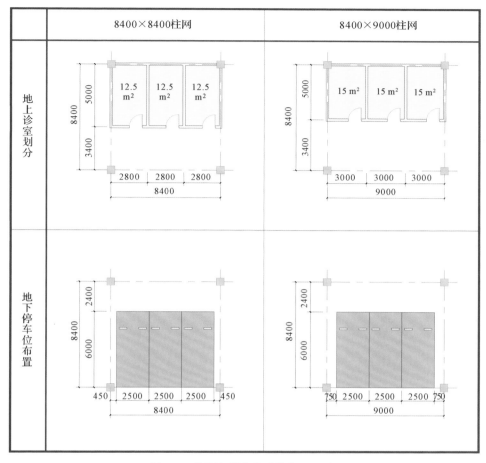

图 2-3　柱网与停车位（单位：mm）

四、门诊模块的组织形式

诊室组合空间通常结合采光庭院设计，流线上医生与患者的入口可以合并也可以分开设置，可根据医院建设规模及具体需求，选择合适的组织模式（见图 2-4）。

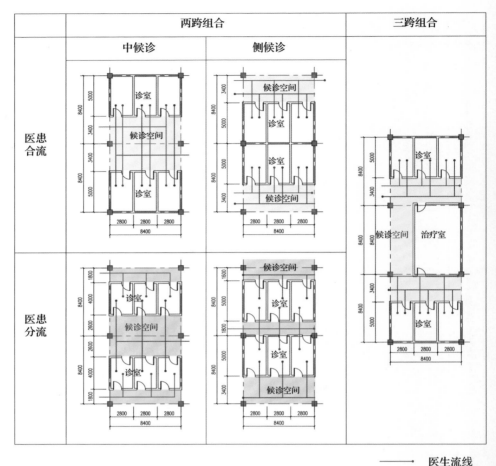

图 2-4　门诊的空间流线组合（单位：mm）

　　两跨：两跨的门诊单元的特点是经济实用。两侧设置诊室、中间候诊，或两侧候诊、中间设置诊室。

　　三跨：进深加大，平面布置灵活，中间跨可作辅助功能。

 五、门诊设计的趋势

　　门诊的发展趋势是提高医疗效率和医疗质量，更加突出以人为本的精神。

　　明确的指引与分流。建议采用分层挂号、分科挂号的模式，将挂号空间与一次候诊空间结合起来，避免不同病种人群之间的交叉感染，避免人员之间的干扰，提高挂号分诊的效率。

　　智能化措施的引入。移动设备、自助设备的使用，特别是无纸化信息技术的推广，患者可通过手机等个人设备接收候诊信息和诊断书，避免在护士站等区域聚集，减少在各科室间的来回奔波。

　　"街巷结合，庭廊相间，医患分流"的空间组合模式，创造一定数量的尽端。空间上合理指引分流患者与医护，平行不交叉，提供愉快舒适、安全便捷的就诊环境，"以人为本"，为患者及医护提供同等的人性关怀。医院从单纯生物医学模式转变为生物—心理—社会医学模式。物流体系的使用也将人、物流线区分开，将医护从繁复的体力劳动中抽离出来，提高工作效率。

　　拉开医院的规模与层次，打造特色科室、分级诊疗体系、医联体机制。智慧医疗管理系统中的互联网问诊也是分级诊疗体系的一种，医院在疫情防控期间也能很好地提供医疗服务，避免轻症患者来医院就医，降低交叉感染的风险。

　　"绿色疗法"营造绿色的室内外环境空间。利用采光庭院引入自然的通风，并使用艺术品、色彩等装点公共空间，创造轻松、有亲和力的氛围。这是欧美、日本等提倡的医院建筑设计手法中的"园林、艺术疗法"，以提高建筑的艺术环境品质来创造良好的人文氛围，达到辅助治疗的作用。

第二节　标准护理单元

一、科室简介与规范标准

　　病房是为住院患者提供观察、治疗、恢复的场所，历经100多年，从19世纪的南丁格尔式敞开病房，发展到后来形成病房式模式以及各类组合变形的护理单元。

　　护理单元构成病房的基本单元，一个护理单元宜设40～50张病床，专科病房可根据具体情况确定，儿科和产科的床位数可适当减少，传染病房应单独设置并自成一区。护理单元的相关设计可参考《综合医院建筑设计规范》（GB51039-2014）。

二、护理单元面积规模

普通住院楼每个病区为一个独立的护理单元，一般设 40 ～ 50 张病床，含抢救床 1 ～ 2 张。一个护理单元的建筑面积在 1600 ～ 2000m²。在护理单元设计及后续建成使用的调研中发现，护理单元的设计普遍存在如下问题：医生办公区域面积不足；医生值班室与更衣等其他功能混合使用，体验差；更衣、淋浴面积不足；患者活动区域缺失；库房空间不足导致物品堆放无序；医生休息就餐空间缺少。

因此，针对各区域使用面积不足，为了提高舒适度，增加单人间和双人间的数量，更细致地区分电梯的使用人群，标准护理单元的面积建议为2000m²。单个护理单元的床均面积以 37m² 为下限，45m² 可以相对舒适。

三、标准护理单元组织形式

根据场地条件、功能与使用需求的不同，护理单元可分成不同的平面布局模式：单廊式、复廊式以及单复廊式（见图 2-5）。

单廊式护理单元通常在中走廊的南侧设置病房，北侧设置医护等功能用房，将护士站设置于单廊中部附近的位置。单廊式护理单元的布局模式因功能布局简单、采光通风良好并且结构合理、节约成本，在早期的医院建设中较为常见。

复廊式护理单元自 20 世纪 50 年代在美国兴起。与单廊式护理单元相比，复廊式护理单元有着比较明显的优势，主要体现在护士站与辅助用房的布局更为集中。复廊式护理单元的走廊长度比单廊式护理单元增加了 65%，但护理行程却缩短了 25%。然而，相对应地也存在自然采光和通风相对较差的短板，与此同时走道的增加带来了交通面积的增加，对于小规模的护理模式而言优势并不明显。

单复廊式护理单元是在单廊式以及复廊式护理单元的基础上进一步改良形成的。通常做法是：将病房朝南侧布置，医护用房和辅助用房朝北布置，且局部形成复廊式护理单元布局。单复廊式护理单元的布局不仅缩短了平面的长度，节约了走道面积，缩短了护理半径，而且将医护内部流线与患者流线分离，有利于管理。目前，单复廊式护理单元的布局模式以特有的优势在实际中应用非常广泛。

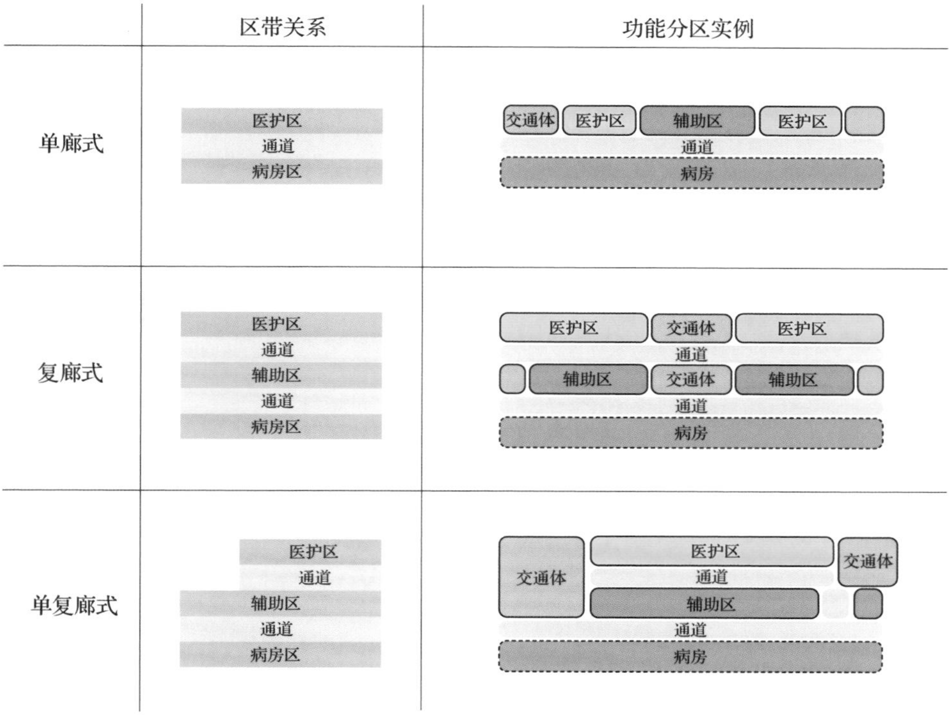

	区带关系	功能分区实例
单廊式	医护区 通道 病房区	交通体 医护区 辅助区 医护区 通道 病房
复廊式	医护区 通道 辅助区 通道 病房区	医护区 交通体 医护区 通道 辅助区 交通体 辅助区 通道 病房
单复廊式	医护区 通道 辅助区 通道 病房区	交通体 医护区 交通体 通道 辅助区 通道 病房

图 2-5 护理单元形式图

 ## 四、护理单元功能分区

护理单元用房可以按使用功能归纳为公共区、病房区、辅助区、医护区和垂直交通五大组成部分（见表 2-3）。

表 2-3　护理单元功能分区表

部门	功能分区	建议面积比例	具体房间	备注
护理单元	公共区	5%	访客前厅	有条件则设置卫生间
	病房区	54%	病房	18 ～ 22 间，含洗手间、抢救间等
			活动室	
			晾晒间	
	辅助区	13%	护士站	考虑物流接收间，有条件的考虑设置 AGV 暂存间
			治疗室	
			设备库	
			被服库	
			洁品库	
			耗材库	
			检查室	
			备餐间	盥洗
			谈话室	
			污物间	
			处置间	
			保洁间	
	医护区	16%	医生办公室	
			主任办公室	
			护士长办公室	
			值班室	
			男女更衣室	含卫生间 / 淋浴
			MDT 室	
			示教室	有条件则单独设茶歇区
	垂直交通	12%	医护电梯	
			访客电梯	有条件的可区分访客与患者电梯
			患者电梯	
			污物电梯	

（一）护士站的设置

病房护士站的主要功能包括接待咨询、集中监护、处理医嘱、信息录入、病历存放等。护士站的布局直接关系到护理单元内部的交通组织、病房排列。护士站设置于便于观察到病区入口和大多数病房的位置，紧邻抢救室，到最远端病房门口的距离不宜超过30m。

集中式护士站：背靠医护生活区，位于护理单元中心位置。

分散式护士站：分别位于护理单元相对中心与末端，可缩短工作人员的跑动距离，增加可观测病房的数量，但两个护士站相对孤立，缺少联系。

（二）病房的设置

随着住院标准的提高，病房的面积也更加宽裕，住院楼病房的开间建议在4m以上。进深方面，要考虑病床与墙或窗之间600mm的最小间距，以及病床与病床之间1000mm的舒适间距。

卫生间的布置形式是住院病房设计最重要的讨论点之一，包括外置、叠置和内置（见图2-6）。

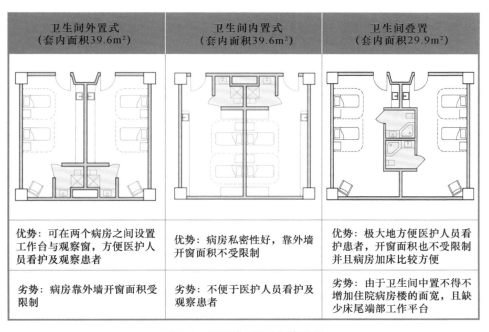

卫生间外置式 （套内面积39.6m²）	卫生间内置式 （套内面积39.6m²）	卫生间叠置 （套内面积29.9m²）
优势：可在两个病房之间设置工作台与观察窗，方便医护人员看护及观察患者	优势：病房私密性好，靠外墙开窗面积不受限制	优势：极大地方便医护人员看护患者，开窗面积也不受限制并且病房加床比较方便
劣势：病房靠外墙开窗面积受限制	劣势：不便于医护人员看护及观察患者	劣势：由于卫生间中置不得不增加住院病房楼的面宽，且缺少床尾端部工作平台

图2-6　护理单元卫生间布置图

鉴于上述病房卫生间的布置各有利弊，也有国外的医院对病房的形态进行局部变形，如迈阿密某医院的病房布置（见图2-7）既满足医护的观察需求，又方便患者卧床时接近窗外的环境，是非常有意义的积极探索。

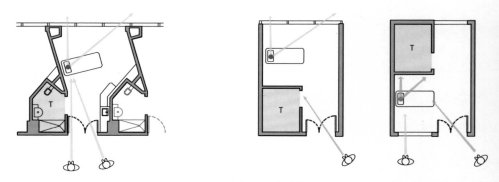

图2-7　迈阿密某医院病房布置形式

以三人标准病房为例：病床（床端）通道净宽不应小于1.10m，病房门净宽不得小于1.10m（见图2-8）。随着建设标准的提高，单人间与双人间将成为病房设计未来趋势。

（三）垂直交通

标准护理单元从垂直流线上可分为患者流线、医护流线、污物流线。个别护理单元会增加访客电梯，将患者做医技检查的流线与访客流线分开。

访客电梯：有条件的可设置访客电梯，供进入各层护理单元的访客使用，可结合访客前厅设计。

医护电梯：医生可以直接进入医护区、更衣、办公及护士站。

患者电梯：满足推床患者去各医技部门进行检查。在有条件的情况下可配置一台非标大型电梯，满足患者、医护人员及各类抢救设备能够同时顺利转运的需求。

污物电梯：位于标准护理单元一端，结合污物间，尽量避免与其他流线交叉。

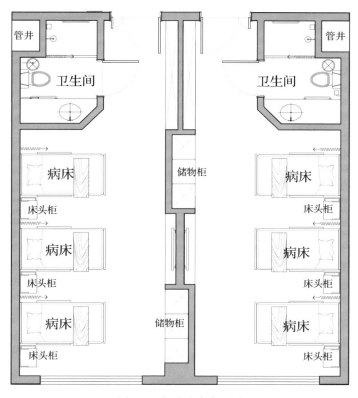

图 2-8　标准病房布置图

（四）层高的合理确定

过去的病房楼层高设计不足 4m，随着医院对空间环境要求的提高，建筑设备更加复杂化以及智慧医院概念的普及，对建筑层高的设计提出了更高的要求；同时，患者与医护人员对住院品质的感受也在提升。因此，建议以 4.2 ～ 4.5m 作为标准层层高的参考数值。

第三节 重症医学科

 一、科室简介与规范标准

1952 年，脊髓灰质炎在哥本哈根流行，感染科与麻醉科商量对策，采用气管内插管和麻醉机正压呼吸技术，将患者安置在特定的病区内，医生和护士提供 24 小时持续性治疗，开创了跨科合作先例，也标志着重症监护室（ICU）新纪元的开始。ICU 是现代医院的重要组成部分，是用先进器官支持技术（血流动力监测、呼吸支持、肾替代治疗、营养支持等）对疾病进行集中监测和强化治疗的一种特殊医疗空间。ICU 收治的主要对象是来自各个临床科室的呼吸、循环、代谢等器官功能不全，且随时可能有生命危险的患者。

目前，国内针对 ICU 出台的规范与标准主要有：

《综合医院建筑设计规范》（GB51039–2014）

《中国重症加强治疗病房（ICU）建设与管理指南》（2006）

《重症医学科建设与管理指南（试行）》

《重症监护病房医院感染预防与控制规范》（WS/T 509–2016）

 二、ICU 的规模和分类

（一）ICU 的规模

根据卫生部办公厅 2009 年印发的《重症医学科建设与管理指南（试行）》要求，具备条件的二级以上综合医院可以设置重症医学科。三级综合医院重症医学科床位数为医院病床总数的 2% ～ 8%，从医疗运作角度考虑每个 ICU 管理单元以 8 ～ 12 个床位为宜。

近几年，我国 ICU 的床位数有了大幅增长，国家卫健委《2019 年国家医疗服务和医疗质量安全报告》的数据则显示，ICU 床位占医院床位的比例从 2014 年的 1.9% 上升到 2018 年的 2.2%，增幅 16.4%。到了 2020 年，新冠疫情暴发，作为抗击新冠的主要战场之一，ICU 建设显得愈加重要。

（二）ICU 的分类

综合医院一般会设置综合性 ICU，主要包括外科重症监护病房（SICU）、内科重症监护病房（MICU）、急诊重症监护病房（EICU）等。根据医院的专长和业务需要，会设置部分专科 ICU，比如烧伤重症监护病房（BICU）、新生儿重症监护病（NICU）、儿科重症监护病房（PICU）、产科重症监护病房（OICU）、呼吸重症监护病房（RICU）、肾病重症监护病房（UICU）、麻醉重症监护病房（AICU）、移植重症监护病房（TICU）等。

三、ICU 功能与流线

ICU 应与医院其他科室建立高效快速的连接。急诊部一般会设置相应的 EICU。ICU 与手术室应有直接的联系，同时与医学影像学科、介入学科等医技检查有便捷联系，并可以快速获取输血科（血库）、消毒供应中心等辅助支持科室的资源。ICU 在功能上可分为医疗区、办公区、污物处理区和生活辅助区（见表 2-4）。

表 2-4　ICU 功能分区表

部门	功能分区	具体房间	备注
ICU	医疗区	ICU 病房	设卫生间
		护士站	
		治疗室	
		处置室	
		配药室	
		医疗物品库	
		器械库	
		被服间	
		家属接待区	设谈话间
	办公区	医生办公室	
		主任办公室	
		护士长办公室	
		示教室	
	污物处理区	清洗消毒间	
		医疗废物暂存间	

续表

部门	功能分区	具体房间	备注
ICU	污物处理区	保洁间	
		生活垃圾间	
	生活辅助区	医护休息间	
		值班室	
		换鞋更衣间	含淋浴、卫生间

ICU 内部功能以洁污分开为原则，维持内部环境清洁。

医护流线：医护人员由医护通道进入 ICU，经过更衣、卫生处理之后，进入清洁区。

患者流线：患者通过缓冲间或者换床间进入 ICU。

家属探视流线：医院规定的探视时间内，在 ICU 主入口附近设置休息室供家属休息，家属可以进入 ICU 内的探视通道或视频用房看望患者。

运输流线：洁净物品供应需通过专用的电梯或者物流管道运输到达，与污物运输电梯分开使用。

 四、ICU 平面布局形式

（一）开敞式布局

床位通过 U 形帷幕分隔，集中布置在开敞的空间（见图 2-9）。床位线性或环绕布置，平均每床面积不少于 15m²。护士中心站位于中心位置有利于医护人员直接观察，缩短护理距离，提高效率。此类布局方式的缺点也比较明显，危重患者居多，相互干扰较大，发生交叉感染的风险也相应增加。

经空气传播疾病的患者不应收治入此类开敞式 ICU，而需要独立设置负压 ICU 病房。负压 ICU 病房应为单间，布局应为"三套式"结构——病房、缓冲间、外走廊，应保证气流从清洁区→潜在污染区→污染区流动。

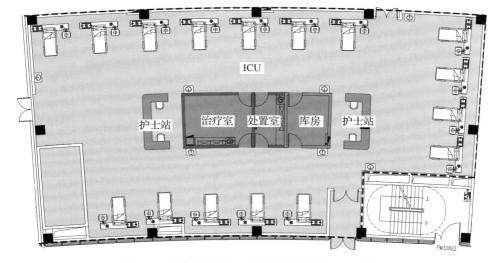

图 2-9 邵逸夫医院上虞院区开敞式布局 ICU 区域

（二）单间式布局

随着"以患者为中心"设计理念发展，单间式布局逐渐成为主流。单间式布局类似于住院病房。病房朝向医护工作区域方向的门和隔墙需要采用玻璃材质，在隔绝干扰的同时，确保医护工作人员的视线不受遮挡，最大限度地观察到患者的情况。单间式布局已经逐步取代开敞式布局形式，单间的结合构成了多种形态的 ICU 布局模式。

（三）ICU 单间设计

单间病房（不含室内辅助用房）的使用面积不宜少于 $18m^2$。单间病房可分为五个部分。

监护区：设置专用病床，以及医用塔吊或设备带、监护仪、输液泵等设备，还可设置可视电话探视系统、患者移动天轨系统。病床四周应留有空位，保持通畅，为抢救、治疗、护理提供充足的操作空间。

书写区：可在床尾放置活动桌椅，便于抢救时的记录工作。

治疗区：存放治疗车，收纳一次性无菌物品，护士配置药物，做治疗前准备的场所。

洗手区：适合布置在门口或房间内的缓冲区，采用脚踏式、肘式或感应式的非接触式水龙头，并配备洗手消毒液，洗手设施应远离治疗区布置，保持治疗区干燥。

观察站（监护岛）：分散布置的迷你护士站，可同时监护两间病房，连接监护仪，可通过房间的窗口直接观察到病患的生命体征，并完成相应的记录工作。

洗手间：一般做法是在ICU内设置倾倒盆、在公共区域内设置洗手间或者在ICU内设计单独卫生间。《综合医院建筑设计规范》（GB 51039-2014）并没有限制在ICU病房内设置洗手间。随着医院人文化、病区家庭理念的深入与普及，ICU病房区域内设置卫生间逐渐成为推荐的做法，前提是做好卫生间的环境卫生和气流控制，使污染空气不会外溢，使感染风险可控。有研究表明，ICU患者适当活动能够更快速地恢复，因此美国FGI推荐ICU单间内设置洗手间（FGI2018 2.2-2.6），鼓励患者适度活动（见图2-10），尤其是患者活动能力较强的ICU〔如心内科重症监护病房（CCU）〕。

图2-10　美国某ICU单间布局

（四）人文化的设计探讨

近年来，"以患者为中心"的设计理念逐渐被医院和设计师所重视，体现了对患者精神层面的尊重与关怀。ICU 患者长期处于恐惧、孤独和焦虑状态，除了为他们提供舒适的环境、高质量的治疗之外，还需要给予他们无微不至的人文关怀，让患者在恢复意识时能够及时获取安全感和求生欲，从而更好地配合治疗。美国在 20 世纪 90 年代初提出的以患者家庭为中心的 PFCC 模式，倡导开放性或非限制性的家属探视模式，是医护人员和家属在相互尊重、信任的基础上，实施由患者主导的、灵活开放的家属探视模式。这种模式通过家属的深度参与，为患者建立信心，这是 ICU 人文关怀的趋势。

美国重症监护医学学会（SCCM）、美国重症监护护士协会（AACN）与美国建筑师协会 / 医疗建筑协会（AIA/AAH），对美国境内新建成的 ICU 进行评估，并总结了 ICU 设计的 10 条趋势：

- ▶ Larger Units（更加宽敞的病房）
- ▶ The Patient Room（标准化的单人间病房，面积约 23m²）
- ▶ The Family Zone（在病区内甚至在病房内设置家属、访客区和便利家具设施）
- ▶ Technology & Life Support Systems（先进的远程技术和生命维持系统）
- ▶ Design for Interdisciplinary Teams（多学科协作）
- ▶ Proximity to Diagnostic & Treatment（靠近医技部门）
- ▶ Administrative & Support Spaces（管理辅助空间）
- ▶ Unit Geometry（多样化组合病房布局）
- ▶ Unit Circulation（医患、后勤、家属流线各自独立不交叉）
- ▶ Access to Nature（亲近大自然）

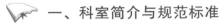

第四节 血液透析中心

一、科室简介与规范标准

从 1854 年苏格兰化学家提出透析的概念，到 1913 年第一台人工肾设计完成，再到 1924 年透析技术第一次应用于人类，第二次世界大战之后，透析技术趋于完善、日渐成熟。血液透析中心是对慢性或急性肾衰竭、免疫性疾病和中毒等患者进行血液净化治疗的场所，在管理上应自成一区，紧密联系肾内科病房，使患者的诊疗流程更加优化。透析有血液透析、腹膜透析两种方式。血液透析通常在医院血液透析中心完成；而腹膜透析既可以在医院完成，也可以居家操作。

针对血液透析的相关规范标准有：

《综合医院建筑设计规范》（GB 51039-2014）

《血液净化标准操作规程》（2020 版）

《血液透析室基本标准》（2021 版）

《血液透析器复用操作规范》（卫医发〔2005〕330 号）

《血液透析中心（室）医院感染预防控制规范》（报批稿）2017 年

二、血液透析功能与流线

血液透析中心的规模应根据医院定位、区域需求、科室发展等综合因素来确定。新建综合医院血液透析中心的规模一般在 1500 ~ 2500m^2。

血液透析中心的患者按照治疗计划预约治疗，一般无需住院治疗。因此，血液透析中心既可以设置在门诊相对独立安静的区域，方便患者就诊；也可以设置在住院楼层较低的区域并靠近肾内病房，方便科室医护人员统一管理。

位于住院部的血液透析中心更易做到三廊式布局（见图 2-11），延续护理单元的布局逻辑形成透析区、辅助区及医护区，但受限于护理单元的建筑轮廓难以拓展。位于门诊或医技处的血液透析中心不受限于建筑轮廓与垂直交通，方便回廊式布局与拓展，门诊或医技处适合设置规模较大的血液透析中心。

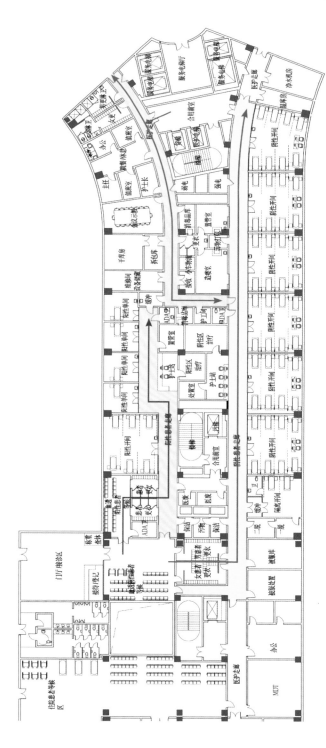

图 2-11 柯桥未来医学中心血液透析中心三廊式布局

医护流线

阳性患者流线

阴性患者流线

现代综合医院的血液透析中心应区域划分清晰，并根据各分区和房间的使用功能对每个区域的面积比例进行一定的分配（见表2-5）。

表2-5　功能配比表

部门	功能分区	建议面积比例	具体房间	备注
血液透析	候诊接诊区	13%	候诊区	有条件的设置宣教室
			接诊室	
			患者更衣室	阳性单独设置
			卫生间	
	透析治疗区	60%	透析治疗区	区分阴性与阳性，考虑设置VIP单间
			腹膜透析室	含废液间
			手术室	
			复用室	
			配液室	
			被服间	
			置管室	
血液透析	医护区	16%	主任办公室	
			护士长办公室	
			医生办公室	
			值班室	
			更衣、淋浴间	
			示教室	
	设备库房区	8%	水处理间	
			干库房	
			湿库房	
	污物收集区	3%	保洁间	
			污物间	
			液空桶	
			工人间	

（一）候诊接诊区

病患在候诊区等候，作接受治疗前的准备；由接诊室分诊后，进入患者更衣室。更衣室面积根据透析床位确定，更衣室内设置椅子（沙发）和更衣柜。

（二）透析治疗区

血透中心按阴性患者、阳性患者分区管理。阴性区域每个小分区不宜多于 20 个透析单元并配置护士工作站，每个护士一般同时负责 5 个透析床位。透析区的布置一般分为开敞式与垂直式（见图 2-12）。根据相关规范要求，每个透析单元面积不宜小于 $3.2m^2$，治疗床（椅）之间的净距不宜小于 1.2m，通道净距不宜小于 1.3m。单元之间可用布帘、轻质透明隔断分隔，保证患者的隐私。除透析单元以外，一般设置适当数量的单人治疗间，以应对突发事件或满足 VIP 病患的需求。阳性区域为隔离区，空调的风管系统及通风系统应该独立于阴性区域。如果有条件，阳性区域可设置单独的就诊通道，并考虑专用污物通道，污物可封闭转运或错时管理使用。被服及其他污物清理区应该独立排风，有条件的医院应设置室内空气循环净化装置，以加强对医护人员的保护。

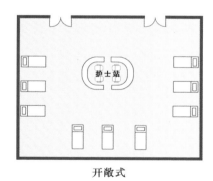
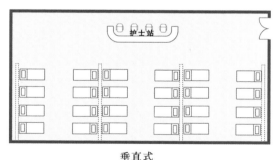

开敞式　　　　　　　　　　垂直式

图 2-12　开敞式与垂直式透析区布置

透析治疗时长一般约为 4 小时。透析治疗区应当达到《医院消毒卫生标准》（GB 15982-2012）中规定的Ⅲ类环境，并保持安静、光线充足、通风良好。透析中心设计宣教室对腹膜透析患者进行科普教学，帮助患者在家中自行完成治疗。血透中心一般还会设置一间专用操作间，进行自体动静脉内瘘成形术和移植血管搭桥造瘘术，面积为 $20 \sim 40m^2$。

（三）医护区

医护更衣室要靠近透析治疗区，血液透析中心女性医务工作者较多，因此在使用面积上女更衣室应为男更衣室的 1.5 倍左右。

血液透析中心的干库、湿库属于清洁区，库房设计要干湿分离；有条件的还应单独设置无菌库，作为干库的二级库，面积约为 $20m^2$。库房要安装空调，保证透析液保存在适宜温度的房间内，库房宜靠近护士站和治疗室设置，便于管理。对于易燃性或易腐蚀性的消毒液，宜设置独立的危化品库进行储存，采用防火隔墙和防火门与其他房间隔开。

血液透析中心的设备用房主要是水处理间及其附属的软化盐库，仅用于血液透析科室的二级水处理间面积不少于 $35m^2$，水处理间使用的软水盐宜设独立库房。

（四）水处理机房

血液透析必须以无菌操作为原则，一定要保证血液透析用水的清洁度。目前，医院主要采用二级反渗透技术对自来水进行处理，然后经过血液透析机辅助患者进行治疗。为了保证水的洁净度和用水安全，必须要求无效腔能够实现末端支管循环的全循环供水系统。但现实工程中发现多起因末端支管水循环不足导致生物膜污染的事件，因此在空间条件允许的情况下尽量将地下一级水处理机房靠近血液透析中心布置，以缩短循环管路长度，并优化管路布置，从而实现全链路的循环供水。

三、血液透析的发展趋势

2017 年，国家卫健委发布《关于修改〈医疗机构管理条例实施细则〉的决定》，确定增加血液透析中心等 5 类医疗机构类别，并将血液透析中心纳入社会可投资领域，向民营资本开放。目前，独立血液透析中心在国内仍处于试点阶段。全国 600 多个县市级别的区域没有独立血液透析中心，即使有设备也远不能满足当地患者的需求。

第五节　内镜中心

一、科室简介与规范标准

近年来，内镜技术在消化系统、呼吸系统和泌尿系统疾病诊断和治疗中的作用越来越大。消化系统、呼吸系统、泌尿系统疾病的患者增多，内镜检查的需求也在上升。早前的内镜室根据病患类型分散布置在各科室，如内科设置消化内镜，妇科设置宫腔镜，五官科设置支气管镜、喉镜等，有利于本科室诊疗工作的高效开展。随着医院规模的快速扩大，为提升运行管理效率，逐步演变至集中布置的内镜中心，通常包括胃肠镜、呼吸内镜、泌尿镜、ERCP等。在大型综合医院的整体布局中，内镜中心可与门诊手术室、日间手术室靠近布置，提高麻醉医生的工作效率。

目前国内针对内镜中心出台的主要规范与标准有：

《综合医院建筑设计规范》（GB 51039-2014）

《软式内镜清洗消毒技术规范》（WS 507-2016）

《内镜自动清洗消毒机卫生要求》（GB 30689-2014）

《内镜诊疗技术临床应用管理规定》（国卫办医函〔2019〕870号）

《呼吸内镜诊疗技术临床应用管理规范》（2019年版）

《消化内镜诊疗技术临床应用管理规范》（2019年版）

《内镜与微创器械消毒灭菌质量评价指南（试行）》（2011年）

二、功能分区

内镜中心的建设规模根据医院的具体情况决定或依据诊疗需求经验数据，考虑到内镜设备与技术更新很快，开展内镜检查治疗的科室越来越多，内镜种类更新换代频繁，应在内镜中心设置一定数量的预留内镜诊疗室。内镜中心的整体设计做到洁污分流，人员流线和物品流线合理合规，并保障洗镜、消毒、储镜、送镜的感染控制流程。内镜中心一般分为候诊区、准备/恢复区、内镜诊疗区、洗消区、医护区、辅助用房6个区域。具体功能及面积配比见表2-6。

表 2-6　内镜中心功能及面积配比表

部门	功能分区	建议面积比例	具体房间	备注
内镜中心	候诊区	10%	候诊区	有条件的设置宣教室
			谈话间	
			患者更衣室	
			卫生间	
	准备 / 恢复区	14%	麻醉 / 苏醒区	
			术前准备区	
			治理室	
			处置室	
			检查室	心电图检查等
			卫生间	
	内镜诊疗区	58%	胃、肠镜诊室	有需求的可设置胶囊内镜室
			呼吸内镜室	
			ERCP/ESD 室	
			库房	
			膀胱镜 / 宫腔镜	可设置在相关科室
	洗消区	6%	清洗区	
			消毒区	
			储镜区	
	医护区	9%	主任办公室	
			护士长办公室	
			医生办公室	
			示教室	
			值班室	
			更衣、淋浴间	
	辅助用房	3%	污物间	
			保洁间	
			纯水机房	二级处理

三、重点功能用房

（一）麻醉苏醒区

复苏床位数量与无痛内镜室的数量相匹配，每间无痛诊疗室配置 1.5 ～ 3 个复苏床位。麻醉苏醒区的设计应分层级，第一阶段的病患需要医护人员密切观察和辅助，按前述要求设置复苏床位；第二阶段的是在麻醉后恢复知觉但仍需留观的患者，可设置座椅代替床位。

（二）内镜诊疗区

内镜诊疗区应按单间设置，每个操作间的面积不小于 20m^2，建议 30m^2，保证充分的操作空间。由于内镜检查患者大多空腹或术前进行了肠道准备，有较长时间的等待和如厕需要，需在候诊区设置患者专用卫生间，厕位数量与诊疗量相匹配。

（三）内镜手术室

新建的内镜室考虑到适应多种微创手术的需求，需要更多空间用于放置无菌设施、麻醉处理和成像设备，内镜手术室的面积宜在 40 ～ 50m^2（见图 2-13）。其中，泌尿科手术室还应考虑放射防护需求。

（四）ERCP 手术室

ERCP 手术室操作间面积宜大于 35m^2，高度在 2.8m 以上，控制室面积 10 ～ 15m^2（见图 2-14）。ERCP 手术室的 6 个面需要进行辐射防护，同时要考虑结构降板，还需配置带观察窗的控制室，及带患者更衣、刷手功能的术前准备室。

（五）呼吸内镜区

呼吸内镜包括支气管镜和内科胸腔镜，由于内镜检查具有侵入性，所以为防止气溶胶污染和结核感染的风险，呼吸内镜区应设为独立区域，与其他类型的内镜诊疗区在物理空间上达到有效隔离。根据国家卫计委 2017 年 6 月 1 日颁布实施的《软式内镜清洗消毒技术规范》（WS 507-2016），支气管镜的诊疗和洗消与消化内镜应分开设置和使用。在内镜中心设计规划时，最好能够单独考虑支气管镜患者的走向，将患者接待区、等候区、诊疗区、洗消区等与胃肠镜区域分开，并配置排风系统形成相对负压环境，并考虑10万级空气洁净措施以降低交叉感染的风险。设计上需注意的是，呼吸内镜的专用术前准备区域使用面积不小于 $10m^2$，配有吸氧装置，专用的麻醉恢复室面积不小于 $20m^2$。

①麻醉柜 ②柜子 ③设备 ④麻醉设备 ⑤内镜设备 ⑥显示屏 ⑦污物收集
⑧吊塔 ⑨患者位

图 2-13　内镜手术室

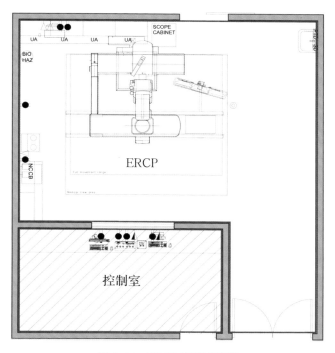

图 2-14　ERCP 典型平面图

（六）洗消区

洗消区与内镜治疗区的位置关系是内镜中心设计的重点。洗消区应独立设置，采用机械通风，上送下排。洗消区面积取决于内镜中心的诊疗量，平均每间内镜诊疗室的洗消面积约为 $6 \sim 7m^2$。洗消区的布局有两种模式（见图 2-15），第一种模式是设置独立的洗消房间，邻近诊疗区，通过污物走廊连接；第二种模式是在两排内镜诊疗室中间设置集中洗消区。目前，诊室数量较多的大型内镜中心采用第二种模式。清洗消毒间的内部流程要做到洁污分明，结合传递窗采取由洁到污的递进式设计（见图 2-16 和图 2-17）。

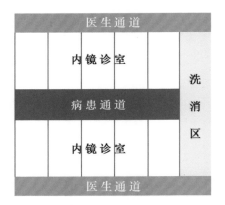

图 2-15 洗消区示意图

图 2-16 邵逸夫医院五期内镜诊疗室与洗镜区

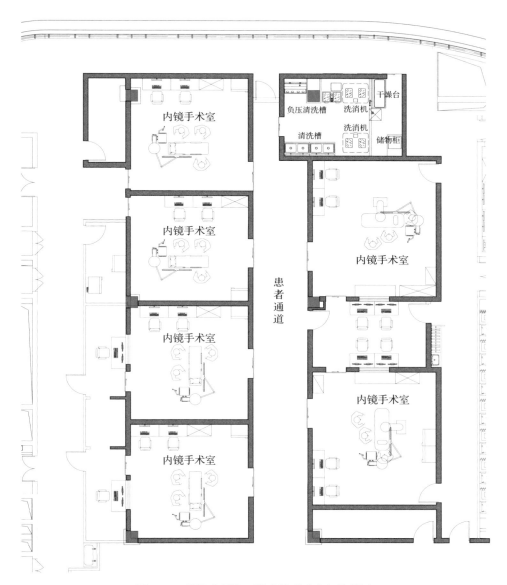

内镜手术室

内镜手术室

内镜手术室

内镜手术室

患者通道

负压清洗槽　　干燥台

清洗槽　　洗消机　　储物柜

洗消机

内镜手术室

内镜手术室

图 2-17　邵逸夫医院五期内镜手术室与洗镜区

第六节 功能检查科室

一、科室简介与规范标准

功能检查科室一般包括超声、电生理（心电图、脑电图、肌电图、脑血流、运动负荷等）、肺功能三部分功能，三部分相对独立但又融合成为一个综合的科室，以方便医生统一管理。功能检查科室面对的大部分患者来自门诊，因而多设置在门诊区域或者靠近门诊的医技区域。同时，功能检查科室也接待住院患者，因此需要设置住院患者的通路或者专门的住院患者接待入口。

功能检查科室设计的相关规范标准多借鉴医院自身的管理规范和考核标准，可参考《超声医学质量控制管理规范》中的一些细节要求。

二、科室规模与功能设置

功能检查科室的前场直接面对门诊，需要有较大的患者等候空间。功能检查核心区域包括超声、电生理、肺功能三组。功能检查科室的后场为医护工作区，包括医生更衣、办公、休息空间。随着医学科学技术的不断发展，各种高、精、尖医疗仪器和设备日新月异，检查范围也不断扩大，功能检查在临床诊断和治疗中的地位也越来越重要。医院在规划科室功能时对功能检查科室的面积区域应有一定的周转发展或预留。超声设备的数量要兼顾考虑住院患者与门诊患者使用，住院患者使用量以床位数的 0.2 为系数，门诊患者的使用量以门诊量的 0.15 为系数。平均每台超声可服务的日门诊患者为 60～80 人。电生理、肺功能等设备的数量考虑医院的实际情况配置。

医院体量较小时，超声、电生理、肺功能等检查用房数量较少，可混合集中布置。当医院规模较大时，功能检查科室可分区布置，设置相对独立的超声、电生理、肺功能区。医院规模进一步扩大，门诊患者往返做检查的流线过长，可考虑采用分中心模式，如成立单独的 B 超中心，也可分别设置住院超声与门诊超声部门，一般靠近妇产科门诊布置，方便为孕产妇提供支持。电生理、肺功能则可整合到相关的门诊科室中，形成心脑血管疾病中心、呼吸医学中心等专科分中心。功能检查科室的拆分与整合是在方便患者就诊与方便医生管理的平衡中寻求最适合医院发展的科室组织模式（见表 2-7）。

表 2-7 功能配比表

部门	功能分区	建议面积比例	具体房间	备注
功能检查	超声	根据需求	候诊区	
			B 超室	
			造影室	
			介入超声室	
	电生理	根据需求	候诊区	可放在相关的门诊模块成立分中心
			肌电图室	
			脑电图室	
			心电图室	
			动态心电图室	
			运动平板检查室	
			动态血压检查室	
			经颅多普勒检查室 /TCD 室	
			睡眠监测室	
	肺功能	根据需求	候诊区	
			肺功能检查室	
	医护区	根据需求	主任办公室	
			医生办公室	
			MDT	
			示教室	
			值班室	
			更衣、淋浴间	
			库房	设备、耗材

三、科室流线

平面布置时，可采用患者与医护人员共用通道的方式，也可采用患者与医护人员分设通道的方式（见图 2-18）。前者在空间利用效率上更高；后者可以达到医患分离的目的，但会浪费一定的有效使用面积。

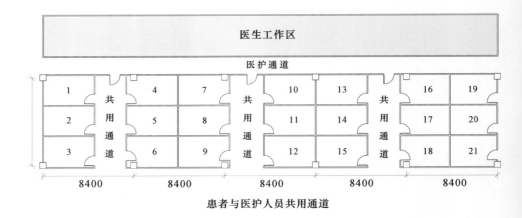

患者与医护人员共用通道

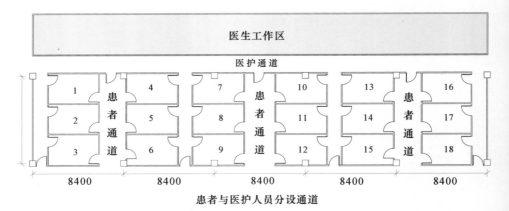

患者与医护人员分设通道

图 2-18　科室流线示意图（单位：mm）

四、超声用房的合理设计布局

需要使用超声功能的科室有急诊、体检、功能检查、妇产科等。超声室的面积建议不小于 $15m^2$，以 $3m \times 5m$ 的开间为宜。医生右手位对患者和超声检查仪（注意开门方向与设备摆布的关系）；房间设置更衣区，采用隔帘保护患者隐私，同时能容纳推床患者的推床预留位（见图 2-19）。

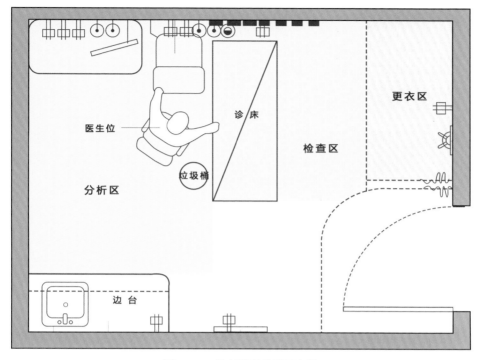

图 2-19　超声用房的平面布局

五、介入超声的发展与规划

　　介入超声是在超声显像基础上为进一步满足临床诊断和治疗的需求而发展起来的一门新技术，是现代超声医学的一个分支。其主要特点是在实时超声的监视或引导下，完成各种穿刺活检、置管、抽吸、注药、消融治疗等操作，使患者避免传统有创外科手术的痛苦，达到甚至超越外科手术的治疗效果。

　　介入超声室是超声医学科的一个组成部分，在建科时宜做统一的设计安排。介入超声室所服务的患者可来自病房、门诊或急诊，故其位置以靠近上述各处为宜，并有直接通道与上述各处相连。根据医院的实际管理需求，介入超声可以设置在超声科室，也可以设置在门诊手术或者内镜手术区域。该区的环境要求安静、清洁、灰尘少并且无强电磁场干扰。介入超声室以主操作房间为中心，配上附属房间构成，以便把患者的准备、介入技术的无菌操作以及医师的会诊或观摩等活动区分隔开，以减少主操作间的污染，并保障治疗过程有序进行。其主要房间的设置要求如下。

（一）操作间

操作间的面积以 30 ～ 40m² 为宜，能布置一台标准超声仪，一张手术床，一套麻醉及呼吸、心电监护系统，1 ～ 2 台介入治疗仪。

（二）准备及恢复间

患者先进入准备及恢复间，做必要的术前准备，如换鞋、更衣、打针、输液等，然后进入主操作间。在介入操作结束后，患者可在准备及恢复间留观或行短暂的麻醉后复苏。室内应安置管道氧气及负压吸引装置，备有常用的止痛、止血及其他常规急救用品和急救复苏用品。

第七节　急救中心

急救中心是抢救急、危、重患者的关键部分，是建立完整急诊医学体系（emergency medical service system，EMSS）的重要一环，各大三甲医院将大急救中心作为急诊急救的发展目标。对挽救大部分重症、重伤患者来说，把握急救黄金时间（黄金时间通常指创伤后 1 小时以内，是救治的关键时段）是急诊急救体系提高抢救成功率的关键。急诊急救的高效性是医院医疗技术及管理水平的重要标志。

一、科室简介与规范标准

美国从 20 世纪 50 年代起有科学规范的现场救治措施；1973 年，通过了《急救医疗服务体系 EMSS 法案》，形成规范化的全国急救医疗网；20 世纪 70 年代，建立了空中救护措施，以直升机远距离运送病患。法国从 1936 年成立了急救医疗系统，以急诊专科医生或麻醉医生和护士组成的医疗救护小组，操纵一辆或一辆以上按照移动式重症监护病房（mobile intensive care unit，MICU）要求配备设备的急救车，形成一个有效的移动急救服务单元。德国大部分病患运送工作由红十字会完成，急救中心归属红十字会组织和管理，由急救中心、消防队、急救医院组成完善的急诊医疗网。

日本厚生省在1977年提出了急诊医疗对策，根据病患的轻重症情况，分为1、2、3级，根据病情分级选择最恰当的医疗机构。

我国的急救医疗体系起源于抗日战争中伤员的战地初级护理和快速转运。20世纪50年代，在大中型城市发展了"救护站"。20世纪80年代，急救医疗才开始进入快速发展阶段。与急诊急救相关的规范标准可借鉴：

《灾害事故医疗救援工作管理办法》（1995年）

《急救中心建筑设计规范》（GB/T 50939–2013）

《医院卒中中心建设与管理指导原则（试行）》（国卫办医函〔2016〕1235号）

《胸痛中心建设与管理指导原则（试行）》（国卫办医函〔2017〕1026号）

《关于进一步提升创伤救治能力的通知》（国卫办医函〔2018〕477号）

《创伤中心建设与管理指导原则（试行）》（国卫办医函〔2018〕477号）

《医疗机构门急诊医院感染管理规范》（WS/T 591–2018）

《国家卫生健康委办公厅关于印发国家创伤医学中心及国家创伤区域医疗中心设置标准的通知》（国卫办医函〔2019〕700号）

借助互联网科技、智慧城市的发展，我国现今已建立现代化的急救医疗体系：120指挥系统、医疗信息公共服务平台、医院—"三位一体"的协作模式。并且在卒中中心、胸痛中心、创伤中心、危重孕产妇救治中心、危重新生儿救治中心五大中心的指导意见下，发展急诊急救中心，提升救治能力，降低患者死亡率及致残率。特别是经过新冠疫情的挑战，对各综合医院的急诊急救体系应对突发急性传染病提出了更高的要求。通过手机端智慧医疗急诊预检分诊，按照急危、急重、急症、亚急症或非急症分级分区，既能使病患及时得到诊治，也能查询排队进度、回顾既往病史、院内导航、医疗结算等。智慧医疗的发展在一定程度上影响了医院空间的设计。

 ## 二、急诊急救的特点

（一）应急性

院前区应设置应急缓冲场地，设救护车专用通道、急救车位等，平时作为一般回车使用，特殊情况下可容纳更多的病患和相关人员，也可应对社会特殊情况的应急使用。

（二）高效性

造成急诊拥堵的原因有分诊不到位、非急诊类型患者占用急诊资源、留观病房床位不足、辅助检查设备不足、辅助空间不足等（见表2-8）。急救与急诊分区设置，采用绿色通道。宽敞的接诊大厅，流线简洁且一目了然，采用联合诊室，急诊救治一体化。与手术中心、介入中心、影像中心关系紧密，尽可能简化和缩短医疗流程，为抢救生命赢得时间（见图2-20）。若设置直升机停机坪，则需交通便捷，能直接联系。

表2-8　急诊科拥堵因素（摘自《以效率为核心的综合医院急诊科建筑设计研究》）

编号	可控制因素	现象
1	患者种类	不属于急诊病情的患者很多，占用了急诊资源
2	床位数	留观区域、病房床位严重不足
3	医疗资源	辅助检查设备不足，患者等待时间长
4	空间	急诊科所有空间都被利用，没有后备空间
5	医护人员	医护人员短缺，专业配置不合理
6	交接过程	关注当前的患者

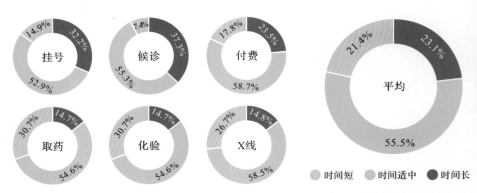

图2-20　急诊排队等候时间情况（摘自《以效率为核心的综合医院急诊科建筑设计研究》）

三、数量及面积测算

根据《综合医院建筑设计规范》（GB 51039-2014），急诊占医院七项建筑用房比例的3%；现代大型综合医院的设计注重急诊的功能效率，该比例往往达到5%以上。《现代医院建筑设计》中指出，约60%～80%的急诊急救患者需要住院治疗。急诊病床规模按医院编制床位的5%左右计算。EICU能够便捷地连通手术区，若条件允许，设置1～2个独立隔离监护室。

四、急诊功能设置

急诊急救自成一区，设单独出入口，与手术室、放射科、检验科、ICU、病区等都有直接的联系。急危重症对介入、溶栓等都有十分严格的要求，为了保障生命安全的绿色通道，与手术、介入等科室必须便捷连通，有绿色通道或专用电梯。急诊与门诊邻近布置，但需明显区分，避免患者走错而耽误救治：可利用不同方向的主出入口进行方向分流，或利用楼层、场地高差垂直分流。

按照卫健委关于急诊患者病情分级的建议，急诊科室空间上划分为红、黄、绿三区。红区为抢救监护区，用于救治濒危、重症患者；黄区为密切观察区，适用于急症患者；绿区为安全区域，适用于非急症患者（见表2-9）。

表 2-9　功能配比表

部门	功能分区	建议面积比例	具体房间	备注
急诊	院前	4%	120调度室	
			医生值班室	
			护士值班室	
			司机值班室	
	预检分诊	5%	等候大厅	
			预检分诊台	
			安保室	
			卫生间	
	红区	40%	急救门厅	含护士站
			抢救室	单间抢救室、隔离抢救室、护士站、更衣缓冲及各类库房

续表

部门	功能分区	建议面积比例	具体房间	备注
急诊	红区	40%	复苏室	建议单间
			手术室	可结合手术部设计
			EICU	建议单间及若干带缓冲含护士站、治疗室、血气检验及各类库房
	黄区	12%（不计入急诊病房）	急诊留观室	含若干留观区域、留观病房、隔离留观病房、护士站及各类库房
			急诊病房	
	绿区	15%	诊室	内、外、五官、骨科、妇科、犬伤等
			挂号	财务、办公
			二次等候	
			值班室	可结合诊室设计
			清创室	
			护士站	
	医技配套区	12%	急诊检验	含采样洗手间
			等候区	
			DSA 室	视条件设置
			CT 室	有条件的可设置杂交复苏
			DR 室	
			MRI 室	视条件设置
			超声室	
			心电室	
			库房	储藏、设备间
	医护区	10%	主任办公室	
			护士长办公室	
			医生办公室	可设置专家办公室
			护士办公室	
			值班室	
			更衣、淋浴间	
			示教室	MDT 会议室
	污物处理区	2%	保洁间	
			污物、污洗间	

五、急诊流线

大型综合医院的急诊一般分为急诊与急救两条流线。

急救流线：院前急救（救护车患者）→急救大厅→手术室→EICU→急诊病房

急诊流线：预检分诊→候诊→初诊→治疗→收费、取药→离开

不同规模的急诊中心可使用不同的空间组织模式（见图2-21）。综合医院的急诊需分区分块设计有利于扩展，整体性好，避免线性空间中过强导向性的走廊造成流线交叉及不必要的重复往返。

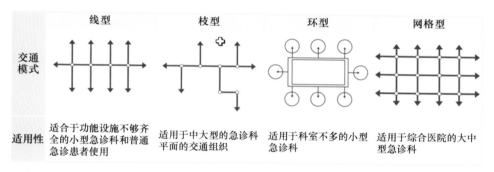

图2-21　急诊的交通流线组织（摘自《以效率为核心的综合医院急诊科建筑设计研究》）

六、欧美急诊模式

（一）美　国

美国医院急诊部门功能一般分为公共区、分诊区、快速治疗区、一般治疗区、重症治疗区、医技区、留观区、救护辅助区等。急诊部的收治有一套细致明确的流程，专业医护人员会在收治患者之前根据病情严重情况进行分诊：病情轻微的患者在快速治疗区接受治疗后就能离开；病情评定在二级以上的患者会被分入二次等候室，进入短期诊室就诊；病情稍重的患者进入一般治疗区及留观区；重症患者则直接进入重症治疗区，第一时间进行抢救（见图2-22）。FGI编制的《医院和门诊设施指南2018版》中将急诊急救中心的设计分为综合医院的急诊部、独立急诊部和非全天候急诊部三个部分。在急诊室设计上也采用精细化、模块化的方式，功能相近的房间尽量

采用相同的尺寸及相似的布局。模块式治疗室的开门位置及方向保持一致，避免医生在使用过程中需要再次熟悉房间布置，提高治疗和检查的准确率。美国规范要求急诊的诊室和留观面积不小于 10m²；一般治疗室最小面积为 11.1m²（120 平方英尺），一般在 13.0 ～ 14.9m²（140 ～ 160 平方英尺）；重症治疗室通常不小于 23.2m²（250 平方英尺）。对轻症患者可采用座式诊断，提高医院使用效率。美国急诊中心内一般设计医生可共同使用的一系列诊疗室，采用"医生移动、患者不动"的就医模式。护士站中心部分的工作空间也作为医生的安静场所，可对整个急诊中心的患者进行监控和记录，以免除外界不必要的干扰。

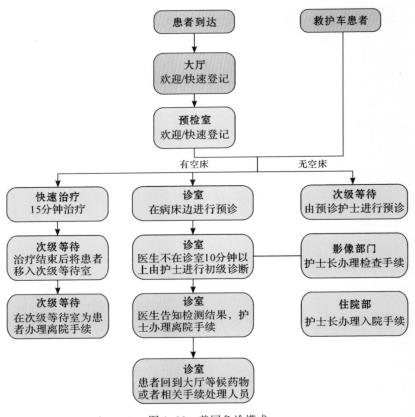

图 2-22　美国急诊模式

（二）英　国

英国卫生部颁布的《医院建筑注解：规范和设计指导》中详细绘制了急

诊的流程设计及各类核心房间的设计要求。《HBN 15-01 急诊部：规划设计导则》以图示的方式指导功能平面合理分区和布局优化，强调了要使用者适度参与设计，从多方面、多角度优化，突出用户体验，保持开放的态度。

（三）德　国

德国的建筑规范描述，在医院救治流程中，经过快速的病情诊断，将所接收的患者按紧急程度分为低等、一般、紧急三个等级，分别对应低强照护、普通、ITS/IMC（ICU）等级，并送至不同的功能分区（见图 2-23）。在医疗建筑系列规范《ICU 设计指南》中也以图解的方式指出急诊急救在医院功能组织中的位置。

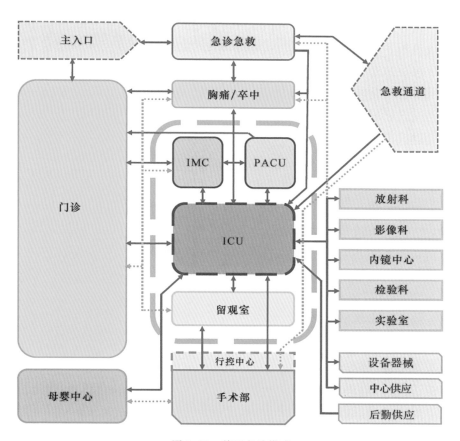

图 2-23　德国急诊模式

第八节 手术中心

一、科室简介与规范标准

现代医学技术快速发展，手术需求更加丰富多样，手术中心已经成为当今医疗革新最快的部门之一。大型诊疗设备日新月异、更新换代，手术中心设计需要能够应对更长远的变化。目前，手术室的规范标准已逐渐落后于实际需求，在医院新建或者改建、扩建过程中会出现手术中心面积不科学或者配比不合理的情况。

目前，手术室的相关规范有：

《综合医院建设标准》（建标 110-2021）

《日间手术中心设施建设标准》（T/CAME 21-2020）

《医院洁净手术部建筑技术规范》（GB 50333-2013）

《综合医院建筑设计规范》（GB 51039-2014）

《医院消毒卫生标准》（GB 15982-2012）

《建筑设计防火规范》（GB 50016-2014）（2018 年修改版）

《采暖通风与空气调节设计规范》（GB 50019-2015）

手术中心是一个系统工程，功能的安排需要满足医生、护士、患者及其家属的使用需求。同时，外科手术又有精细复杂的流程，患者的转运、准备、麻醉、手术、恢复都有严格的要求。手术中心是医技部门的核心，与消毒供应室的关系最为密切，一般设计专门的污物通道与无菌物品通道分别联系供应室的洗消和无菌存储间。手术室与外科病房尽量有专用电梯垂直联系，同时外科病房与手术室在垂直距离上也不宜过远。与 ICU 尽可能同层紧邻布局，减少因路途过远或等待电梯时间过长而导致病情延误。手术室与急症急救需要有便捷或者专属通道，以应对重症外伤伤员的抢救。血库与病理科也直接服务于手术中的患者：手术部门与血库建议设置带有对讲功能的血液输送电梯，保障血液供应的及时与安全性；与病理科有便捷的物流系统，形成点对点的联系。

手术部门流线复杂多样，手术流线秉承人物分明、洁污分隔、污染不扩散的原则。《医院洁净手术部建筑技术规范》中第 7.2.4 项阐明手术室的布局有五种组织形式：手术室前单走廊，手术室前后双走廊，纵横多走廊，中心岛，手术室带前室。目前，普遍采用的是洁污双走廊的形式，这种形式最大的特点就是洁污分隔，医务人员、患者和洁净敷料从洁净走道进入手术室，术后器材与废弃物从污物走道送出手术室（见图2-24）。2013年的《医院洁净手术部建筑技术规范》较之前对洁净手术部的平面增加了中心岛的描述，中心岛的布局物流清晰，极大地便利了一次性物品的调配，将可重复使用物品的再处理减至最低限度（见图2-25）。随着手术一次性器材使用量的增加，这种手术中心模式会逐渐被接受、尝试和推广。

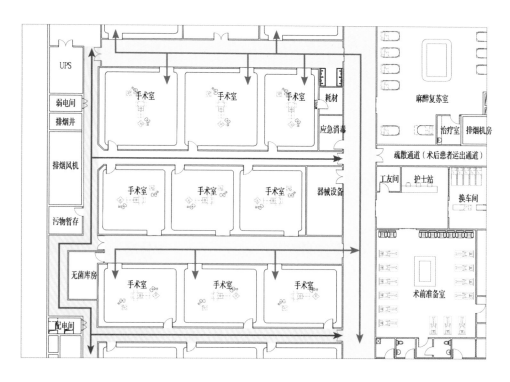

图 2-24 洁污双走廊模式（杭州市第一人民医院桐庐分院）

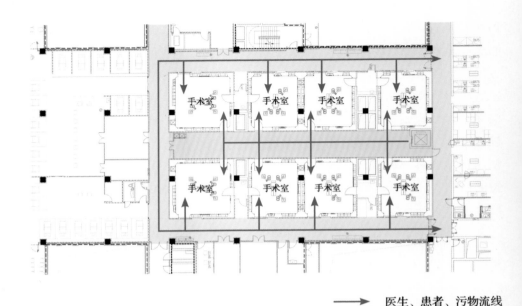

医生、患者、污物流线
洁净物品流线

图2-25   洁净核模式（浙江大学医学院附属第一医院余杭院区）

介入手术主要有针对心脑血管疾病的微创手术，与急诊有紧密便捷的联系以保证患者在紧急情况下及时获得救治。同时，介入手术与手术中心也需要有便捷的通路，以应对介入手术中可能出现的意外情况。介入中心的发展与医院的学科发展有密切关系，介入手术室一般情况下可布置在急诊或手术部门，若医院学科发展强势，也可单独成立介入手术中心。

日间手术是当下发展的热门趋势。日间手术概念源于欧美国家，是指患者可以在单日完成手术并离开医院的模式，因此需要更系统的术前评估、更优秀的手术团队、更科学的就医流程和更完善的术后回访。日间手术的优点在于：经过系统的术前评估，手术成功率高；可以灵活安排时间，方便家人照顾；留院时间短，减少住院费用，加快医院的床位周转率。随着现代外科微创技术的发展，并且为满足患者需求，日间手术部也逐渐成为医院设计的标配，或设置在住院部手术内，或成立独立的日间手术中心。

二、手术室数量计算

手术部门的规模往往会成为医院整体发展的瓶颈，限制住院、门诊以及其他医技部门的发展。手术部门的规划不仅要满足医院当下的需求，而且要兼顾医院远期发展。医院手术部门的大小根据医院的等级、规模、专科等，并视自身的发展需求而定。手术室数量的测算一般采用三种途径：

1. 按照医院床位数的 2% 计算。

2. 按手术科室或外科病房床位数的 4% 计算。

3. 通过数据计算采用：$B \times 365/（T \times W \times N）$；

注：B—需要手术的总床位数；T—平均住院天数；

W—手术室全年工作天数；N—手术室每日平均手术次数。

各家医院的情况不尽相同，外科强劲的医院手术室配比量较高，以康复为主的医院手术室配比量较低，一些专科医院也有自己的特殊要求，因此还需要根据医院的实际情况而定（示例见表 2-10 和表 2-11）。在医院运行的实际过程中，建议手术部门收集以下数据：

1. 每年的手术量及增长率。

2. 高峰期手术份额。

3. 手术时间长度与手术室的清理轮转时间。

4. 手术室的利用率。

5. 手术室的运转时间。

表 2-10 手术室数量计算案例

	目前年手术量（台）	每年增长率	明年手术量（台）	高峰期手术份额	高峰期手术量（台）	每台手术时长（h）	清理轮转时间（h）	每台手术总时间（h）	年高峰期手术总时间需求（h）	年高峰期运转时间（h）	使用效率	有效年高峰期可运转时间（h）	手术室利用率
某类型手术	1000	5%	1050	90%	945	1	0.33	1.33	1257	2500	75%	1875	67%

表 2-11 手术室年高峰期可运转时间

	小时/天	天/周	周/年	年数	年总小时数
年高峰期可运转时间	10	5	50	1	2500

三、手术室数量与面积配置

手术室的面积主要取决手术的类型。骨科手术室、神经外科手术室和心脏手术室等因为手术设备复杂，面积一般较其他类型手术室大。国内洁净手术室规范中提及四类手术室规模的面积尺寸参照表2–12。

表2–12 四类规模手术室面积尺寸参照

规模类别	净面积（㎡）	参考长（m）×宽（m）
特大型	40～45	7.5×5.7
大型	30～35	5.7×5.4
中型	25～30	5.4×4.8
小型	20～25	4.8×4.2

当今手术日益复杂，手术设备也呈现多样化、精细化的发展趋势。在医院设计实践过程中，上述面积指标已经很难满足基本的手术空间需求，如机器人手术间、复合手术间。手术室一般分为如下几个区域（见图2–26）。

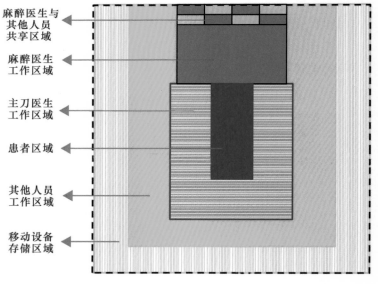

图2–26 手术室功能分区

除一些特殊手术室以外，手术室需要具有普遍性和灵活性来应对各种类型的手术，而合理的面积是灵活性的关键。手术室的形状以净宽 7m×7m 的正方形为宜。结合美国 FGI 的手术室标准与设计经验，提出部分类型手术室的建议面积（见表 2-13）。

表 2-13　各类手术室建议面积

手术类型	标准净面积（m²）	建议净面积（m²）	备注
综合手术	40	55	
心脏、骨科、神经外科手术	60	60～80	器官移植手术面积往高值靠
杂交手术室		85	控制室 25m²，设备间 15m²
胃肠镜手术室	20	30	
电生理、心导管手术	40	50	
介入、血管造影手术		65	

考虑到手术室的净面积需求，我们对比了 8.4m、9m、9.6m 三种柱网设计（见图 2-27）。一个柱跨一般可包含一间手术室与一条污物或者洁净通道。传统的 8.4m 柱网对手术室的大小有诸多不利影响：手术室面积偏小，房间不方正。9m 的柱网可满足大部分手术室的使用需求；但对于较复杂的手术，面积依然相对紧张。9.6m 的柱网可较为舒适地满足各类手术的需求。

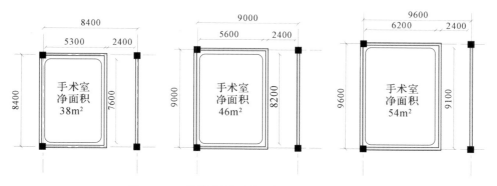

图 2-27　不同柱网的手术室布置（单位：mm）

四、手术部门面积测算及各功能配比

手术部门做多大面积？建议手术中心的面积可按每间手术室 150～200m² 的标准来估算。美国《医疗设施空间规划》（2006 年第二版）为手术部门分配到每间手术室的面积提供了建议：

1. 手术部门（仅住院）2400～2500 平方英尺（240～250m²）/间
2. 手术部门（住院＋门诊）2500～2800 平方英尺（250～280m²）/间
3. 独立运营日间手术中心 2800～3000 平方英尺（280～300m²）/间
4. 内镜/小手术中心 800～1200 平方英尺（80～120m²）/间

以上是在宏观层面上对手术部门面积做的估算。手术部门是一个庞大而复杂的系统，手术室是核心部分，但除此之外还有许多繁杂的功能围绕手术室展开，如手术部生活区、准备恢复区、手术辅助区、污物收集空间等。这些空间的面积配备合理化可以提高手术部门的效率（见表 2-14）。

表 2-14　手术室功能配置

部门	功能分区	建议面积比例	具体房间	备注
手术室	手术等候区	按需求设置	家属等候大厅	
			卫生间	
			谈话室	
	准备恢复区	14%	换床间	
			手术患者接待室	含护士站、治疗室等
			准备区	含护士站、治疗室等
			麻醉苏醒室	含护士站、治疗室等
	手术区	45%	手术室	一级手术室、二级手术室、三级手术室、达芬奇手术室、复合手术室，含洁污走道
	手术辅助区	15%	麻醉药品库	
			手术药品库	
			无菌器械库	建议单间
			洁净耗材库	可结合手术部设计
			储藏室	

续表

部门	功能分区	建议面积比例	具体房间	备注
手术室	医护生活区	24%	换鞋间	
			更衣室	含淋浴、卫生间
			办公室	
			值班室	
			会议室	
			手术餐厅	
	污物处理区	2%	冷冻切片	
			污物暂存	
			消毒间	

其中讨论最多的问题是手术中心库房空间，包括一次性物的库存、无菌库房、设备存放区等的面积比例。在使用过程中，我们经常听到的抱怨有存储空间不足、距离较远等。一方面，是由于手术用品纷繁复杂，未能根据物品的形态类别高效地放置，造成空间浪费；另一方面，是因为存储空间本身设计不合理。我们一般将手术中心手术室与存储空间的比例做到 3 : 1。在布局时，建议以集中布置为主，兼顾分散布置。集中布置的存储空间主要沿手术区的主干道布置，方便对 PACU、手术室和麻醉工作室进行统一调配和管理。同时，在洁净走道若干个手术室中间穿插布置小的存储空间，方便当下工作的医护人员及时便捷地存取物品。

手术区的洁净走廊按照规范要求仅需做到 2.4m。但在实际使用中，由于设备存储等库房空间使用面积不足或手术室面积过小，导致部分设备暂时停靠在手术室外的洁净走廊，造成手术通道拥堵。建议在设计过程中同时考虑双向推床及设备临时停靠，手术通道的宽度设计达到 3m 以上。

五、术前准备、麻醉苏醒室（PACU）床位数量与手术台的数量配比

PACU 的数量与手术复杂程度和手术时间有关，如轮转率高的门诊患者和停留时间长的 ICU 患者都将提高 PACU 需求数量。我国大多数医院 PACU 仅白天开放，与手术室的开放时间不匹配，夜间术后患者转入 ICU 观察较多。我国综合医院 PACU 建议床位数与手术台的比例为 1 :（1.5 ~ 2），或与

全天手术台数之比为 1：4，标准较低。在欧美国家标准中，PACU 与手术台数之比为（1.5 ～ 2）：1，可以提供较为高效和舒适的医护服务。我们建议将 PACU 与手术台数配比标准提高到（1 ～ 1.5）：1，并且每张床位平均分配面积（床位所占空间、走道、护士站）约为 15 ～ 20m^2。

考虑到连续接台的任务模式，建议术前准备床与手术室数量按 1：1 配比。由于术前准备的高峰期在早晨，而 PACU 的高峰期一般在下午，所以在设计中建议这两部分床位毗邻布置，相互借用，以提高使用效率和灵活度。

六、日间手术的发展趋势

日间手术属于住院手术的范畴，并非仅处理简单的手术类型，通过更系统的术前评估、更优秀的手术团队、更科学的就医流程和更完善的术后回访，日间手术同样可以处理较为复杂的手术类型。日间手术类型有腹股沟疝修补术、脐疝修补术、甲状腺良恶性肿瘤根治术、腹腔镜胆囊切除术、腹腔镜阑尾切除术以及各种体表肿块切除术等。随着医疗技术的发展，越来越多的术种会加入日间手术行列。

（一）日间手术模式

日间手术模式有三种。

第一种是与手术中心合用，仅在中心手术区借用若干间手术室作为日间手术区域；日间手术时间由全院统一安排，可设置单独的术前准备和术后恢复区；增设第二阶段恢复或在住院楼的手术层设计日间病房。这是目前大部分医院建议采用的模式。

第二种是将日间手术作为单独的部门，设置在手术中心以外，仅在日间开放。其他与第一种类型相似。日间手术形成一定规模，高效运转时可采用这种模式。

第三种是设计独立运营的日间手术中心。美国的非住院手术中心多为这种模式。在国内因为医疗保险、医护员工的制度不同，所以尚未形成这种模式。

（二）日间手术室设计

日间手术室的净面积一般在 30m^2 左右。日间手术的准备和恢复分为三个区域：

　　1. 术前准备，与手术室的比例为（2 ～ 3）∶ 1。

　　2. 术后苏醒，与手术室的比例为（2 ～ 3）∶ 1。

　　3. 二阶段恢复，可与术前准备合用。

　　考虑到术前准备与二阶段恢复都是清醒的患者，为了保护患者的隐私，一般采用单间或者隔间的形式，隔间以 $8m^2$ 为宜，单间以 $12m^2$ 为宜。日间手术于 2001 年进入我国，目前处在逐步发展成熟阶段。在政策的鼓励下，各类有资质的医院已开始尝试设置日间手术中心。在设计过程中，建筑师也应该对手术中心日间手术区的空间和定位有所考虑，具体可参考团体标准《日间手术中心设施建设标准》（T/CAME 21–2020）。

第九节　介入中心

一、科室简介与规范标准

　　介入放射学（interventional radiology，IVR），简称介入，是由现代医学发展起来的一门新兴临床医学，介入学科与内科、外科形成医疗体系的三大学科，它以影像诊断为基础，利用介入器材进行疾病治疗，或组织、细菌采集。数字减影 – 血管造影（digital subtraction angiography，DSA）为各种介入治疗提供了必备条件。DSA 介入治疗在多种疾病诊断方面不断地发展，诊疗内容包括心血管疾病介入治疗、神经血管介入治疗、外周血管介入治疗、综合介入治疗等。

　　如今，介入治疗所表现出来的优势越来越明显，其创伤面小、安全性高、效果显著、恢复快，受到了国内医学界的广泛重视。介入中心的规范标准可部分借鉴手术区域，同时国家卫健委也出台了多个规范指导介入治疗学科的发展。如《关于印发心血管疾病介入等 4 个介入类诊疗技术临床应用管理规范的通知》（国卫办医函〔2019〕828 号）：

　　《心血管疾病介入诊疗技术临床应用管理规范》（2019 年版）

　　《综合介入诊疗技术临床应用管理规范》（2019 年版）

《外周血管介入诊疗技术临床应用管理规范》（2019 年版）

《神经血管介入诊疗技术临床应用管理规范》（2019 年版）

二、介入中心的区位设计

介入中心与急诊、手术、冠心病监护病房（coronary care unit，CCU）、消毒供应均需有便捷的联系，目前大多数医院的介入设备布置可罗列为以下四点。

（一）独立的介入中心

介入学科的发展与医院的学科规划有密切的关联。近十几年来，介入治疗已成为医学领域发展最快的学科，并逐渐成为医院的热门科室，一些区域中心医院倾向于成立专门的介入中心，整合多台 DSA 设备用于心血管、神经血管及其他介入治疗。

（二）介入手术室设在影像科

部分医院因为专业技师稀缺，将介入手术室设置在影像科，实现专业技师共享，同时与影像科的其他设备集中做辐射防护。

（三）介入手术室设在手术中心

介入手术本身就是手术的一种类型，将介入手术室设在手术中心可以实现麻醉医生的共享，同时介入手术的功能和流线与一般手术室一致，可共用功能房间。介入手术过程中遇到的意外情况也可迅速得到解决。

（四）介入手术室设在心内科病区

部分医院会考虑将介入手术室放置在心内病区，手术后的患者可被方便地送达 CCU 及病区。这类布置 DSA 的受众仅限于心内手术患者，并且在病区内布置介入手术室，流线不好展开。

急诊应对卒中患者需要与介入中心、设在手术中心或者影像科的介入手术室有便捷的通道，如果难以达到要求，等级较高的医院一般会在急诊设置一间介入手术室。

三、介入中心的功能设计

介入中心的工艺流程类似于手术室，分为接待区、准备恢复区、导管区、医护工作区、污物处理区。在功能布局中将介入中心划分为工作区（非限制区）、清洁区（半限制区）和无菌区（限制区）（见表2-15）。

表2-15　介入中心功能配置

部门	功能分区	建议面积比例	具体房间	备注
介入中心（独立）	等候区	按需求设置	家属等候大厅	
			卫生间	
			谈话室	
	准备恢复区	12%	换床间	
			手术患者接待区	含护士站、治疗室等
			准备区	含护士站、治疗室等
			麻醉苏醒室	含护士站、治疗室等
	介入诊疗区	53%	DSA手术室	含设备间、控制室、准备间、刷手区，含洁污走道
	辅助区	18%	手术药品库	
			无菌器械库	
			高值耗材库	
			铅衣室	
			储藏室	
	医护生活区	12%	换鞋	若布置在手术区，可与手术医护生活区共用
			更衣室	
			办公室	
			值班室	
			会议室	
	污物处理区	5%	污物暂存间	
			消毒间	

四、介入中心的流线设计

介入中心的流线设计推荐多通道设计（见图2-28），将医与患分流、洁与污分流。通过组团布局，形成内外两条走廊。外走廊作为患者转运的通道；内走廊形成宽敞的控制廊，设置有洗手池、铅衣存放处以及计算机控制台等。同时，借鉴中心岛式的手术室布局，患者通道兼做污物通道，洁净物品通过消毒供应室专用的电梯送至医生控制廊内的无菌物品间。介入手术室若布置在大手术区内，则可以采用手术室洁污双走廊的模式，患者、医护人员与洁净物品通过无菌通道进入介入手术室，后区与手术部门的污物通道连通。

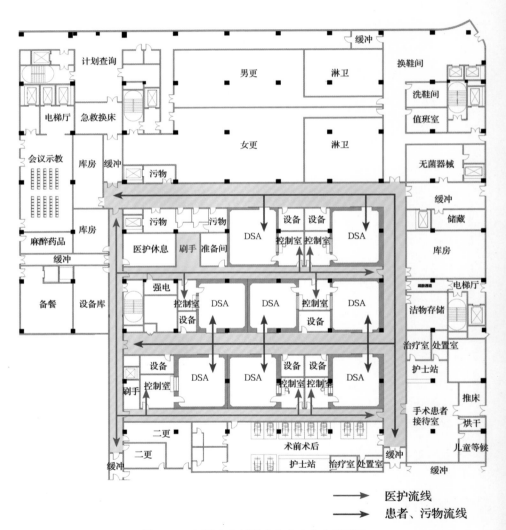

图 2-28　柯桥未来医学中心介入中心平面图

介入中心的流线关系：棕色为患者、物品、污物通道；蓝色为医护通道

五、介入手术室的设计

根据《综合医院建设标准》（2018 版）数字减影血管造影 X 线机的单列项目，房屋建筑面积最小为 310m²，除手术室外，还包含设备间、控制室等辅助用房的面积。如果介入手术室的规模较小，仅设置一两台，则每组介入手术室及其配套用房的面积应不小于 310m²。若介入手术的需求量较大，形成独立的介入手术中心，则需要根据医院的具体需求以及科室的人员配比，对辅助用房、办公用房等进行适当调整。

随着专业技术的发展，DSA 的发展趋势向专用化转变。单向 C 形臂系统用于全身的血管造影与介入放射学，双向 C 形臂系统则用于心脏和脑血管检查。双向 C 形臂系统包含落地与悬挂两个 C 形臂系统进行旋转或多轨运动，因此需要相对大的面积与尺寸。介入手术室的净面积应不小于45m²，净尺寸多为 7500mm×6000mm 左右。在实践中，较为方便的模式是在 DSA 手术室的墙面做嵌入式壁柜，将手术需要的器械、药品和有关耗材部分直接存放在手术室里，此种情况下建议介入手术室的净面积做到 60m²左右，净尺寸在 8000mm×7500mm 左右，结构高度在 3500mm 左右。控制室与设备间相对灵活，以实际需求为准。在手术过程中，控制室的技师与手术医生会有较多的交流，控制室的技师希望能够看到手术医生的操作过程，因此尽量避免 DSA 设备的布置朝向不利，造成手术医生背对控制室医生的情况。DSA 作为大型医疗设备，还需要考虑设备的运输与吊装通道，最小的运输尺寸为宽 2200mm、高 2100mm，垂直运输电梯采用 1.6T 标准医用电梯尺寸（长 2500mm、宽 1200mm、高 2000mm）。

六、介入中心的环境设计

介入中心的环境设计应符合国家卫生健康委办公厅《关于印发心血管疾病介入等 4 个介入类治疗技术临床应用管理规范的通知》（国卫办医函〔2019〕828 号）对放射防护及无菌操作的条件，严格分区。高标准医院建议采取如下措施。

·缓冲区：在洁净区与非洁净区之间设置不小于 3m² 的缓冲间（需要 HEPA 风口送风）。

·无菌区：造影间、控制室、刷手间、无菌导管库房。

·清洁区：导管室内的医生办公间、休息间、消毒间、药品室。

·非清洁区：更衣室、浴室、卫生间、污物间。

造影间还需要氧气、真空、压缩空气供应，根据诊疗类型可能还需要二氧化碳与氧气供应，氧气终端流量大于 10L/min。设计需要解决 DSA 造影机的工艺需求。除电力供应外，部分 DSA 控制器内部有水冷装置，需要有给水和排水条件。国外某医院介入治疗室模块见图 2-29。造影间内还应配套麻醉吊塔和外科吊塔，条件允许时，存放器械、药品、耗材的柜子宜采用智能柜。

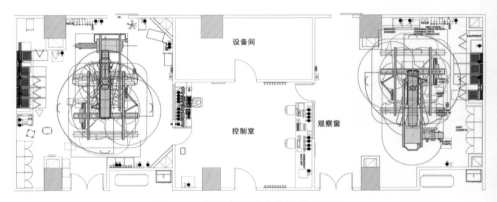

图 2-29　国外某医院介入治疗室模块

第十节　放射影像科

一、科室简介与规范标准

最初的影像学诊断始于 X 线诊断。X 线被发现并用于诊断至今已有 100 多年的历史。20 世纪七八十年代，一二维、三维及动态图像得以发展，CT、MRI 等先后应用于临床。X 线机在 20 世纪初传入我国北京、上海等大城市。近年来，影像医学数字化和网络化迅速发展，通过网络传输、远程医疗等，给患者的就诊带来极大的便利。

　　放射影像科是医院重要的辅助检查科室。在现代医院建设中，放射影像科集检查、诊断、治疗于一体，许多疾病须借助放射影像科设备进行检查和诊断。放射科的设备一般有普通 X 线拍片机、计算机 X 线摄影系统（CR）、直接数字化 X 线摄影系统（DR）、计算机 X 线断层扫描（CT）、磁共振（MRI）、数字减影血管造影系统（DSA）等。

　　目前，国内指导放射影像科建设相关的法规与标准主要有：

《中华人民共和国职业病防治法》

《中华人民共和国环境保护法》

《放射诊断放射防护要求》（GBZ 130–2020）

《综合医院建筑设计规范》（GB 51039–2014）

《电离辐射防护与辐射源安全基本标准》（GB 18871–2002）

《放射诊疗管理规定》（中华人民共和国原卫生部令第 46 号 2016 年 1 月 19 日修正）

二、科室功能配置

　　考虑到设备的运输以及使用的便捷度，放射影像科一般布置在医院的首层，受到条件的限制也可设于地下室或二层。放射科与门急诊部、住院部需要有便捷联系。其主要可以归纳为分诊、检查、医护区三大块。放射影像科功能配置见表 2–16。

表 2–16　放射影像科功能配置

部门	功能分区	建议面积比例	具体房间	备注
放射影像科	等候区	14%	登记接待	
			候诊区	普放与 CT/DR 候诊区分开设置
			注射准备 / 抢救室	靠近 MRI、CT 等
	检查区	68%	MRI	含机房、控制室、更衣间
			CT	含控制室、更衣间等
			DR	含控制室、更衣间等
			数字胃肠机	含卫生间、操作间、钡餐间
			移动 X 线机	含储藏室
			影像存储网络中心	交换机，恒温恒湿条件

续表

部门	功能分区	建议面积比例	具体房间	备注
放射影像科	医护区	18%	集中阅片办公室	
			主任办公室	
			示教室	
			库房	
			更衣室	含淋浴、卫生间
			值班室	
			技师休息室	
			保洁室	
			污物暂存间	

　　根据《综合医院建设标准》（建标 110-2021），正电子发射型磁共振成像系统等大型医用设备的房屋建筑面积可参照表 2-17 的面积指标增加相应建筑面积。

表 2-17　综合医院大型医用设备房屋建筑面积指标

设备名称	单列项目房屋建筑面积（㎡／台）
正电子发射型磁共振成像系统（PET/MR）	600
螺旋断层放射治疗系统	450
X 线立体定向放射治疗系统	450
直线加速器	470
X 线正电子发射断层扫描仪（PET/CT，含 PET）	300
内窥镜手术器械控制系统（手术机器人）	150
X 线计算机断层扫描仪（CT）	260
磁共振成像设备（MRI）	310
伽马射线立体定向放射治疗系统	240

 三、流程规划及布局

　　放射影像科的布局按照规模大小一般可分为中廊式、双廊式、多廊式。

　　中廊式：医生与患者共用通道，适用于较小的放射影像科室（见图 2-30）。

双廊式：设备一字排开，医生与患者分开通道，适用于较小的放射影像科室（见图 2-31）。

多廊式：设备分组布置，医生与患者分开通道，适用于较大的放射影像科室（见图 2-32）。

图 2-30　中廊式

图 2-31　双廊式

图 2-32　多廊式

科室内按照就诊走廊、检查用房、控制走廊的形式依次排布，控制走廊在后端形成连通，将阅片室、办公室、值班室等医务用房布置在后区。根据相关研究文献，放射科的 DR、CT、MRI 和胃肠机的患者就诊人数之比大致为 8：5：1：0.9，DR、CT、MRI 的就诊时间递增。因此，DR 相较 CT 设在靠内的位置；MRI 可自成一区；胃肠机应设置在靠近卫生间的位置；乳腺钼靶检查相对靠里，便于保护患者的隐私。

美国一些医院放射影像科的设计布置通常除结合我们熟知的影像设备外，还包含 DSA、功能检查、核医学科室功能等（见图 2-33）。

图 2-33　美国百年山（Centennial Hill）医院影像科平面图

四、设备安装要点

放射影像科需要特别考虑 CT 和 MRI 的运输通道。其中，CT 设备运输通道的净尺寸至少预留 1.5m 宽，2.2m 高，机架和运输工具总重量约为 3000kg，运输路线需考虑的主要问题是运输路径的空间尺寸和楼地面的承重能力。当运输走廊与扫描间门入口成角度时，入口处的宽度及廊宽匹配关系需由现场项目经理计算得出（如果放射科不在地面层，则要考虑上下楼的问题）。

MRI 设备的运输通道需要特别进行规划，需考虑运输路径的荷载，磁体和检查床一般总重约 6～16 吨；其次，MRI 磁体体积较大，移动和转弯半径都需要规划，运输安装的最小通道净尺寸为 2.5m 宽，2.8m 高；如果路径上有门，要考虑待设备运输完成再行安装。

MRI 设备周边一定范围内的大质量移动金属物体会干扰设备磁场的稳定性，在设计阶段应该着重避免，包括地下车道、停车库、大型设备机房、电梯、建筑外侧车道附近的地铁线路等。MRI 设备与其他大型设备，如 MRI（另一台）、CT 也有距离限制。如两台 MRI 设备之间的磁体中心距离一般不能小于 10m。MRI 设备需要连接一根失超管，用于事故时排放低温氦气，可以通过外墙于裙房屋顶排出。

五、主要房间设计

（一）DR

扫描间推荐最小尺寸：长 6m，宽 4.5m，高 3m。
控制间推荐最小尺寸：长 2m，宽 2m，高 2.5m。
DR 机房平面图见图 2-34。

（二）CT

CT 分为一般平扫或增强扫描，增强扫描需注射造影剂。设注射室，不要将设备布置在变压器、大容量配电房、高压线、大功率电机附近，以避免产生的强交流磁场影响设备的工作性能。

扫描间推荐最小尺寸：长 6m，宽 5m，高 3m。
控制间推荐最小尺寸：长 3m，宽 4m，高 3m。
CT 机房平面图见图 2-35。

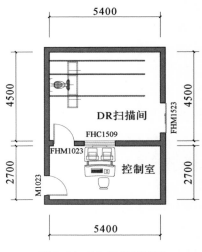

图 2-34　DR 机房平面图

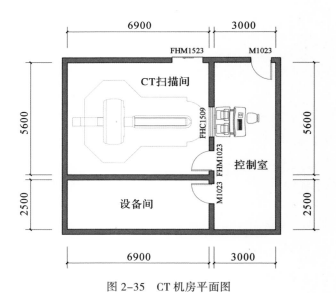

图 2-35　CT 机房平面图

（三）MRI

MRI 分永磁和超导两种类型，检查分为一般平扫和增强扫描，增强扫描需注射造影剂，设注射室，布局要避开以下干扰。

· 动态金属干扰：电梯、汽车、火车、地铁。

· 静态金属干扰：建筑体内的钢筋。

· 振动物体：大型机电设备、水泵、大型电机、变压器、地铁、火车。

· 变化电流：高压线、变压器、发电机。

· 另一台 MRI，两台相邻时，两台设备的 3 高斯线不能交叉。

· 近距离铁磁物质会影响 MR 磁场的均匀性，因此离磁体中心点 2m 以内的铁磁质物质及重量都必须交由设备公司工程师评估。

扫描间推荐最小尺寸：长 7.5m，宽 5.5m，高 3.5m。

控制间推荐最小尺寸：长 3m，宽 4m，高 3m。

设备间推荐最小尺寸：长 3m，宽 2.5m，高 3m。

MRI 机房平面图见图 2-36。

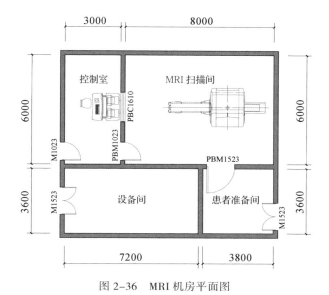

图 2-36　MRI 机房平面图

五、辐射防护设计要点

目前常见的屏蔽防护材料大致有以下四种。

（一）实心墙体

实心墙体包括实心混凝土墙体和实心砖墙。在空间允许的情况下，采用实心墙体作为防护材料是性价比较高的一种做法。实心墙体可同时起到围护结构和防护材料的作用，造价较低，机械稳定性好，对环境也友好。其中，防辐射混凝土表观密度大，含结合水多，要求混凝土具有良好的均质性，具有一定的结构强度和耐火性。实心墙体的缺点：①比较占用空间，在120kV管电压条件下，普通的实心黏土砖墙需要240mm厚度才能等效于2mm铅当量；②对施工要求较高，砖墙砌筑时填缝的水泥砂浆必须饱满密实，否则就有可能造成射线泄露。

（二）铅板

铅板的优点有性能稳定、厚度薄、加工容易、施工简便、防护效果耐久且可循环使用。缺点：①造价相对较高，加上龙骨及人工成本，价格还会有所增高。②铅板对环境有一定污染。铅金属本身有一定毒性，安装在墙体内的铅板会有微量挥发到空气中，造成空气中铅含量增加，危害人体健康。③铅金属的性质较软，加上本身厚度薄、自重大，长期使用有缓慢变形的情况，会影响防护的稳定性。目前，一些技术手段可以改善这种情况，如将铅板与木基层板压合在一起形成的铅木复合板。

（三）硫酸钡水泥砂浆

硫酸钡水泥砂浆是一种常见的防护材料。它是将硫酸钡、水泥、建筑胶水按照100：25：2的比例混合而成的一种涂料性质的防护材料。其造价便宜、材料环保、稳定性好、耐酸碱、密度大。其缺点主要有两个方面：①防护效果取决于拌合比例，如果施工过程中对比例控制不当，可能造成防护性能不稳定；②作为一种涂抹材料，其在涂抹厚度较厚的情况下有开裂的风险，即使通过挂网等措施增加强度，也无法完全杜绝。对于顶部、阴阳角等部位的处理，这种风险更大。

（四）新型复合材料

新型复合材料是对近期出现在市面上的一系列新型防护材料的统称。其主要技术思路是将硫酸钡等高密度材料通过一些技术手段压制成成品板材。其厚度和机械性能都优于硫酸钡水泥砂浆。有些材料将防护层与装饰层复合在一起，简化了施工流程。

六、放射影像科环境设计要点

医学影像设备通常集中布置在无窗的内区房间，有些医院甚至布置在地下层。医学影像设备工作时发热量大，这些无窗或地下场所的共同特点是不具备自然通风的条件。新建医院需要解决好设备区的通风和散热问题，使设备处于良好工作状态，同时改善医护人员工作区的热舒适度。放射影像科环境温湿度控制要求和技术措施参见本书第四章"采暖、通风与空调系统"的相应内容。

第十一节 消毒供应中心

一、科室简介与规范标准

消毒供应中心是医院内承担各科室所有重复使用诊疗器械、器具和物品清洗、消毒、灭菌以及无菌物品供应的部门，是医疗护理工作正常运行的保障，是医院感染控制的重要部门之一。随着医院功能的整合与拓展，医院内需要供应的物资纷繁复杂，涉及的科室也越来越广。其中，手术器械的清洗、消毒、灭菌及手术敷料的灭菌供应工作量在消毒供应中心的工作量中的占比最大，消毒供应中心同时也承担着产房、ICU、内镜、DSA等科室可重复使用的诊疗器械、器具和物品集中回收、清洗消毒包装灭菌及发送的职责。

相关规范：

《医院感染管理规范（试行）》（卫医发〔2000〕431号）

《综合医院建筑设计规范》（GB 51039–2014）

《医疗消毒供应中心基本标准（试行）》（国卫医发〔2018〕11号）

《医疗机构消毒技术规范》（WS/T 367-2012）

《软式内镜清洗消毒技术规范》（WS 507-2016）

《消毒供应中心 第一部分：管理规范》（WS 310.1-2016）

《消毒供应中心 第二部分：清洗消毒及灭菌技术操作规范》（WS 301.2-2016）

《消毒供应中心 第三部分：清洗消毒及灭菌效果监测标准》（WS 301.3-2016）

二、科室位置规模与功能布局

《消毒供应中心管理规范》指出，消毒供应中心宜接近手术室、产房和临床科室或与手术室有物品直接传递的专用通道，不宜建在地下室或半地下室。《综合医院建筑设计规范》提出，消毒供应中心自成一区，与手术部、重症监护室和介入治疗等功能用房区域有便捷联系。消毒供应中心与手术室的关系最为密切，一般宜与手术室形成上下对位的关系，消毒供应中心的无菌物品存放区及去污区通常有专用的垂直电梯，与手术室的洁区与污区相通。若与手术室同层布置，需要有专门的通道与手术室的洁区和污区相通。消毒供应中心的污洗区属于大量用水区域，其下一楼层尽量避免布置精密设备或有洁净环境要求的科室。

《医院消毒供应验收标准（试行）》指出，消毒供应中心周围环境应清洁、无污染源。消毒供应中心宜布置在地面上采光通风良好的区域。若布置在地下一层，需要做好温湿度控制，加强排风、通风、排水等管理。

消毒供应中心的最小面积一般不小于200m²。其使用面积建议根据承担的任务及工作量按照每床1～1.5m²计算。消毒供应中心功能配置见表2-18。

表2-18 消毒供应中心功能配置

部门	功能分区	建议面积比例	具体房间	备注
消毒供应中心	去污区	24%	污物接收间	
			推车存放清洗间	
			腔镜清洗区	
			去污间	
			消毒间	

部门	功能分区	建议面积比例	具体房间	备注
消毒供应中心	打包灭菌区	38%	缓冲间	
			打包区	含材料、布类打包
			低温灭菌 / 等离子灭菌	
			消毒间	
			敷料库房间	
			敷料打包间	
			蒸汽灭菌间	
	无菌区	24%	无菌存储间	
			发放大厅	
			洁车存放清洗	
			缓冲间	
			脱包间	
			一次性物品库	
	医生办公区	14%	办公室	医生办公室 + 主任办公室
			护士长办公室	
			值班室	
			换鞋区	
			更衣室	含淋浴、卫生间
			示教室	

三、消毒供应中心的工作区域划分及基本要求

消毒供应中心有专门的污物接收通道、清洁物品运输通道、一次性物品接收发放通道、无菌物品发放通道、员工办公通道以及参观通道。物品的流线由污到洁，不交叉，不逆流。空气流由洁到污单向流动，去污区保持相对负压，一般不低于−5Pa，检查包装及灭菌区保持相对正压。根据《医院消毒卫生标准》（GB 15982–2012），消毒供应中心的检查包装灭菌区和无菌物品存放区最低要求为Ⅲ类环境。消毒供应中心（室）的建筑布局，以及清洗、消毒灭菌和效果监测应执行 WS 310 要求。去污区的温度宜控制在 16 ～ 21℃，检查包装灭菌区的温度宜控制在 20 ～ 23℃，无菌物品存放

区的温度宜控制在 24℃ 以下并控制相对湿度。工作区域温度、相对湿度、机械通风的换气次数宜符合表 2-19 的要求。

表 2-19　工作区域温度、相对湿度及机械通风换气次数要求

工作区域	温度 /℃	相对湿度	换气次数 /（次 /h）
去污区	16 ~ 21	30% ~ 60%	≥ 10
检查包装及灭菌区	20 ~ 23	30% ~ 60%	≥ 10
无菌物品存放区	低于 24	低于 70%	4 ~ 10

各区域之间设实体屏障。去污区与检查包装及灭菌区应设物品传递窗，并设人员出入缓冲间。缓冲间应设洗手设施。洁具间应采用封闭式设计。由于整个工艺流程为单向性操作，所以消毒供应中心的功能布局模式以三段式的线性布置为主。消毒供应中心工作流程见图 2-37。

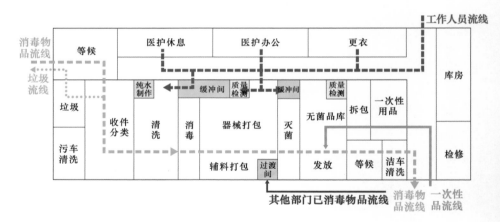

图 2-37　消毒供应中心工作流程

四、消毒供应中心的运营模式

2017 年，国家卫计委发布《深化"放管服"改革，激发医疗领域投资活力的通知》，消毒供应中心被列为新增的可独立设置的医疗服务机构。目前，消毒供应中心的商业模式可以分为三类。

（一）医院自建的消毒供应中心

体量较大的三甲综合标杆医院在技术、人才、资金方面能够较好地支持消毒供应中心的运营，在满足为自己和下属医疗机构提供消毒灭菌服务的同时，有条件的情况下可为其他合作医院提供消毒供应服务。在设置合理和管理科学的基础上，收到了良好的质量和效率的保障。但是受财政投资及空间设置的影响，较难实现规模化扩张。

（二）院企合建消毒供应中心

医院与企业合作，医院提供场地，企业投资和管理。医院参与日常运营管理，质量得到一定保障，但会受到行政压力，其效率和成本会受一定影响。

（三）第三方消毒供应中心

企业自主选址拿地，负责建设和运营。其前期投资大，品牌树立难，但是运营成本低，便于模块化扩张，服务半径广。目前，三级医院的器械消毒灭菌成本为 4.5～5.5 元/把；二级医院成本在 6.5～7.5 元/把；而第三方消毒供应中心可把成本降低至 3～4 元/把。因此，对于规模相对较小的医院，为减少医院对消毒供应中心的投资成本，采用第三方消毒供应中心的外包服务不失为一种好的选择。但因为转运效率、运输途中的安全问题及器械损坏责任的鉴定问题等，精密贵重器械的第三方管理存在一定的安全隐患和挑战。同时，医院仍需分别设污染器械收集暂存间及灭菌物品接收发放间。两个房间应互不交叉，相互独立。

五、国外消毒供应中心设计思路

国外较先进的理念采取大组团的设计模式。中心供应、药剂中心、洗衣房、营养厨房都有大量的蒸汽使用需求，同时消毒供应中心对药剂的瓶罐、洗衣房的敷料都要进行处理，因此将这些科室统筹规划形成相对集中的供应组团，如美国弗吉尼亚州华尔科斯医院、日本神户市立市民医院等。

目前，我们所设计的消毒供应中心都是三段式线性布局；而在美国，消毒供应中心通常以"品"字形排布（见图 2-38）。其最主要的原因是在感控要求上，国内洁车与污车独立循环；而在美国，污车与洁车之间相互循环，污车从去污区进入中间的车辆清洗间清洗消毒后，进入无菌区成为洁车后可再循环使用。另外，美国大多数医院的敷料是一次性使用的，打包灭菌区通常没有敷料入口。由于有大量的一次性物品和无菌物品的发放，同时不单独设置一次性物品库，所以美国消毒供应中心无菌物品存储区的面积最大。在物品发放上，通常在消毒供应中心无菌区域完成装车程序后再送往各科室，因此无菌物品存储区的面积需求也增加了。

　　"品"字形的布局在一定程度上缩短了消毒流程的物理距离，使得消毒供应中心的布局更加紧凑、高效，但是污车与洁车循环使用的理念在国内的推广还需要推动与论证。

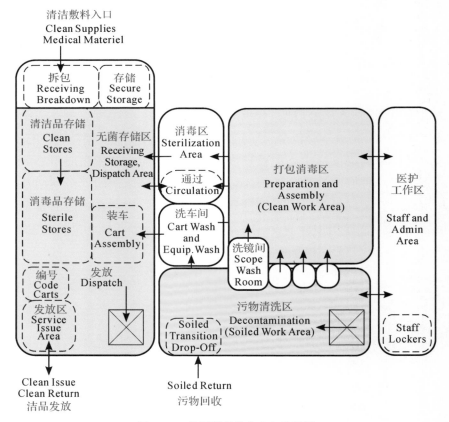

图 2-38　美国消毒供应中心流程图

<h1 style="text-align:center">第十二节 放疗科</h1>

 一、科室简介与规范标准

肿瘤放射治疗是利用放射线杀伤肿瘤细胞，使肿瘤细胞 DNA 断裂的一种区域性肿瘤治疗手段。当今放疗手段丰富，从早期的钴 60 机、二维直线加速器，到三维的调强放疗技术（IMRT、VMAT、TOMO），再到四维的图像引导放疗（IGRT）、立体定向放疗（伽马刀、赛博刀），以及目前最先进的质子、重离子、硼中子俘获治疗等，其中治疗的空间特性以直线加速器最为典型。

放疗科一般由临床治疗、放射物理、放射生物及工程技术几个部分组成；放疗科人员包括放疗科主任、放疗医生、物理师、技师、工程师、护士等。

目前，国内针对放疗科出台的规范与标准主要有：

《综合医院建筑设计规范》（GB 51039-2014）

《放射诊疗管理规定》（2016 年 1 月 19 日根据国家卫生和计划生育委员会令第 8 号修改）

《医疗机构放疗中心建设标准》（T/NAHIEM 56-2022）

《放射诊断放射防护要求》（GBZ 130-2020）

《电离辐射防护与辐射源安全基本标准》（GB 18871-2002）

 二、放疗科的功能布局与流线组织

放疗科建议设置于方便门诊和住院患者治疗的区域，但因其存在辐射干扰，所以需尽量布置在相对独立的区域，通常布置于医院地下区域，或将强辐射的科室统筹考虑设置在独立建筑，以连廊的形式与主楼相连。放疗科一般包括候诊区、诊疗区、医护区、辅助区（见表 2-20）。

患者进入科室后，一般由以下几个主要流程组成：登记、诊断检查、CT 定位、器官（靶区）勾画、计划设计（和计划评估）、计划验证和确认、治疗（多次）、出院、随访。

表 2-20　放疗科功能配置

部门	功能分区	建议面积比例	具体房间	备注
放疗科	候诊区	10%	等候区	
			卫生间	
	诊疗区	70%	诊室	
			CT 模拟	
			MRI 模拟	
			更衣室	
			直线加速器	按医院规模需求配置
			后装机	
	医护区	10%	主任办公室	
			医生办公室	
			示教室	
			治疗计划室	
			物理室	
			值班室	
			更衣室	含淋浴、卫生间
	辅助区	10%	模型室	
			制模室	
			污物间	

　　规模较小的放疗科室多采用单通道或双通道的布局，简单高效地串联诊疗与医护区域，见图 2-39。规模稍大的放疗科室多采用多通道的形式，通过患者与医生通道分离、患者诊疗区块的分隔来管理科室流线，见图 2-40。

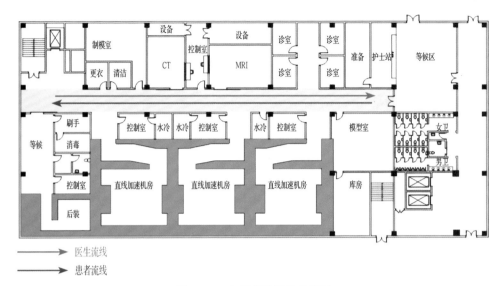

图 2-39　小型多通道放疗部门

三、放疗科的建设难点

（一）直线加速器（LA）机房

一般情况下，根据现行放射防护设计规范，直线加速器机房内净宽（主防护墙之间）为 6.0 ～ 7.0m，前后副防护墙之间净宽为 7.5 ～ 8.0m，机房内净高（自机房顶板防护墙下表面至机房完成面）为 4.2 ～ 4.5m，室内装修吊顶高度为 3.0 ～ 3.3m，迷道净宽为 1.5 ～ 2.0m，在迷道外靠副防护墙设置控制室（其宽度为 3.0 ～ 3.6m），迷道门洞宽度与其净宽一致。

根据直线加速器设备防护评价报告，确定其机房六个面所采用防护材料及厚度。一般采用振捣密实的钢筋混凝土进行防护，其机房主防护墙厚度为 2.5 ～ 3.0m，副防护墙厚度为 1.2 ～ 1.6m。直线加速器机房平面、剖面、穿管见图 2-41。

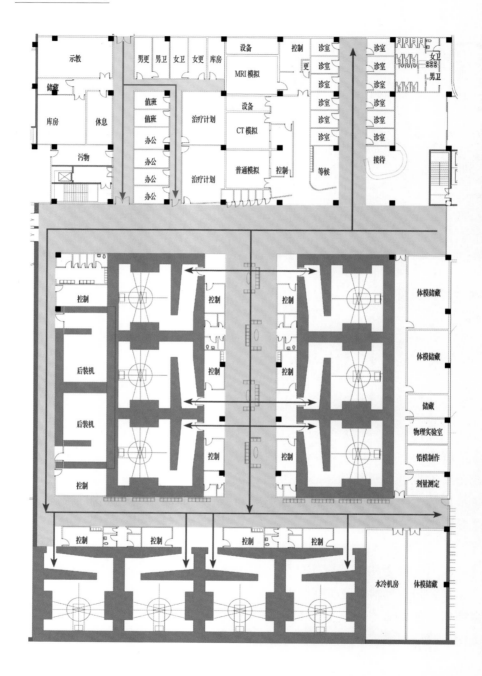

图 2-40　大型多通道放疗部门

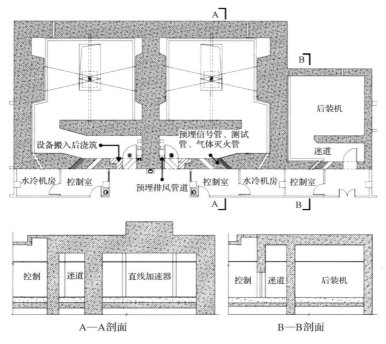

图 2-41　直线加速器机房平面、剖面、穿管

（二）模拟定位机房

放疗科常用的模拟定位设备包括普通 X 线机模拟定位、CT 模拟定位机，部分医院把磁共振（MRI）成像系统用于精准模拟定位，这些模拟定位室的工艺条件与放射科对应机房的工艺条件基本相同，参照放射科对应机房的工艺条件设计。

（三）办公与后勤辅助区

办公与后勤辅助区包括放疗科随访门诊区、技师办公室、医护更衣及休息室区、医护办公室、放疗计划室及讨论室、信息机房、公共卫生间等，其中放疗计划室需要大空间，所需电源插座及信息接口的数量较多。

（四）屏蔽材料

对于 X 线防护而言，混凝土通常是首选材料；钢板、铅板应用灵活，便于未来房间功能调整和布局调整；铅板也常用于改造项目，厚度根据防护需求确定，固定于现有墙壁，需要注意的是固定件不要相互重叠。治疗室与外部连通的管道必须充分屏蔽，包括控制处理单元所需的电缆沟、通风管、物理设备管道以及其他维修，可通过辅助屏蔽措施将管道穿过治疗室（见图 2-42）。管道穿过的方式应使辐射对其影响最小，任何管道都不应正交穿过辐射屏障，可以以一定角度穿过屏障，也可以在管道穿越屏障过程中增加一个或多个弯曲，使管道的总长度大于辐射屏障的厚度。如果需要，可以使用铅板或钢板来补偿屏蔽层。

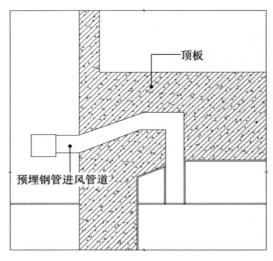

图 2-42　预埋钢管进风管道

通风管道的横截面积较大，对其补偿的屏蔽材料的成本很高，因此不应穿过主屏障。如果管道必须通过辅助屏障，则管道的横截面应具有较高的纵横比，以减少多次散射相互作用而通过管道的辐射。穿透屏蔽墙所需的额外屏蔽量取决于辐射束的能量、房间布局以及管道的路线。如果管道必须穿过主屏障，则须仔细评估屏蔽层。

第十三节　核医学科

一、科室简介与规范标准

核医学科是采用放射性核素和核技术来诊断、治疗和研究疾病的一门新兴学科。核素治疗又称放射性靶向治疗，它具有安全性、靶向性和性价比高的特点。目前，核素治疗已成为甲亢、甲状腺癌、转移性骨肿瘤和实体瘤的最安全有效的治疗方法。核医学诊断用的核素是 γ 射线，它的特点是穿透能力很强，电离作用非常弱，对人体的损害极其微弱。治疗用的核素是 β 射线，它的辐射范围非常小（小于 2mm），对治疗器官周围的组织几乎没有损伤。相关规范如下：

《放射性同位素与射线装置安全和防护条例》

《核医学放射防护要求》（GBZ 120-2020）

《临床核医学的患者防护与质量控制规范》（GB 16361-2012）

《电离辐射防护与辐射源安全基本标准》（GB 18871-2002）

《临床核医学卫生防护标准》（GBZ 120-2020）

二、核医学科的选址

核医学科场址的选择应充分考虑周围场所的安全，不应邻接产科、儿科、食堂等部门。尽可能做到相对独立布置或集中设置，宜有单独出入口，出口不宜设置在门诊大厅、收费处等人群稠密区域。常用选址：独立选址、地上一层、地下一层、地下二层。

独立选址：位于医院的下风向，并与其他区域保持一定防护距离，排风管道、衰变池的设计都比较方便，设备运输和安装也比较便利，受周围环境的影响较小；患者动线设计也比较容易。

地上一层：优点在于便于流线设计，如果有必要，可以增加出入口；患者就诊方便；设备运输和安装比较便利。排风管道需要直达建筑的屋顶。设置衰变池时，由于整栋建筑地下空间功能复杂、管线繁多，所以会有不便，需要避开密集人群，远离儿科、产科、食堂等部门。

地下一层、地下二层：很多医院会将核医学设置在地下层，方便设置防护措施，但是牺牲的采光和通风等会增加患者的焦虑感，因此通常会结合下沉庭院设计。

三、核医学科功能平面布局

核医学科在运行中需要使用的放射性药物对人体有一定的辐射伤害，所以核医学应自成一区，需要按照射线照射强度分为非限制区、监督区和控制区。

非限制区内人员一年内受到照射剂量一般不超过年限值的1/10，如候诊、诊室、医生办公和医生走廊等。

监督区内人员一年内受到照射剂量一般不超过年限值的3/10，如使用放射性核素的标记实验室，扫描、运动负荷、功能测定等用房，及各机房相关控制室、患者候诊区及患者走廊等部位。

控制区内人员一年内受到照射剂量可能超过年限值的3/10，如制备、分装放射性药物的操作室，核素存储间，治疗患者的病房及床位区等。核医学科功能配置见表2-21。

表 2-21　核医学科功能配置

部门	功能分区	建议面积比例	具体房间	备注
核医学科	非限制区	35%	更衣室	含淋浴、卫生间
			示教室	
			办公室	
			主任办公室	
			员工通道	
			等候区	含卫生间
			诊室	
	监督区	55%	患者通道	
			患者更衣室	
			甲状腺功能	
			注射等候	含卫生间
			运动负荷	兼抢救
			肺通气检查	
			PET-CT	

部门	功能分区	建议面积比例	具体房间	备注
核医学科	监督区	55%	SPECT	
			PET–MR	视情况设置
			设备间	
			控制廊	
			注射后等候	含辐射剂量检查
	控制区	10%（不含病房）	分装质控	
			注射区	
			储源室	
			污废室	
			病房区	含病房辅助区功能

（一）核医学科的注射室

核医学科的注射室是为患者注射放射性药物的场所，考虑到放射性药品的挥发性、放射性，一般在通风柜内分装操作。通风柜用铅板、铅玻璃制成，能够有效起到辐射防护的作用。

（二）PET-CT/PET-MR 室

PET-CT/PET-MR 室房间一般为长方形，最小平面尺寸为 7600mm×5000mm，房间高度一般不低于 3400mm，混凝土墙体厚度约为 300mm。房间预留电缆沟与控制室和设备间相连，地面面层厚约为 300mm，地面采取后浇处理，待设备进入并用螺栓固定好后，再由施工单位浇注地面。《综合医院建筑设计规范》（GB 51039–2014）要求放射机房净高应不小于 2.8m，扫描室门的净宽应不小于 1.2m，控制室门净宽宜为 0.9m，并应满足设备通过要求。

（三）高活室

高活室是进行放射性核素淋洗、分装与标记的场所，采用完全密闭式防护及垂直层流通风系统，为放射性药物的淋洗及分装提供可靠的操作环境，确保辐射安全。通风柜在分装和给药室的出口处应设计卫生通过间，进行污染检测。

（四）运动负荷

运动／抢救室用于核素心肌灌注显像的负荷试验，主要包括运动负荷试验和药物负荷试验两种方式。同时，运动／抢救室内，心电监护、血压监测、氧饱监测等监测设备及各类抢救药品齐全。

（五）候诊区

除 ECT 检查的候诊区可以采用多人间外，PET–CT 等硬性检查的候诊室一般为单人间或双人间，且两个床位间须用铅屏风隔开。

（六）回旋加速器

少数等级和需求较高的医院会设置回旋加速器，功能一般包含机房工作区、药物制备区、药物分装区及质控区等。设计回旋加速器的核医学科一般将加速器及附属功能布置在科室正下方，通过内部提升机与分装注射室联系。回旋加速器设计做到放射源单向流动，按照 GMP 标准设置十万级净化区域，做好 γ 射线及中子能量防护，充分考虑气体泄露与防爆问题（见图 2–43）。施工过程中在其顶部或侧面预留吊装口。

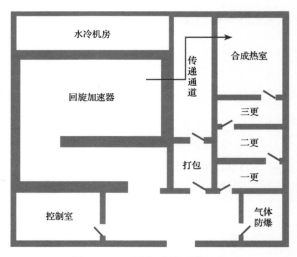

图 2–43 回旋加速器区域示意

（七）核素病房

核素病房主要收治甲状腺癌和甲亢患者。由于患者术后需要大剂量碘131治疗，注射或服药后一定时间内会对医务人员及周边人群产生一定辐射，因此对核素病房进行辐射防护和辐射性废水、废物的处理。患者和医护人员要有各自独立的通道。病房按三区布局：非限制区，包括医生办公室、护士办公室、等候区域等；工作区（监督区），包括废物处置室、分装配药室、给药注射室、淋浴室等；控制区，主要为患者活动区，包括病房、患者走廊、患者专用卫生间等。三区之间应有严格的分界和过渡。核素病房要求负压，室内空气通过排风管道排出室外。

四、核医学科流线设计

核医学科内部流线主要包括患者就医流线、医护工作流线、核素流线、污物流线。其中，患者包括未注射同位素和注射同位素两种状态，物理空间上应严格区分。核医学科的流线设计遵循从低活到高活的原则，流线短捷（见图 2-44）。应该设置单独的核素入口，使放射性同位素药物有单独的运送路线，避免发生泄漏而造成严重的后果。污物尽量使用单独的通道。带有放射性的污物需要在污物暂存间内搁置一段时间，待衰变到正常水平再与普通污物共同处理。

（一）患者就医流线

在清洁区设置登记处、一次候诊室和诊室等。问诊后，患者进入临时控制区的注射室口服或者注射放射性药物，在监督区内的二次候诊室内等候，再进行检查，各种基本的检查室和扫描室也都设置于监督区。监督区和清洁区是患者停留最多的区域。

核素治疗患者先到科室入口处登记，然后到控制区的给药室口服或者注射放射性药物，最后到核素治疗病房住院治疗，共需住院 3 ～ 7 天。其间，患者不可离开控制区。

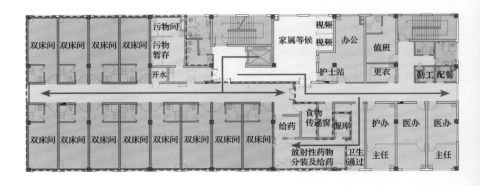

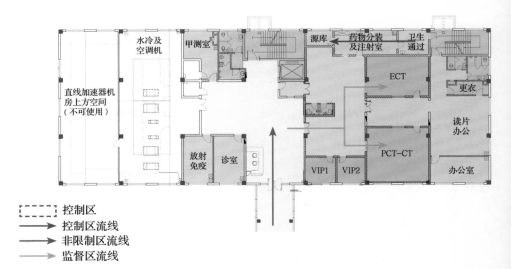

控制区
控制区流线
非限制区流线
监督区流线

图 2-44　邵逸夫医院下沙院区核医学部门平面流线

（二）医护工作流线

医护人员由清洁区进入诊室及医生办公室。由办公区进入监督区不需要特别的更衣淋浴，仅需在监督区入口设置射线检测装置。需要进入控制区的医护人员要先经过缓冲区进入控制区，缓冲区内设有各种射线检测设备，以防医护人员从控制区内沾染放射性药物。在缓冲区旁设更衣换鞋、淋浴室和卫生间。工作人员在进入此区前应做好个人防辐射准备，包括穿铅衣、戴铅手套等。

（三）核素流线

核素需要单独的路线运送，以防发生泄漏而对公众造成辐射。核素的出入口应该相对隐蔽，设置在人员活动较少的位置。核素入口的位置远离人员活动区，也设置在较为隐蔽的地方。可考虑单独入口或与污物出口共用。

（四）污物流线

污物要尽量使用单独的通道，避免与洁物共用一条通道。带有放射性的污物需要在放射性废物间内搁置一段时间，待衰变到正常水平再与普通污物共同处理。

五、核医学科辐射防护设计

辐射防护是核医学科在设计过程中需要特别注意的。墙体的辐射防护材料主要有铅、红砖、混凝土等，铅的防护性能好，可用于土建完成后仍然无法达到防护要求时。辐射量大的房间，如有回旋加速器的房间，需要混凝土墙体进行屏蔽，墙体厚度可达数米。地面防护一般采用混凝土处理，地面面层厚度一般在 150 ～ 300mm，由射线量决定厚度，若地面上要敷设电缆沟，则需要铅板覆盖后再做面层处理。门窗防护方式一般为一定厚度的铅门，玻璃采用铅玻璃，各种管道要做"Z"形处理，减少射线通过管道向外辐射的可能，并且管道外需包铅板。设备机房及放射性房间不能有明露的管道，不能有上下水管道。

六、核医学科废物处理

（一）固体废物

固体废物主要为患者使用的注射器、棉棒、一次性卫生防护用品、垫料、更换下来的过滤器等物品。放射性固体废弃物按类别和日期分别暂存于放射性废物间内，待放射性物质自行衰变后按有关规定处理。

（二）放射性废水

放射性废水的主要来源是工作人员操作过程产生的少量废水，清扫工作台面、地坪的清洁工具清洗时产生的少量废水，以及患者冲洗排便用水。

放射性废水通过专用污水收集管线排放至地下的废水衰变池，经过贮存衰变后再排入医院医疗污水收集系统，最终排入院外市政污水管网。核医学科患者卫生间废水、甲癌病房卫生间废水、回旋加速器合成废水等，分别由铸铁管道排入集水坑（周围用 300 ～ 400mm 混凝土防护），然后由提升泵自动提升，再次由铸铁管道排入废水衰变池中。废水衰变池采用抗渗混凝土浇筑，四周的池壁和底板厚度不小于 300mm，内部采用成品不锈钢防腐。放射性废水管道穿越人员活动区域的，应采取放射线屏蔽措施。

（三）放射性废气

核医学操作过程中会产生一定量的放射性气体，如核素分装和淋洗、回旋加速器室核素生产等。针对上述情况，医院应采取相应的防护措施。在回旋加速器机房、注射室、VIP 候诊室、SPECT/CT 候诊室、PET 候诊室、PET–CT 机房、PET–MRI 机房、SPECT/CT 机房等区域应设置机械通风系统，将室内空气经单独通风管道由风机负压抽吸至楼顶，设置活性炭过滤或其他专用过滤装置，排出的放射性气体浓度不应超过有关法规标准规定的限值。

第十四节　感染科

一、科室简介与规范标准

感染科一般分为感染门诊与感染病房两部分。根据《中华人民共和国传染病防治法》和《二级以上综合医院感染性疾病科建设的通知》的要求，各级卫生行政部门和二级以上综合医院必须提高对感染性疾病科重要作用的认识，将发热门诊、肠道门诊、呼吸道门诊和传染病科统一整合为感染性疾病科。依据传染源的传播方式，隔离方式可分为接触隔离（适用于肠道感染、多重耐药感染、经血传播疾病）、飞沫隔离（适用于大多数呼吸道传染病）、空气隔离（适用于可能经空气传播传染的疾病）。

传染病医院的建筑设计应遵照控制传染源、切断传染链、隔离易感人群的基本原则，并应满足传染病医院的医疗流程。经过三年抗击新冠疫情的斗争，感染科的建设也被提到了更高的要求上。感染科已经不再是功能单一的科室，而可以诊治各类复杂疑难感染病例，并与呼吸专业、重症护理专业一起承担突发公共卫生事件的应急救治。在重大感染性疾病疫情的救治中发挥越来越重要的作用。近年来，国家相关部门出台了多个规范与行政规章，以指导感染科的设计与改造：

《传染病医院建设标准》（建标173-2016）

《传染病医院建筑设计规范》（GB 50849-2014）

《医院消毒卫生标准》（GB 15982-2012）

《医院负压隔离病房环境控制要求》（GB/T 35428-2017）

《医院隔离技术规范》（WS/T 311-2009）

《医学隔离观察设施设计标准》（T/CECS961-2021）

《综合医院感染性疾病门诊设计指南（第一版）》（中国医学装备协会医院建筑与装备分会）

《医院感染预防与控制评价规范》（WS/T 592-2018）

《关于完善发热门诊和医疗机构感染防控工作的通知》（国卫办医函〔2020〕507号）

《关于印发公共卫生防控救治能力建设方案的通知》（发改社会〔2020〕735号）

《综合医院"平疫结合"可转换病区建筑技术导则（试行）》（国卫办规划函〔2020〕663号）

国家针对疫情防控的方针也会适时调整，因此部分规范性文件并不具有持续的时效性，须适时评估文件的有效性，有针对性地采用。

二、感染科的选址

消化道、呼吸道等感染性疾病门诊均应自成一区，宜邻近急诊科，与普通门（急）诊设置严密隔离设施。应设置单独出入口及醒目标识，新建感染楼外墙与周围建筑及人员密集活动空间间距不小于20m。感染楼尽量布置在城市常年主导风向的下风向，并应注意与周边建筑和道路的相互关系，做好必要的隔离屏障措施。

发热门诊应设置于医疗机构独立区域的独立建筑，标识醒目，具备独立出入口。考虑到发热门诊设置时的平疫结合，非定点医院可按医院日常诊疗需求将发热门诊和肠道门诊并设，但为了满足"战时"需求，肠道门诊要预设满足改用发热门诊的设施需求（需预设独立排风系统和医护人员退出污染区的缓冲设施）。建议定点医院设置独立的发热门诊、感染楼（结核门诊、肠道门诊等），有的医院还需要设置烈性呼吸道传染病救治楼，与其他建筑之间需要满足 20m 的间距要求。儿童发热与成人发热的病因差异大，为避免可能发生的交叉感染，儿科发热门诊应与成人普通发热门诊分区域布置。

三、感染门诊功能流线

（一）感染门诊功能布局

感染门诊可区分发热门诊、肠道门诊、结核病门诊、艾滋病门诊、肝病门诊。其中，发热门诊一般设置单独的出入口，并应设置独立的挂号、收费、候诊区、诊室、治疗室、隔离观察室、检验室、药房（或药柜）、专用卫生间。建议设预检分诊区，患者挂号与取药可启用智能挂号付费及自动取药机等。患者入口处宜设置带人脸识别和体温检测功能的摄像机、安检和人员通道闸机，闸机应支持扫码功能。

根据国家卫健委《发热门诊设置管理规范》（联防联控机制医疗发〔2021〕80 号），发热门诊候诊区应独立设置，按照候诊人员间距不小于 1m 的标准设置较为宽敞的空间，在三级医院应可容纳不少于 30 人同时候诊，在二级医院应可容纳不少于 20 人同时候诊，患者入口处预留空间用于搭建临时候诊区，以满足疫情防控需要。

诊室面积应尽可能宽敞，净使用面积不少于 8m²，至少可以摆放 1 张工作台、1 张诊查床、1 个非手触式流动水洗手设施，每间诊室至少安装 1 个 X 线灯箱，配备可与外界联系的通信工具。呼吸道（发热）和肠道疾病诊区的诊室不少于 2 间。

检验科：发热门诊除常规检查外需设置 PCR 区域（可设置在医院的综合检验区域）。发热门诊的采样间需单独设置，结核门诊需单独设置留痰室（配置排风和紫外线消毒装置）。结核实验室和肠道实验室可以配合诊疗需要设置。

留观室：在三级医院，发热门诊留观室应不少于 10 ～ 15 间；在二级医院，留观室不少于 5 ～ 10 间；其他设置发热门诊的医疗机构也应设置一定数量的留观室。留观室应按单人单间收治患者，每间留观室内设置独立卫生间。其他传染病留观室不少于1间。发热门诊留观室还应考虑感染控制措施，确保房间负压环境、实施高效空气过滤和环境消毒。

CT与DR：国家卫生健康委、发展改革委联合下发的《发热门诊建筑装备技术导则（试行）》中提出，受条件限制不能配置独立CT时，可按照放射防护标准配置DR室。专用CT室使用面积可根据实际设备需求进行计算，使用面积一般在40m²。DR设备可采用移动DR。建议将CT室设置在发热门诊与结核门诊之间，分别朝两个区域开门，达到两个区域共用的目的。

卫生通过区：包含穿防护服后进污染区前缓冲间、脱衣缓冲间（一脱间）、脱口罩缓冲间（二脱间）、男女独立淋浴间与卫生间；缓冲室应将门错位设置。一、二脱间男女共用，一脱间建议面积至少10m²，二脱间面积至少5m²，两门设自动感应门并互锁。

感染门诊中的发热门诊一般配置以下功能：接诊、候诊、诊室、放射和影像（B超、CT、DR）、检验、抢救、输液、治疗、隔离留观、护士站、卫生间、治疗准备、污物间、二穿二脱（缓冲、消毒、穿脱隔离衣、穿脱防护服、淋浴、暂存、卫生间）、更衣、值班、办公等，见图2-45。

肠道等其他感染门诊建议预设满足改造为发热门诊的设施要求，预设独立的排风系统和医护人员缓冲设施，在应对大规模呼吸道传染病的情况下，感染门诊的其他类别的诊室可以切换为应对呼吸道传染疾病的门诊。儿童发热门诊应设置在独立区域。结核门诊可切换为高危发热门诊，肝炎、肠道门诊可切换为儿童发热门诊。

（二）感染门诊流线组织

各种传播途径的感染门诊一般设置独立的通道，为住院患者设置独立的出入口，医生工作区设置独立的出入口，医护人员通过清洁区进入潜在污染区通道再进入污染区。医生通过潜在污染区，经缓冲即进入污染区域。新冠疫情期间，一些新建医院的感染门诊在污染区设置独立的医生通道，以减少医护人员与患者的接触（见图2-46）。但经过几年的抗疫实践，医护人员经过缓冲更衣后直接进入污染区，与患者共用污染通道的设计更受医护人员的欢迎。共用通道的设计既可以充分利用建筑空间服务于诊疗，也使得诊室可以贴邻外窗布置，为诊室自然通风采光创造了有利条件，可参见浙江省海盐县人民医院的感染门诊布局（见图2-47）。

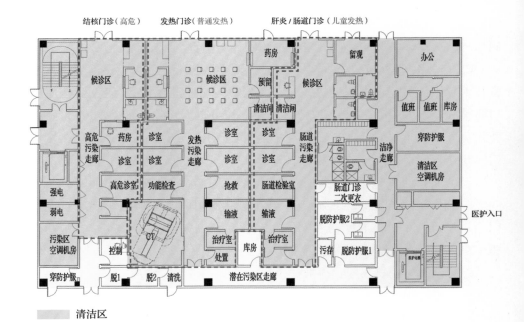

结核门诊（高危）　发热门诊（普通发热）　肝炎/肠道门诊（儿童发热）

清洁区

潜在污染区

污染区

图 2-45　浙江大学医学院附属第二医院柯桥未来医学中心感染门诊单元

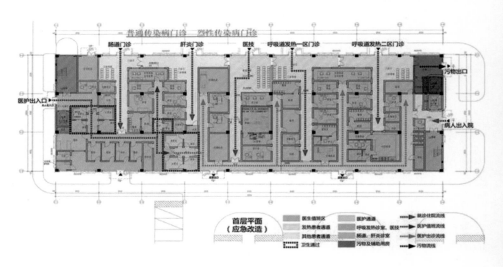

图 2-46　如图案例不建议诊室空间前后开门

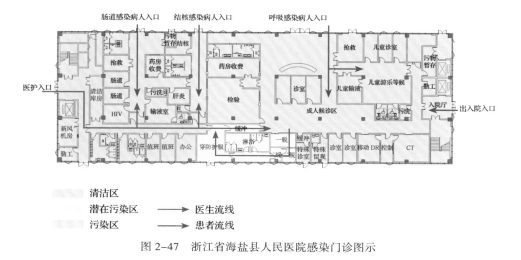

图 2-47 浙江省海盐县人民医院感染门诊图示

四、感染病房功能流线

（一）感染病房功能布局

感染病房作为一个相对独立的病区，建议考虑设置独立的ICU和手术室。如果传染病楼同时设置了呼吸系统与消化系统的病房，一般将消化系统的病区设置在较低楼层，呼吸系统的病区设置在较高楼层，尽量减少病患之间的交叉。《医院隔离技术规范》明确对呼吸道传染病整治区域要实行"三区两通道"，感染病区与感染门诊一般分为清洁区、潜在污染区、污染区（见表2-22）。

清洁区：主要为医务人员开展医疗工作期间的辅助生活区，包括工作用房、值班、休息、相应的后勤保障用房，以及探视人员等健康人群活动区域。

污染区：存在被传染病患者和疑似传染病患者携带的病原微生物直接污染风险的区域，为传染病患者和疑似传染病患者能够到达的所有室内区域，包括其血液、体液、分泌物、排泄物等污染物品暂存和处理的场所。主要包括挂号、候诊、诊室、治疗室、输液室、处置室、污物间、检验及采样室、核酸检测室、放射影像室、药房、抢救、留观及护理用房等功能用房。

潜在污染区：位于清洁区与污染区之间有被污染风险的区域。

表 2-22　感染病区分区表

部门	区域	功能	说明
感染病区	清洁区	值班室	不易受到患者血液、体液和病原微生物等物质污染，传染病患者不应进入的区域
		更衣室	
		卫生淋浴间	
		示教室	
		库房	
	潜在污染区	办公室	位于清洁区与污染区之间，有可能被患者血液、体液和病原微生物等污染的区域
		治疗室	
		处置室	
		护士站	
		病区内走廊	
		患者配餐间	
	污染区	负压病房	疑似、确诊患者接受诊疗的区域
		抢救室	
		污物间	
		病区外走廊	
		患者出入院接待	

两通道：医务人员通道及患者通道。医务人员出入口及通道设在清洁区一端，患者出入口及通道设在污染区一端。

缓冲间：清洁区与潜在污染区之间、潜在污染区与污染区之间的过渡间，两侧均有门且借由气流组织和气压控制手段形成卫生安全屏障。

（二）感染病房流线组织

感染病房的流线按照"三区两通道"组织。

患者流线：传染病患者入院时使用单独的入院通道，一般设置专用的入院电梯。患者通过入院处置室后，进入患者通道与病房，在有条件的情况下可设计出院通道与电梯供患者使用。

医生流线：医护人员从洁净区域进入更衣区，按照防护要求穿戴防护用品通过缓冲间进入病房。在医护人员完成诊疗服务后，通过一脱区、二脱区、淋浴间、穿衣间返回洁净区域。在更衣区必须设置进、出两个通道，保证医护人员在进出过程中使用不同的通道，确保整个洁净区不受污染。

更衣区是医护人员进出潜在污染区的通道，设置了卫生间及沐浴间，使用不同的通道进出（见图2-48）。从洁净区进入潜在污染区的顺序为穿衣区、缓冲区、潜在污染区。从潜在污染区返回洁净区的顺序为潜在污染区、一脱（脱防护服）区、二脱（脱隔离衣）区、缓冲区、淋浴间、穿衣区、清洁区。更衣区中的穿衣区属于洁净区域。

清洁区

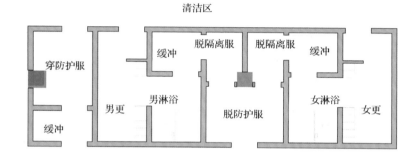

潜在污染区

图2-48　更衣区

污物流线：保洁人员从洁净区域进入更衣间，按照防护要求穿戴防护用品后进入患者通道，将收集的污物存放至污物暂存间，污物通过专用污物电梯运离，见图2-49。

近年来基于更多的实践经验，尤其在经过新冠疫情之后，无论是医院建设单位还是设计单位，对"三区两通道"的设计原则都有了更加贴近实际的理解，这种认识的变化之一体现在非定点医院且不接诊烈性呼吸类传染病的病区取消潜在污染区的设置，认为医生与患者接触的区域即有产生污染的风险，因此通过缓冲区合理的流程设计严格区分污染区与清洁区，合并潜在污染区的医生流线与污染区的患者流线。这种变化带来的优势是取消病房外侧的患者通道及原有病房与潜在污染区之间的缓冲间，提高面积利用率的同时能够给病房带来自然采光。当然这种做法基于具体实践与医院自身对感染科室日常使用定位的尝试，不作为应对烈性传染病推广的依据。如图2-50所示为浙江大学医学院附属第二医院柯桥未来医学中心感染病区。

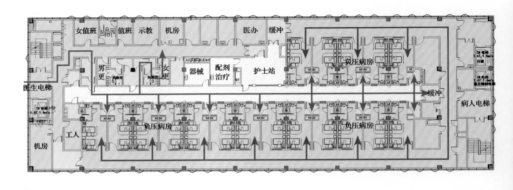

清洁区　　　　缓冲区

潜在污染区　──▶ 医生流线

污染区　　　──▶ 患者流线

图 2-49　浙江省海盐县人民医院感染病区

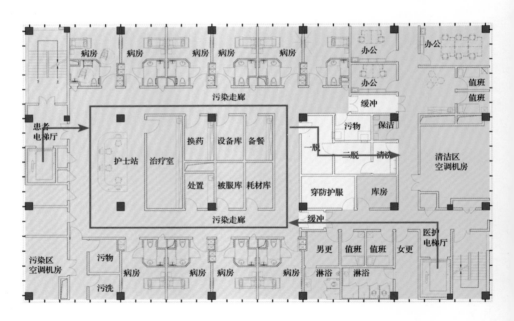

清洁区

潜在污染区　──▶ 医生流线

污染区　　　──▶ 患者流线

图 2-50　浙江大学医学院附属第二医院柯桥未来医学中心感染病区

五、感染病房感染控制手段

除人流、物流等交通流线的有效组织外，感染病房的感染控制还涉及室内空气的隔离与控制（见图 2-51）。详细内容参看本书第四章"采暖、通风与空调系统"中的"负压病房与负压隔离病房和发热门（急）诊"小节。其主要措施有空气隔离与缓冲、通风换气、单向气流、负压控制等。

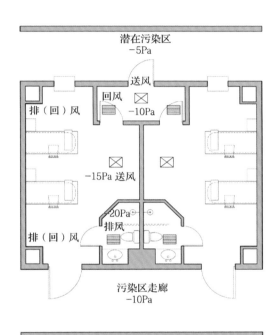

图 2-51 感染病房气压梯度示意

第三章

医院室内设计

第一节　医院室内设计综述

近年来随着我国社会经济的高速发展，医疗行业从规模上与质量上都有了显著进步。医疗建筑设计和医疗装备水平与西方发达国家之间的差距正逐步缩短，人均床位数和现代智能化水平都有了很大提高，看病难、住院难的问题也得到了初步缓解。

西方国家医院发展规模逐步减小而更注重质效建设。数据显示，千人床位指标从 1975 年的约 10 床/千人，降至 2020 年的约 5 床/千人；床均建筑面积从 1975 年的 $65m^2$/床降至 $55m^2$/床，同期在教学医院从 $175m^2$/床降至 $110m^2$/床。大型集中转型小型分散是西方医院发展的基本特点。

在我国，仍然以医疗资源导向型的医疗体系与就医习惯为主导，公立大型综合医院在很长一段时间内仍然是医疗救治体系的主力军。床位与规模的增多结合数字化人工智能与 5G 系统的运用，医院的体量已经不再是医疗效率的壁垒。伴随智能化的高速推进与医院体量的增大，医院服务、空间尺度的人文建设与人性关怀被提升到新的高度，患者的心理需求——温暖的感情、浓郁的亲情、贴心的问候在疗愈过程中显得尤为重要，甚至能够直接影响患者的康复。该如何体现医疗的人性关怀？为了寻求高技术与高情感的平衡，创造人性化的医疗环境，现代医院的室内设计显得格外重要。

一、国内现代医院室内设计的发展与特点

医院建筑装饰装修的发展既带有整个装饰装修产业的发展烙印又有自身的特点。医院装饰装修的发展与我国经济的发展、人民生活水平的提高、医疗模式及装备技术的进步都息息相关，在不同的发展阶段和不同的历史时期，医疗服务体系、设施建设、装饰风格的侧重点各有不同。

我国早期建设的一些医院，不同程度受到同时期西方医院规划思想的影响，比较多地采用分散式布局，医疗空间以功能性为主。工业化与城市化的进程加快后，医院建筑趋向集中化建设以提高工作效率。医疗设计思维的模式化产生了大量以"三段式"为基础的大型综合医院，体量不断增大，细节逐渐被忽视，一些已建成的大型综合医疗设施过度偏重于医院的管理便利而忽略了患者的心理感受。改革开放之后，对医院建设的资金投入大幅增加，20世纪80年代及90年代初，医院建筑装饰以朴素、简洁为主要方向；到了90年代后期，随着国家经济实力的进一步提升，医院装饰开始注重细节的表现和人性化的内容。

疗愈环境作为一种特殊的心理治疗手段成为人们关注的焦点，"以患者为中心"的护理理念已被人们广泛认可，重视设计风格、环境绿化、色调装饰、照明噪声等可减轻医护人员长时间工作的疲惫感，消除就医人员的恐惧感，给治疗带来更积极的意义。当前国内医院室内装饰设计更多地在色彩和内装饰艺术化、人性化、节能、环保等多方面进行综合考量。

二、国外现代医院室内设计解析

极力塑造以人为中心的就医环境是医院建筑设计的核心理念，不论是医院的外形设计、内部装修，还是医护人员的服务，都极其注重人的感受和体验，旨在打造"不像医院的医院"。

在现代医院环境中，绿化面积所占的比例较大，到处都有草坪和花坛，空气清新，没有传统医院的味道。门诊大厅装饰温馨自然，没有豪华如酒店般的厚重，也不像传统医院那样的单调，而代之以简约、典雅的艺术风格。结构各异的科室和走廊布置，以及墙面壁画、挂饰等的设计，透出自然、和谐、

安静的空间氛围。

现代医院装修对护墙板的要求是除了保证医院的卫生洁净外，护墙板的装饰效果也是重要的参考因素。因为现代医院注重环境的装饰带给人的视觉心理效果，温馨舒适的环境总会给人带来好的心情，对患者的康复也是有利的。如在护墙板上设计图案和曲线，可以使就医环境更具变化，分散病患的注意力。

不仅大厅装饰要求雅致，病房的设计也是充分考虑患者的感受，结合了多方面因素，如大落地窗的设置可以让患者每天都感受到充足的阳光和窗外的风景。病房墙面同样是温馨化装饰的主要平台，根据患者健康需求的不同，护墙板的颜色和图案也会有所不同，如儿童病房就以卡通式的图案和明丽鲜亮的颜色为主，塑造活泼、可爱的空间风格，让儿童患者不会对医院感到害怕；妇产科病房的护墙板颜色尽量以素雅、洁净为主，护墙板的平整度、光滑度要好，这样更能贴合妇女的细腻心理。

医院的设计不是单纯满足医疗工艺和医疗流程的功能环境要求，而是以"患者为中心"，强调将环境的"治愈力"与现代医疗技术结合的人性化设计。医院通过营造私密性良好、安全、生态、自然亲切以及充满人文关怀的就医环境，来改善患者心境，缓解心理压力，促进身体康复。

社会医疗、福利活动家南丁格尔曾说过，医院环境的首要条件是不能伤害患者，并指出自然能够治病，我们必须借助自然的作用。自然环境促进康复治疗已不是感性认识，而是已被大量学术及相关领域的研究成果所证明。有研究表明，如果患者可以从他们的窗户看到室外园林中的树木，比他们直接看到砖墙所需要的药品减少30%，而康复度提高30%。自然采光、通风、景观庭院，配合丰富的色彩和有温暖感材料的运用，以及宜人的音乐、艺术的空间造型、方便的服务、舒适的等候空间等，共同形成一个健康的环境，并在很大程度上帮助减轻患者心理压力，促进其治疗和康复。

以下我们通过几个案例来分析医院的空间运用。

（一）浙江大学医学院附属第二医院柯桥未来医学中心

浙江大学医学院附属第二医院柯桥未来医学中心坐落于浙江绍兴市柯桥区未来之城，总用地面积约23万平方米，总建筑面积约50万平米。

场地的宁静和平静体现了治疗环境最重要的品质。此设计方案推崇自然环境元素与室内设计的深度融合（见图 3-1）。有实验数据表明，医疗空间中的自然环境元素能帮助减轻焦虑和压力，促进患者康复，设想医院隐喻一片森林，灯光斑驳如同树冠，景观流淌穿梭大堂，从而使患者、家庭和员工与大自然的精髓相融合。

图 3-1　柯桥未来医学中心大厅

在候诊区域，随处可见的绿色植物与患者相互融合，绿色植物可以提供有利于痊愈的氛围，打造与大自然亲密接触的环境（见图 3-2）。

图 3-2 柯桥未来医学中心医疗街及候诊区

在大厅的空间规划设计中，将商业空间融入医院大厅中（见图 3-3），在给患者提供休憩空间的同时，又增添了一些商业氛围，旨在打造一家"不像医院的医院"。

图 3-3 柯桥未来医学中心大厅商业空间

　　病房的设计打破传统病房的设计思路（见图 3-4），以类似酒店的设计，方便患者快速适应从"家"到医院而产生的心理变化，有利于患者迅速地接受治疗。

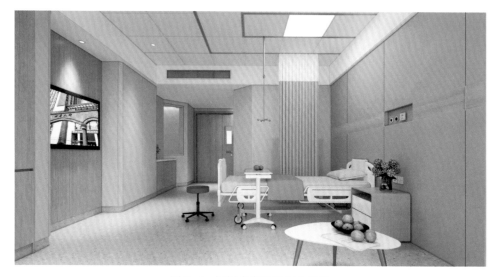

图 3-4　柯桥未来医学中心病房

（二）衢州市衢江区妇幼保健院

　　衢州市衢江区妇幼保健院坐落于浙江省衢州市衢江区，总用地面积约 3 万平方米，总建筑面积约 5.5 万平方米。

　　此方案的设计大胆地运用了大量的色彩碰撞，旨在碰撞出不一样的火花，激发儿童的兴趣，从而淡化"医院"给儿童所造成的恐惧感（见图 3-5 和图 3-6）。

　　仿绿叶采光顶的造型设计，搭配空间中的绿植，造型风格现代时尚，线条流畅匀称，打造生机盎然的空间，提供安全、舒适的环境。

图 3-5 衢江区妇幼保健院大厅（视角一）

图 3-6 衢江区妇幼保健院大厅（视角二）

为了减轻儿童因长期住院而产生的焦虑，病房走廊的设计用简单的曲线勾勒出绿叶和树枝的形象，墙面辅以卡通的绿植形象（见图 3-7）。

图 3-7　衢江区妇幼保健院病房走廊

（三）杭州市第一人民医院桐庐分院

杭州市第一人民医院桐庐分院坐落于浙江省杭州市桐庐县富春未来城，总用地面积约 7 万平方米，总建筑面积约 20 万平方米。

在美丽的桐庐县，方案设计过程仿佛在勾勒富春山居图，描绘着桐庐的美好山水。该方案的设计摒弃了过多的装饰，回归最原始的设计，用最简单的线条勾勒出建筑的轮廓，犹如富春江水连绵不绝（见图 3-8 和图 3-9）。

图 3-8　杭州市第一人民医院桐庐分院大厅（视角一）

图 3-9　杭州市第一人民医院桐庐分院大厅（视角二）

所有功能均沿着一个长长的医疗街被组织起来，一个个挑空的空间让整个区域不仅仅前后贯穿，而且空间上下联通，拥有着画廊和购物中心般的场景，却又弃除了商业空间华丽的装饰，打造一座具备全新创新理念的未来医院模型（见图 3-10）。

图 3-10　杭州市第一人民医院桐庐分院医疗街

三、现代医院未来发展趋势解析

防止过度拥挤：设计师要通过设计引导，预防患者过度集中于某个区域，通过环境与流线的规划使患者感觉舒适，并且为医生提供足够的空间来完成工作。此外，策略性地安排患者等候区和容纳家庭成员也可以帮助缓解这些问题。

个性化病房：个性化的设计对于提升身处陌生环境患者的舒适度非常重要。当前的医疗建筑设施越来越多地尝试允许设置更个性化的病房，以减轻患者焦虑，同时提高满意度。患者通信板和可定制的数字标牌（包括患者姓名、家庭照片、天气预报等）等功能正被纳入医疗机构。

微型医院：目前美国的小型医疗设施正在增加。这些微型医院的特色是包含了急诊室、药房和实验室，同时提供放射科、外科手术和其他服务。这些小型医疗设施可以方便患者轻松获得全套医疗服务，减少患者前往社区之外的大医院的需求。

回归家庭氛围：在单调的环境中长期住院的患者易产生疲倦与紧张感，为提升患者的舒适度，医院在室内设计时主要选择暖色调，家具更像是家居装饰而不是传统的医院家具。

可扩展的房间：医疗功能的多样化、可变化以及随着技术突破带来的不确定性都对可扩展的房间提出了需求。

亲近自然：为减轻患者因长期住院而产生的焦虑，通过医院花园内的植物绿草、树木和灌木丛可为病房增添明亮度和宁静感。此外，采光、通风、亲近自然的设计可以帮助患者更好地康复。

缩小规模："塔楼＋裙楼"一直是医院的主流模式，该模式基于长期卧床的情况，随之产生的结果是病床数量不断增多，塔楼也变得越来越高。而在未来，医疗保健的目的是尽可能缩短患者的住院周期。

"不像医院的医院"：未来医院的设计旨在打造"不像医院的医院"，更像购物中心或艺术中心，而不是传统医院的场景。

第二节　现代医院室内环境设计需求

刻板的医院室内设计仅从医疗功能的实用性入手，忽略了患者的生理、心理与社会的需求。随着时代的发展、生活水平的提高，患者就诊的需求从简单的身体医治提升到全方位的就医体验，以患者为中心的设计理念应运而生。

美国心理学家亚伯拉罕·马斯洛系统地把人的需求分为了 5 个层次：

◆生理需求：饥餐渴饮（对应救治）；

◆安全需求：秩序安定（对应安全）；

◆社会需求：信息交往（对应交流）；

◆尊重需求：荣誉地位（对应医患关系）；

◆自我实现需求：成就理想（对应成就感）。

下文将从患者及医护人员需求出发，剖析其对现代医院室内环境的需求。

一、患者的需求

第一，患者的生理需求。就医的生理需求是患者来医院的唯一目的，设计要以方便患者提高效率为主要目标，尽可能方便到达、减少排队、缩减流程。结合移动端、自助机等智能化设备，提升整体就医环境与效率。

第二，患者的安全需求。患者在医院中往往会缺乏安全感，一些简单的处理，如环境的卫生、空气的清新，往往能在一定程度上提升患者的安全感。患者活动的环境需要保证自然采光及通风，配合咖啡、餐饮等便民服务设施可以缓解患者的紧张情绪。

第三，患者的社会需求。当今的医院如同一个大型综合体，各种活动的穿插与流线的交织形成一个小型的社会环境。患者在其中有社会交往的需求，在医院的设计中这类社交的需求往往易被遗忘。咖啡厅、休息室、活动区、疗愈花园、冥想空间等功能的设置，可以唤醒患者在医院中的社交需求，患者与患者、患者与医生、家属与患者分享治疗经验，放松紧张气氛。

在病患人群中，老年人与儿童是较为脆弱的群体，需要对更多的细节进行针对性的设计。

（一）老年患者

明·顾元庆在《檐曝偶谈》中对老年人的身心特点有过这样的描述："不记近事记远事；不能近视能远视；哭无泪，笑有泪；夜不睡，日里睡；不肯坐，只好行；不肯食软要食硬；子不惜，惜子孙；大事不问碎事絮；少饮酒，多饮茶；暖不出，寒即出。切中老人之病。"其生动地指出了老年人在生理及心理的衰退与变化，老年人生怕孤独，生病住院期间需要有人陪伴，喜群居、爱交往，有怀旧的情感，对同年龄段的人有一种自然的亲和力。对于老年病区或者老年人病房，设计时采取适老化措施，如护床防坠落扶手、走廊扶手、卫生间扶手等，并在老年人病房布置有居家气氛的家具陈设，允许将老年人在家中常用的软椅、盆栽、照片等心爱之物搬进医院，将病房布置成在家中经常居住的模式，帮助老年人从心理上缩短与经常居住环境的空间距离。

老年人生理功能发生退化，多有行动不便、视觉衰退、感官衰弱。在适老化设计中应避免室内高差导致轮椅通行不畅；避免或减少镜面玻璃的使用，以免造成空间假象，发生碰撞；对室内的阳角圆弧进行处理，避免发生碰撞。老人的视力因年纪增大而衰退，病区的通道建议设计成回路；标识系统设计得大而鲜明，方便识别；避免眩光和直射光。

（二）儿童患者

儿童天性好动，在各检查区域建议设置儿童候诊或者检查空间，针对儿童对父母的依赖感设置陪诊、看护。心理学家研究表明，儿童喜欢能激发欢乐情绪的鲜明色调，如位于泰国曼谷龙仔厝府（Samut Sakhon）的 EKH 儿童医院（EKH Children Hospital），为了减少儿童就医时产生的恐惧感，设置休闲空间以转移就医的不适感，结合游乐场的元素，每一个候诊区都有游乐设施，色调上选择鹅黄、粉红、天空蓝等彩度较柔和的色彩，但降低饱和度，并采用间接照明，让空间生动活泼。为了降低孩童跑动而意外受伤的风险，室内空间设计避免直线、直角，门、廊柱、墙壁转角都以曲线勾勒。

病房的设计要突显儿童的特征。病区的标识系统可以用色彩、动物等具体实物区分，病房的天花板灯饰也可用动物、海洋、星空等浪漫写实的图案。病房内的家具符合儿童的身高和使用习惯，导圆角或加装软垫防止碰撞。

医技检查的设备易让儿童产生畏惧感，进行具象化、主题化的装饰处理能有效缓解儿童的紧张感。比如英国有专门从事医院题材的画家，他们把儿童用的 X 线室画成幽暗茂密的森林，里面有儿童喜爱的动物在嬉戏，从而缓解了儿童对高技术环境的紧张心理，儿童在林间照光观赏，很乐意与医生配合（见图 3-11）。

儿童环境需要注意对安全防护的设计，幕墙窗户应做好防护，儿童活动区域与病房不建议采用内倒窗，以避免发生跌撞磕碰事故。在采取智能机器人等智慧医疗手段的同时，要避免儿童将其作为玩具而影响正常使用。

图 3-11　衢江区妇幼保健院儿童病房

二、医护人员的需求

医护人员在医疗机构中长时间工作，他们的需求同样值得关注。他们的第一需求同样是安全的需求，比如感染防护的安全、医患矛盾的安全。医生也有社会属性的交流需求，在工作中会参与多学科会诊，在休息中需要交流与放松。门诊区域医护人员的需求通常集中在增设一些会议室与休息间、就餐间等。对流线与安全有顾虑也可设计医患双通道的模式，但是双通道模式会牺牲门诊诊间的自然采光。医技区域的医护需求更多地集中在对自然采光的要求上，医技部门大进深的特征往往造成医护办公区域的采光面有限。解决的办法往往是在医技模块中穿插采光庭院。病房区域医生的需求主要有以下三个方面。

1. 工作便利：空间布局合理紧凑，医护人员可以方便快捷地到达目的地，如护士站应位于整个病房区域的中心，便于护士对所有病房进行监控和管理。

2. 团队合作：应设开放的办公空间，以便于医护人员之间沟通与合作，并提供足够的休息区和讨论区，便于分享信息及讨论。

3. 身心健康：应设置专门的休息区，提供舒适的软装及安静的环境，辅以绿植搭配，缓解医护人员的疲劳感和压力。

第三节 现代医院室内设计对色彩的运用及分析

传统的医院设计给人的刻板色彩印象大多是白色系的，从装饰到器材到装束，多了一份严肃、少了一份慰藉。医院建筑中的色彩设计既要体现医学的特点，又要注重人性的心理研究，在功能与色彩之间寻求平衡。在医疗环境中，根据病种和科室采用不同颜色进行设计，辅助治疗并缓解病患的痛苦，这样的理念正逐渐被认同和应用。现代医院应重视对色彩工学的认识，赋予绿色环境更多的人文特征，以求设计出更具人性化的疗愈空间。

色彩具有三个属性：色相、明度、彩度（见图 3-12 ）。

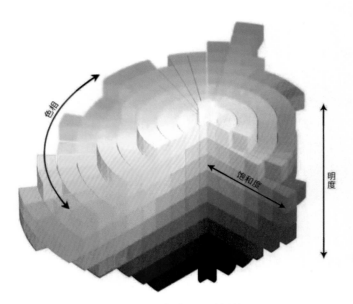

图 3-12 色彩的三种属性

色相是指色彩的相貌。在色彩的三种属性中，色相被用来区分颜色。根据光的不同频率，色彩具有红色、黄色或绿色等性质，这被称为色相。黑白没有色相，为中性。

根据光源强度不同，物体表面反射光的程度不同，色彩的明暗程度就会不同，这种色彩的明暗程度被称为明度，一般指同一色相的深浅变化，如浅绿、中绿、墨绿。

饱和度也被称为色彩的纯度，色彩中所含彩色成分和灰色的比例决定了色彩的鲜艳程度。某种色彩中所含色彩成分多，其色彩就呈现饱和、鲜明的效果，给人强烈的视觉印象。

一、色彩原理与色彩心理学在医疗上的应用

人在观察物体时，色彩是最为敏感的属性。不同的色彩具有不同的视觉特点并伴随不同的心理效应：

白色象征纯洁、贞洁和快乐，给人以明快、清新的感觉；

红色象征烈火、生命，使人兴奋活跃，感到温暖舒适；

绿色象征希望，给人以宁静的感觉；

蓝色象征着平静、严肃、喜悦、美丽、和谐与满足；

紫色象征柔和、退让和沉思，给人以宁静、镇定和幻想；

黄色象征知识和光明，令人愉快与喜悦；

橙色令人感到温暖、活泼，能启发人的思维；

黑色令人产生悲哀、暗淡、伤感和压迫的感觉。

美国色彩学家吉伯尔（W.Gerber）认为色彩是一种复杂的艺术手段，可用于治疗疾病。这种治疗的过程不但要为病患和医护人员创造一个有益于生理和心理发展的外部色彩环境，还要通过艺术创作完成自我色彩情绪的宣泄。我们需要了解色彩在辅助医疗功能上的作用，有助于我们在医疗空间设计中的具体色彩应用（见图3-13）。

红色：促进血液流通，加快呼吸，焕发精神，促进低血压患者的康复，对麻痹、抑郁症患者有一定缓解作用。

粉色：给患者安抚宽慰，能激发活力，唤起希望。

橙色：促进血液循环，改善消化系统，活跃思维，激发情绪，对喉部、脾脏等的疾病有辅助疗效，为医院的餐厅、咖啡厅所喜用的色彩。

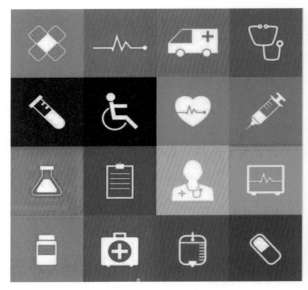

图 3-13　色彩的情绪效应

　　黄色：温和欢愉，能适度刺激神经系统，改善大脑功能，对肌肉、皮肤和神经系统疾患有一定功效。

　　绿色：生命之色，安全舒适，降低眼压，安抚情绪，松弛神经，对高血压、烧伤、喉痛、感冒患者均适宜。

　　蓝色：平静和谐之色，用以缓解肌肉紧张，松弛神经，降低血压，有利于肺炎、情绪烦躁、神经错乱及五官疾病患者。

　　紫色：可松弛运动神经，缓解疼痛，对失眠、精神紊乱可起到一定的调适作用，可使孕妇安静，相关科室可以选用紫罗兰色调。

　　人在受到色彩的刺激以后，大脑对色彩产生反应，从而对人的身心产生影响，甚至能左右人们的情绪和行为。这种情感体验表达出人们内心的复杂情感。色彩学的发展以及对其认识的深入，尤其是在医院这类关注弱势群体的建筑类别中，设计师在室内设计中应该非常注重对色彩的把握，注重色彩对内心活动的影响，塑造生动活泼的空间。

二、色彩在医院不同功能上的运用

（一）色彩在医院不同区域中的运用

用米白色作为主色调代替传统的白色调既维持了医院原有的肃静氛围，又增添了温馨的气息，同时辅以不同色彩作为搭配，一方面可以用以区分不同科室，另一方面合理地选用色彩可对医疗起到辅助作用。

在各科室分诊区和护士站区域，绿色作为提示和引导功能的强调色出现，可对人群进行合理且快速的导医分流。在儿科门诊空间设计中，充分考虑儿童喜爱鲜艳明快颜色的特点，并照顾到儿童对色彩的心理要求等因素，以黄色、咖啡色为主色调，营造温暖亲切的大环境；局部点缀绿色、蓝色，给患儿一种亲近自然的安全感和充满希望的心理暗示。蓝色具有明显的镇定作用，急诊室和病号服多采用蓝色；紫色可使孕妇的情绪得到安慰；黄色能促进血液循环，增加唾液腺的分泌，治疗胃、胰腺和肝脏病；棕色能促进细胞增长，使手术后的患者更快地得到康复；绿色对人的视觉神经最为适宜，在诊断室和手术室采用绿色或蓝色，能缓解医生的眼睛疲劳，并使医生保持冷静的心态。相对应地应用到设计中，在消化科和心理病房可以黄色为主；外科则以蓝色和绿色为主；康复科以棕色为主；妇产科以紫色调为主；急诊室则可采用浅蓝色；手术室可以用绿色或蓝色。

门诊与医技空间建议以绿色点缀。绿色象征自由和平、新鲜舒适，可以安抚紧张情绪、降低压力，起到镇静作用，也可以缓解视觉、心理疲劳，提高工作效率。因此，选择以绿色调为主题点缀色，可以在入院伊始最大限度地缓解患者的紧张情绪。设计常用的手法除用绿色的装饰材料外，会在门诊大厅与医疗街点缀绿色的植物活跃气氛。值得注意的是，绿色植物在维护与感染控制上存在一定的难度与风险，建议采用仿真植物替代。

急诊功能建议以浅蓝色为主色调。急诊功能区通常按照病情的缓急程度划分为红、黄、绿三区。这三种颜色在急诊科室中有特别的含义，通常被定义为具体分区功能使用，因此不建议作为背景色彩使用。蓝色代表平静和谐，同时"蓝色代码"（Code Blue）本身就有急诊之意，因此用浅蓝色作为背景色可以缓解急诊的焦躁氛围。

住院部公共空间宜采用米黄色系。住院部是医院患者活动时间最长久的地方，是能够集中体现医院酒店化的区域，在住院部的公开空间采用米黄色的主色调，给患者提供宾至如归的温暖感觉，也可从视觉上提升医院的装修档次（见图3-14）。护理单元可以上述不同功能的护理需求和色彩心理治疗理论为依据，通过局部重点的点缀色变化，使每层护理单元能够有清晰准确的区分和识别。

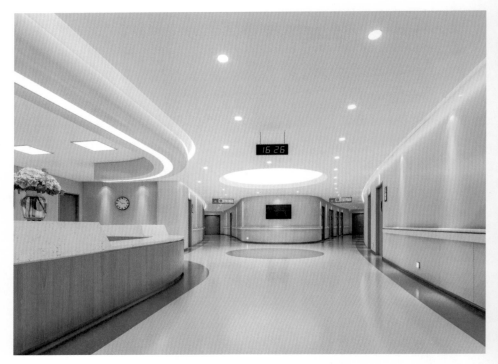

图3-14　杭州市第一人民医院桐庐分院住院部

（二）色彩在儿童治疗区的运用

如前所述，儿童属于特殊的病患类别，在心理和行为上都有本属于儿童年龄段的特征。儿童区域的设计应当特别注意通过色彩的合理应用，达到平和儿童心理、稳定儿童情绪的目的，使其能够接受医院环境，以便为下一步治疗和康复创造有利条件。

儿童区域的设计一般采用暖色调，如黄色、红色、蓝色等。红色是儿童最先理解和掌握的一种颜色，但是在医院不宜大面积使用明度较高的红色，而以局部点缀为宜。儿童科室一般宜使用橙色、黄色等色调，对康复有辅助作用。儿童病区的布置则可大量采用大地、海洋、森林等自然色彩格调，并以卡通人物和各种动物为背景（见图 3-15 和图 3-16）。

图 3-15　嘉善健康颐养中心儿童诊室

图 3-16　嘉善健康颐养中心儿童活动区

第四节　医院典型区域平面布局解析

一、标准诊室

诊室针对大部分门诊、急诊、体检功能的房间，通常为单人单诊形式。根据医疗功能需求，选择是否设置检查床或其他辅助检查设备，结合诊桌与检查床的设计（见图 3-17）。诊室属于小空间，整体色彩建议选用色彩明度和强度低的浅色，带给病患温和、自然的感觉，使病患更易放松心情，并减缓小空间的压抑感。在墙面设计中，可以适当增加环境图案，有助于分散病患的注意力，缓解心理压力。诊室的顶面一般选用岩棉吸音天花板，地面采用塑胶地板，在建设资金充裕的情况下，墙面可采用不燃高压树脂板或铝板（见图 3-18 和图 3-19），抗菌涂料一般也同样能符合实用兼美观的标准。在儿科诊室的运用中，可以适当增加软包等软性材料，避免儿童碰撞而造成二次损伤。标准诊室的装饰做法和软装设备见表 3-1 和表 3-2。

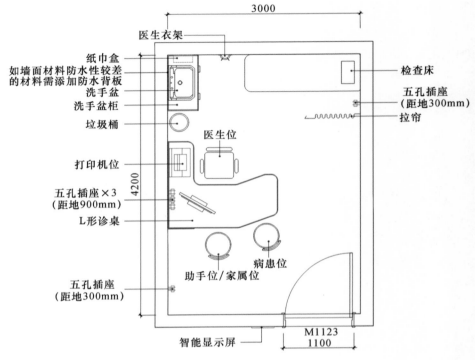

图 3-17 标准诊室平面图（单位：mm）

图中标注文字：

3000

医生衣架

纸巾盒

如墙面材料防水性较差的材料需添加防水背板

洗手盆

洗手盆柜

垃圾桶

打印机位

五孔插座×3（距地900mm）

L形诊桌

五孔插座（距地300mm）

智能显示屏

4200

医生位

助手位/家属位

病患位

检查床

五孔插座（距地300mm）

拉帘

M1123
1100

图 3-18 铝板墙面

图 3-19 抗菌涂料墙面

表 3-1 标准诊室装饰做法

建筑要求	规格	备注
净尺寸	长 × 宽：4200mm×3000mm； 面积：12.6m²； 高度：建议不低于 2.6m	房间尺寸可根据实际情况增减
装修面层	墙面及地面材料应选择便于清洗的材料； 顶面可采用具有一定吸音作用的材料	
门窗	有条件的，建议采用自然采光窗户；若无开窗条件，可选择入口一侧采用成品钢化玻璃隔断，来增加诊室内部的通透性及舒适性，考虑患者隐私，可采用磨砂玻璃、玻璃贴膜或双层玻璃夹百叶形式	

表 3-2 标准诊室软装设备

家具清单		数量	规格	备注
家具	诊桌	1	1700mm×1400mm	采用圆角设计，尺寸和造型可根据实际情况选择
	垃圾桶	1	300mm	直径
	医生椅	1	500mm×500mm	带靠背，可移动，尺寸和造型可根据实际情况选择
	挂衣钩	1		尺寸和造型可根据实际情况选择
	洗手盆	1	560mm×400mm×800mm	可选择是否需要洗手台柜；如墙面材料防水性能较差，需在背后增加防水板；尺寸和造型可根据实际情况选择
	圆凳	2	400mm	尺寸和造型可根据实际情况选择
	检查床	1	600mm×1800mm	尺寸和造型可根据实际情况选择
	拉帘	1		可根据实际情况选择"L"形或"一"字形拉帘轨道；可考虑采用吊顶内嵌式轨道增加美观性
设备	智能显示屏	1		显示科室信息及医生信息；尺寸根据产品型号选择
	五孔插座	5		可根据实际需求增减
	网络接口	2		

二、超声 / 心电检查室

超声 / 心电检查室是医技科室中相对模块化的功能用房，如果有条件，可尽量靠窗布置，改善医生的工作环境。检查床应位于靠近入口一侧，方便患者检查，从而形成两个空间（病患区域和医生区域）；床位须位于医生的右手侧，方便医生检查，有条件的话可预留推床位；医生工位的左侧须配备助手工位，以便登记和记录，其墙顶地的材料可参照门诊诊间设计（见表 3-3、表 3-4 和图 3-20）。

表 3-3　超声室内装饰做法

建筑要求	规格	备注
净尺寸	长 × 宽：5000mm×3000mm； 面积：15m²； 高度：建议不低于 2.6m	房间尺寸可根据实际情况增减
装修面层	墙面及地面材料应选择便于清洗的材料； 顶面可采用具有一定吸音作用的材料	
门窗	有条件的，建议采用自然采光窗户；若无开窗条件，可选择入口一侧采用成品钢化玻璃隔断，来增加诊室内部的通透性及舒适性。考虑到患者隐私性，可采用磨砂玻璃、玻璃贴膜或双层玻璃夹百叶形式	

表 3-4　超声软装设备

家具清单		数量	规格	备注
家具	助手桌	1	700mm×1200mm	尺寸和造型可根据实际情况选择
	垃圾桶	1	300mm	直径
	医生椅	2	500mm×500mm	带靠背，可移动，尺寸和造型可根据实际情况选择
	挂衣钩	2		尺寸和造型可根据实际情况选择
	洗手盆	1	560mm×400mm×800mm	可选择是否需要洗手台柜；如墙面材料防水性能较差，需在背后增加防水板；尺寸和造型可根据实际情况选择
	检查床	1	600mm×1800mm	尺寸和造型可根据实际情况选择
	拉帘	2		可根据实际情况选择"L"形或"一"字形拉帘轨道；可考虑采用吊顶内嵌式轨道增加美观性
设备	智能显示屏	1		显示科室信息及医生信息；尺寸根据产品型号选择
	五孔插座	6		可根据实际需求增减
	网络接口	2		

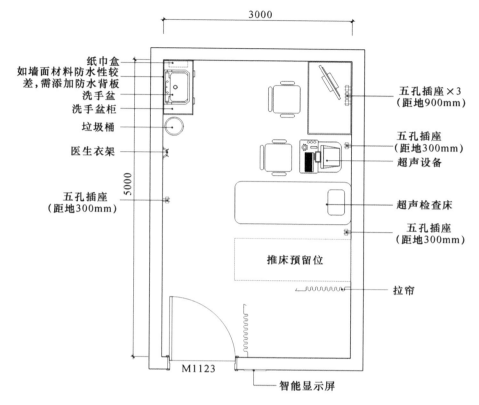

图 3-20　超声/心电检查室平面布局图（单位：mm）

三、标准病房

随着医院的标准提升，单人间、双人间逐渐成为护理单元病房的主流。每个护理单元可适当布置若干间三人间。以三人间为例，病房首先要满足采光与规范的要求：单排病床通道净宽应不小于 1.10m，双排病床（床端）通道净宽应不小于 1.40m；平行两床的净距应不小于 0.80m，靠墙病床床沿与墙面净距应不小于 0.60m；病房门净宽不得小于 1.10m。

病房的地面一般采用 PVC 地板和橡胶地板；墙面材料的选择标准较多，如涂料、PVC 墙壁、抗菌消毒板等；顶面多采用有机涂层高洁净板，如矿棉板、铝扣板、石膏板等（见图 3-21、表 3-5 和表 3-6）。病房医疗设备带的设计往往直接影响病房的美观程度。传统做法是明装式，医疗设备带需凸出墙面安装，不美观，影响病房整体装饰效果；且医疗设备带多为铝合金结合亚克力材质组合而成，凸出墙面安装易遭受撞击而损坏。隐藏式设备带将设备带嵌入墙体内部，采用与墙面色彩纹理一样的饰面进行弱化，或者将设备带置于装饰画的后面进行遮挡，都能带来不错的效果。

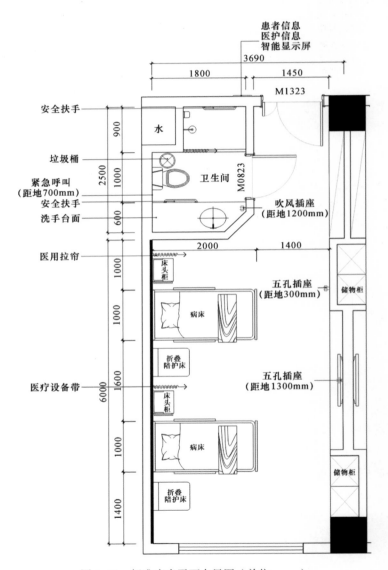

图 3-21　标准病房平面布局图（单位：mm）

表 3-5 标准病房室内装饰做法

建筑要求	规格	备注
净尺寸	长 × 宽：8700mm×3800mm； 面积：33m²； 高度：建议不低于2.8m	房间尺寸可根据实际情况增减
装修面层	墙面及地面材料应选择便于清洗的材料； 卫生间顶面需设置铝扣板或其他防水吊顶	
门窗	有条件的建议采用自然采光窗户，门应设置观察窗	

表 3-6 标准病房软装设备

家具清单		数量	规格	备注
家具	病床	3	2000mm×1000mm	尺寸和造型可根据实际情况选择
	固定衣柜	3	550mm×600mm	深度和宽度可根据实际情况调整
	床头柜	3	400mm×500mm	尺寸和造型可根据实际情况选择
	洗手盆	1	560mm×400mm×800mm	尺寸和造型可根据实际情况选择
	输液导轨	3		
	拉帘导轨	3		
	洗手台面	1	550 ～ 600mm 深	
	安全扶手	2		
	矮柜	1		入口处可根据需求设置矮柜
设备	电视机	1		尺寸和造型可根据实际情况选择
	五孔插座	6		可根据实际需求增减
	网络接口	2		
	成品医疗设备带	1		
	智能显示屏	1		显示房间号、值班医生及护士； 尺寸根据产品型号选择

第五节 现代医院室内软装设计

软装设计指的是室内空间里所有可移动、可替换的家具和饰物、织物等（如桌椅、沙发、灯饰、地毯、装饰画、室内绿植等），是对室内空间硬装完成后的二度陈设及布置，是基于环境、功能分区、陈设艺术、空间美学及材质等的多角度融合。软装设计使整个空间更加地丰满，在满足功能性的同时提升医院的文化形象和品牌价值。

医院室内设计中的软装设计越来越受到重视，医院的软装和艺术品装饰的门类也有越来越多的可选择性。循证设计报告中指出，一个优质的空间能引导患者积极地生活，使痊愈加速，患者痛苦和压力减轻，医疗失误减少，并降低感染和跌倒的发生率。医院软装设计时，应先规划出符合医院使用功能的平面布局，再确定空间的装饰风格，然后根据未来家具与饰品的摆放需要，来决定硬装的施工方案，以满足功能需求，同时为医患双方创造安全温馨的医疗环境。

一、家具在医疗空间的使用

医院内部空间的设计风格一定程度上取决于家具的选择，在软装设计中，家具占据主导地位（见图3-22）。不同的家居风格选择会带来不一样的空间体验，如洛可可式家具细腻柔美、美式家具简明优雅、现代欧式家具简洁亲切、地中海家具浪漫多姿、中式家具高贵典雅、现代家具简洁自然、现代意大利家具低调奢华等。

图3-22　诊疗空间家具示意

医院的家具系统在满足现代审美需求的同时应采用耐用易清洁、耐消毒、防感染的材质，同时在不同区域应该满足不同人群的使用特点，如升高座椅和脚踏板的髋关节高椅，为做完髋关节手术的患者的恢复提供舒适的座椅；还有加固的椅壁，为不方便起身的孕妇及老年人提供安全的支撑；儿科的家具尽量从儿童的视角考虑，趋于儿童化，消除儿童对陌生环境的恐惧心理。在放置家具时，要根据室内空间的大小、形态作合理安排。医院的软装设计应考虑到医院空间人流拥挤，就诊病患的身体情况各异，建议空间里的家具采用圆角的形态，避免采用尖角的家具，以免对医护人员和病患产生不必要的伤害。

二、灯具和灯光的运用

灯具是指能透光、分配和改变光源分布的器具，包括除光源外用于固定和保护光源所需的全部零部件，以及与电源连接所必需的线路附件。现代医院软装饰设计中，灯具除照明作用外，更多时候起到装饰及柔和室内空间的作用。在医院室内软装设计中，灯具要与营造的风格氛围相一致，布光形式要经过精心设计，注重与空间、家具、陈设等配套装饰相协调。医院室内的灯光应以暖调为主，一般采用白炽灯，但给光应注意均匀柔和，根据室内的不同功能具体布置光源，尽量减少荧光灯的使用，光的亮度或温度适中。

医院灯具的选择主要遵循如下原则。

患者：舒适、愉悦、温馨的光环境氛围，舒缓不良情绪，为治疗预后带来积极效果。

医护：缓解长时间、高强度工作所带来的精神及身体疲劳，提升工作效率和质量。

诊疗：准确、真实地反映患者的疾病特征。

引导：能够起到指示、引导、分流作用，使医院的各种流线合理。

清洁：避免产生大量细菌、灰尘沉积，减少灰尘、细菌的滞留。

医技：选择低电磁干扰的照明系统，减少对精密设备工作造成的干扰。

节能：选择高效的照明系统降低能耗。

便捷：医院照明系统都是长时间工作，需要方便替换。

医院大厅与医疗街是从室外向室内过渡的空间，在大厅一般采用无极荧光灯、陶瓷金属卤化物灯，结合艺术线条或者艺术灯具，使共享空间不产生照度差异。

门诊主要的使用时间在白天，且门诊大多能够获得自然采光，因此照明主要考虑对自然光的补充与平衡。诊疗室内照明需选用有遮光板的反射式细径直管荧光灯，避免使仰卧患者产生眩光。检查室内各种设备易使患者产生畏惧感，因此在设计检查室内的照明时尽量创造舒畅、轻松的气氛。除基础照明外，还可以附加如壁灯等装饰性照明，以缓和冰冷压抑的气氛。大型医技设备检查间的灯具一般在设备的四周均匀布置，并注意避免给患者造成眩光，灯具在安装时不应布置在机器的正上方，建议采用暗藏灯带二次反射柔光设计，避免患者平躺时感到眩光而产生不良情绪，也可结合艺术天花模拟自然环境舒缓情绪（见图 3-23）。病房照明可分为一般照明、局部照明和应急照明设计等几个方面，由于很多患者需要长期卧床休息，所以如果在顶板上安装普通灯具会形成明显眩光，造成患者不适。最好是选择间接型灯具或反射型照明。对目前二三人病床的病房，采用荧光灯，有吊顶采用嵌入式，为防止卧床患者有眩光的不适，可采用反射式照明，效果很好，但投资大，运行费用高，可在部分高档病区或病房选择使用。病房的局部照明主要为患者阅读和医护人员操作提供必要的照度，一般在综

图 3-23　ICU 天花板仿天空灯光

合医疗带上安装模块式荧光灯，也可设计可调式旋臂壁灯，选用可调节光源，既满足本床患者的要求，又减少对其他床位的影响。

 三、装饰陈设

医院软装装饰陈设包含布艺类、床品、挂画、艺术品等，这些物品要达到耐高温、耐水洗、不褪色、透气、安全等基本要求。挂画系统内容积极向上，通过生动形象的艺术形式起到宣传与科普的作用。装饰是医院文化色彩最浓的部分，好的装饰不但可以烘托气氛，还可以体现医院的历史内涵。一幅画、一个造型丰满的陶罐、一组照片、一小株植物等，处理好可以让空间增添色彩。艺术品的选择原则是不再加重心理压力，选择的方向包括：

（1）"自然"不做作的作品；

（2）内容为正向、健康、有生气的大自然元素和风景；

（3）简单易懂的作品；

（4）能起正向引导作用的作品，如内容为曾经喜欢的记忆或去过的地方，或梦想去的地方；

（5）色彩舒适温和的作品；

（6）医院内不同功能区域的画作尽可能不重复，并使主题适合空间功能。

医院大厅与医疗街作为患者接触医院的首要空间，他们对医院的初始印象与感受直接影响他们对医疗的信心和对医院的信赖。宜选择自然、熟悉、亲切的湖光山色、故乡山水、田园风光作为主题，将生命体验表现出来；同时，医疗街作为通过性空间，以画面简单、连续性的组合作品为主，偶尔穿插相对大型的作品进行提味。

候诊区域为逗留性等候空间，患者对等候的忍耐程度与环境舒适度、空间趣味性密切相关。如果人们身处舒适又充满人文气息的环境中，往往不觉时光漫长。鉴于此，在候诊区放置描绘相对静止的事物的作品，营造"借物抒情"的意境，可减轻患者心理压力和急躁感。

病房空间应营造出家庭般的温馨环境氛围，使患者在医院感受到温暖和安慰，心情平和地接受诊断和治疗。山水国画还追求博大、安静。现代人生活工作节奏加快，压力加重，因此往往会追求朴实、亲切、简单却内涵丰富的室内环境，而山水国画体现了中国人特有的简练、恬静、含蓄和韵律等审美情趣，适用于病房空间。

采暖、通风与空调系统

　　暖通空调系统，顾名思义是指采暖、通风与空调系统。采暖系统一般在寒冷地区使用，主要提供冬季室温的调节，与医院的医疗核心业务关联性有限。本章重点讨论通风与空调系统，这两个系统与医院的核心业务联系更为紧密。

　　通风系统和空调系统可以分开设置，也可以合并成一个系统。一般而言，集中式空调系统本身是带通风功能的。然而，同样是集中式空调系统，由于具体方式不同，通风效果也会迥然不同，值得关注。消防用通风系统通常单独布置，它的作用与本章主题关系不大，故不在此讨论，必要时可以参考现行国家标准《建筑设计防火规范》（GB 50016）、《建筑防火通用规范》（GB 55037）、《建筑防烟排烟系统技术标准》（GB 51251），以及项目所在地的地方标准。

　　一、通风与空调系统和热环境保障

　　通风与空调系统是医院建筑环境和卫生环境控制的核心手段之一。通风

146

与空调系统的基本功能是为患者和医务工作者提供舒适的室内环境。一些特殊诊疗过程对热环境个性化的需要，是值得重视的方向。例如：在新生儿护理单元 NICU，需要为新生儿提供合适的沐浴、更衣环境条件，避免新生儿体表热量过度散失，在采取较高室温标准的同时需要避免吹风感，设置辐射供暖地板或辐射供暖墙面板、吊顶板，就是个性化的措施之一。

通风与空调系统的作用不仅仅是提供热舒适性的环境，其提供的空气调节也是一种治疗手段。例如，对于收治严重冠状动脉狭窄特别是充血性心力衰竭病患的病房，空调环境是必要的治疗条件。在烧伤科，严重烧伤患者的治疗环境温度（32℃）需要高于一般舒适性空调，相对湿度更大（95%RH）并且无菌。在美国，32℃和35%RH 的干热环境被纳入类风湿性关节炎患者的标准治疗流程。

为医疗设备和医疗工艺提供环境保障也是暖通空调的任务。例如在放射科，需要保障设备安全稳定运行所需的温度和湿度。MRI 室不但需要有稳定的室内温湿度，而且需要保障对超导磁体液氦的不间断制冷，良好的、稳定的冷却系统不仅是超导环境存在的重要保证，而且能大大减少液氦的挥发，降低磁共振运行成本。在手术部，需要保障手术室内适当的温湿度和室内空气洁净度。

二、通风与空调系统和感染控制

通风与空调系统在医院还承担着更为关键的任务——院内空气源污染物控制。一般来说，空气源污染物通常包括微生物污染、物理污染、化学污染（包括不良气味）和放射性气体。因为许多患者是病原微生物的携带者，甚至是高致病性病原微生物的携带者，这些患者存在把病原体传染给其他患者的风险。同时，干细胞移植、化疗、放疗、糖尿病、慢性肺气肿、心脏病患者免疫力低下，也是病原微生物的易感人群，因此医疗机构微生物污染控制显得尤为关键。

2019 年底，新冠疫情暴发，发热门诊、负压隔离病房的应急改造和大量平疫结合医院的改建工作，凸显通风与空调系统对该项医疗业务的重要支撑作用，也显示了医院原有基础设施的短板。SARS、MARS、COVID-19、禽流感等疫情的反复出现和治疗实践已经充分表明，通风与空调系统是其中不可或缺的关键性基础设施。医院通风与空调系统的重要功能是阻断病原体经空气传播路径，为不同风险的人群提供分类保护。

医院洁净手术部净化空调系统通过空气的多级过滤和高换气次数，为洁净手术提供了关键性的环境控制手段，是保证手术安全的基础性保障措施。烧伤病房、异体器官移植病房、血液病房和感染科病房患者的治疗和康复高度依赖通风与空调系统。总之，通风与空调系统已成为医院治疗疾病、减少感染、降低患者死亡率的一种重要的不可或缺的技术保障手段。

近年来，医院建设规模不断扩大，尤其是单体建筑体量增加迅速，内区无窗房间大量出现且功能综合、人员密集，如何有效改善室内空气品质同时强化院感控制成为医院建设的新课题。通风与空调系统在职业防护、业务安全方面的保障作用不容忽视，该挑战将是长期的，需要不断地探索。

设计不良或者运维不当的通风与空调系统极有可能成为疫情传播的"帮凶"。2018年，一项针对某市区数家二、三级医院集中空调系统的调查发现，集中空调系统送风中细菌总数和真菌总数合格率分别为50.00%和56.25%，送风中细菌总数和真菌总数检出最大值分别为1200.0CFU/m^3和1900.0CFU/m^3。医院集中空调系统的隐患还隐藏在空调冷却水和空调凝结水积水盘中，调查还发现医院冷却水和冷凝水中军团菌检出率分别为19.72%和9.52%。军团菌感染可引发严重急性发热性呼吸道疾病。1976年，美国费城退伍军人协会会员因此类致病菌感染，共221人感染，其中34人死亡。这是首次已知的军团菌感染事件。为查清感染源，疾控部门耗时半年，耗费200万美元。由此，人们认识到受污染的集中空调系统可能引发严重的健康问题。事实上，军团菌只是众多致病微生物之一。在军团菌首次被发现后的四十余年，学术界对通风与空调系统引发的医院内感染问题的研究和认识有了长足的进步。但在实践层面，无论是设计决策还是建设、管理、运行、维护，仍存在诸多从未根绝的感染隐患。如何改善医院尤其是大型综合性医院空调通风的设计、施工、运行、维护，是从业人员面临的长期挑战。

三、通风与空调系统和"双碳"目标

通风与空调系统是医院的用能大户，实现节能运行对医院有现实意义。节能运行目标的实现源于先进的系统设计理念、智能化的自动控制策略和恰当的设备日常维护。

通风与空调系统的节能设计不但是医院自身建设的需要，也是国家宏观

政策的要求，以实现二氧化碳排放在 2030 年前达到峰值，在 2060 年前实现碳中和的总体目标。新建公立医院作为政府投资项目，需要充分响应该政策趋势，确保项目建设符合现行节能标准，保障项目顺利通过节能验收。

对已经投入运行的公共建筑实施能源审计也是大势所趋，国家卫健委已将每万元收入的能耗指标纳入公立医院绩效考核指标。通过淘汰低能效设备、加大可再生能源应用力度、进一步提升设备能效等措施，强制降低高能耗建筑的碳排放量。

我国医院建设行业标准的订立都基于制定时的技术经济和社会发展条件，还要兼顾各地发展水平的差异。技术规范和标准主要考虑的是兜底性的最低要求，往往不代表最佳实践。因此，本章的重点之一还在于讨论通风与空调系统的技术趋势，力图反映医院建设中的最新理念和最佳实践，尤其是抗击新冠疫情带来的新思考。

第二节　室内热环境与医疗

室内热环境是室内空气温度、湿度、风速、热辐射等热力学概念相关参数的集合。综合各种研究，环境温湿度控制也是减少医源性感染的重要手段。例如真菌适宜在 30℃ 以下的环境中生长。环境温度在 30 ～ 40℃ 时，每升高 1℃ 便有 6% 的真菌死亡。大部分细菌最适宜生长的温度在 30 ～ 37℃。霉菌生长繁殖合适的温度在 25 ～ 35℃。SARS 病毒在 37℃ 下 3 天后失去活性，在 56℃ 环境下 30min 或 70℃ 环境下 15min 可被灭活。新冠疫情早期研究表明，新冠病毒在低温或高温低湿度状态仍保持较强的活性，而在室温 22 ～ 25℃、相对湿度 50% ～ 60% 的环境中活性下降。适当的室内温湿度环境有利于抑制病原微生物的繁殖和传播。因此，空调系统温湿度的设定值除满足热舒适性要求外，更需要考虑院内感染控制的要求，以促进患者康复，保障医疗安全。

由美国国家标准协会（American National Standards Institute，ANSI）、美国暖通空调与制冷工程师协会（American Society of Heating, Refrigerating and Air-Conditioning Engineers，ASHRAE）以及美国卫生工程学会（American

Society for Health Care Engineering，ASHE）共同制定的 2021 版《医疗护理场所通风标准》（ANSI/ASHRAE/ASHE Standard 170-2021《Ventilation of Health Care Facilities》，下文简称 ANSI/ASHRAE/ASHE 2021 版《医疗护理场所通风标准》，在新冠疫情后做了全面修订。该标准对各种医疗场合的温度、湿度的详细规定反映了医院热环境管理和感染控制方面的最新理念和最新实践，获得广泛认可。国内医院建设也可参考。

众所周知，室内热环境参数直接决定人体的热舒适感。暖通空调系统的设计应该基于热舒适性评价体系，确定最佳室内热工参数。热舒适性是人对周围环境冷暖感受所做的主观评价，同一室内空间如何响应不同人群的不同热舒适性要求，例如：需要关注 ICU 或手术室内患者和高强度医务工作者之间对温湿度、气流速度感受的差异。是否需要采用岗位送风、分区送风或是其他个性化空调措施？在医疗建筑项目建设中可能遇到的决策问题都需要借助热舒适性预测方法。对热舒适的抱怨常见于医院中心供应室、放射科的各影像室、手术室、ICU 等，基于热舒适性评价的设计可帮助医院发现和解决潜在的问题。我国医院设计典型室内温度参数取值见表 4-1。

表 4-1 我国医院设计典型室内温度参数取值

房间名称	冬季		夏季	
	温度（℃）	相对湿度（%RH）	温度（℃）	相对湿度（%RH）
门厅、走道	18	无要求	27	≤ 70
诊室	22	无要求	26	≤ 70
候诊区	20	无要求	26	≤ 70
急诊	22	无要求	26	≤ 70
放射科	22	无要求	26	≤ 70
检验科、病理科	20	30 ～ 60	26	30 ～ 60
护士站	22	无要求	26	≤ 70
病房	22	无要求	26	≤ 70
分娩室	24	～ 50	26	～ 60
新生儿监护室	26	～ 50	28	～ 50
ICU	22	40 ～ 65	24	40 ～ 65
药房	20	≥ 40	26	≤ 50
Ⅰ～Ⅳ级洁净手术室	21 ～ 25	30 ～ 60	21 ～ 25	30 ～ 60
负压隔离病	20	≥ 30	26	≤ 70

第三节　室内空气品质

👆 一、室内空气品质管控的重要性

全球主要传染性疾病中，经空气传播的比例高达 34%，许多疾病的发生与不良空气品质直接关联。

医院室内空气品质管控涉及一般性大气污染物浓度的管控和病原微生物有关的院感控制两个方面。院感控制是医院建筑室内空气品质管控的核心内容，其重要性不言而喻，与通风空调相关的空气品质改善见本章第五节"环境控制：通风换气"。

室内空气污染物浓度的管控要求可参照民用建筑，应该符合下列标准的基础性规定：

（1）《建筑环境现行国家通用规范》（GB 55016-2021）；

（2）《室内空气质量标准》（GB/T 18883）；

（3）《民用建筑工程室内环境污染控制标准》（GB 50325）；

（4）《公共建筑室内空气质量控制设计标准》（JGJ/T 461）。

考虑到医疗业务的特殊要求，多部国家标准涉及医院室内空气品质要求，且高于一般民用建筑的空气品质要求，具体可参考：

（1）《综合医院建筑设计规范》（GB 51039）

（2）《传染病医院建筑设计规范》（GB 50849）；

（3）《医院消毒卫生标准》（GB 15982）；

（4）《医院洁净手术部建筑技术规范》（GB 50333）。

医院空气品质控制还是新建公立医院达到绿色建筑标准的要求，并正逐渐成为强制性建设要求的一部分。目前，绿色建筑设计和评价标准有通用国家标准、地方标准和专门的《绿色医院建筑评价标准》（GB/T 51153-2015）。浙江省《绿色建筑设计标准》（DB 33/1092-2021）最新版自 2022 年 1 月 1 日起正式实施。综合来说，改善空气品质的意义在于：

（1）改善室内空气品质，去除颗粒和气态污染物，去除异味和微生物；

（2）提高员工生产力，提高员工保留率；

（3）降低感染率，保护患者、患者家属和医护人员；

（4）降低医疗费用；

（5）预防精密医疗仪器因腐蚀问题而发生故障停机；

（6）减少能源消耗，降低碳排放强度。

二、建筑布局对室内空气品质的影响

建筑平面功能的排布以及机电设备的布局都会对医院室内空气品质造成长远的影响，而且一旦建成，很难再改变。就采暖、通风与空调专业而言，影响医院室内空气品质的因素包括中央空调冷却塔、锅炉燃烧尾气、柴油发电机尾气、真空吸引系统废气、医疗废气（如麻醉气体排放、环氧乙烷灭菌剂）、发热门诊废气、隔离病房废气、生物安全柜、排风柜排风位置和高度等，设置不当甚至危及医疗安全。上述污染源与新风的取风口、房间开窗位置的关系需要统筹考虑（见表4-2）。例如，冷却塔的飘水常与院内军团菌感染相关联，因此需要评估这类污染源与建筑的合理距离和高差，污染源应远离窗口和建筑进风口并尽可能设置在夏季主导风向的下风侧。在裙房屋面排放的废气应该远离建筑上部的病房楼。

表 4-2　呼吸系统疾病风险与暖通空调系统取风口的布局

情形	呼吸系统疾病增加率（%）
新风中含有超标固体颗粒物	310
冷凝水盘积水	300
风管积尘	280
与排气口间距小于8m处取新风	240
与死水潭间距小于8m处取新风	230
与厕所排风口间距小于8m处取新风	220
通风管潮湿	220
空气过滤器未安装	220
与垃圾收集点间距小于8m处取新风	200
与机动车道间距小于8m处取新风	190
空气过滤器不洁	190

（引自：Sieber W, Petersen MR, Staynor LT, et al. Associations between environmental factors and health conditions. Proc Conf Indoor Air, 1996: 901−906. ）

建筑空间布局符合相关的技术标准和规范未必能保证室内空气品质良好。基于计算机数值模拟的计算流体动力学方法和风洞模型都是强有力的空气动力学分析工具。这些工具可以帮助人们定量分析外源性环境污染和医院自身排放的污染对医院室内空气品质的影响，以及不同季节、不同医疗场景下污染扩散情况的变化。计算流体动力学数值模拟是低成本且快捷的分析工具，可用于比较多个不同设计方案的优劣性，是强大的设计优化工具。同时，第三方咨询出具的计算流体动力学数值分析结果也是医院建设方评价既有设计成果质量的重要手段。图4-1用可视化的方式呈现医院负压隔离病房通风与空调系统室内病原污染物的空间分布情况，暖通设计师利用一种化学示踪剂模拟病原微生物的运动轨迹和分布情况，据此有针对性地调整通风系统布局，达到降低室内空间新冠病毒浓度的目的。

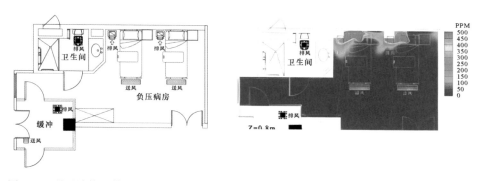

图4-1 利用计算流体动力学对医院负压隔离病房通风空调系统进行数值模拟（浙江大学建筑设计研究院有限公司）

（引自：毛希凯，潘大红，王亚林.某医院负压隔离病房通风空调系统设计.洁净与空调技术，2022，119（4）：41-46.）

三、大气污染对室内空气品质的影响

《综合医院建筑设计规范》（GB 51039-2014）考虑到医疗场合的特殊性和健康标准，提出了比一般公共建筑更高的空气过滤要求（7.1.12条规定），医疗卫生场所新风系统设置多级空气过滤是确保室内空气品质达到卫生标准的法定要求（见表4-3）。同时，中效及以上水平的空气过滤还可相当程度阻挡花粉和重金属颗粒物污染物进入室内，对室内空气品质的改善有多重积极意义。

表 4-3　《综合医院建筑设计规范》（GB 51039-2014）推荐的空气过滤器配置要求

室外空气等级	推荐	最低要求
1 级（清洁空气）	F8	F7
2 级（多尘空气）	M5 + F7	F7
3 级（含不良气体）	F8	F7
4 级（多尘空气及不良空气）	M5 + F8	F7
5 级（污染浓度很高）	M5 ＋气体过滤器＋ F9	M5 + F7

注：M5 相当于中效过滤器，F7 与 F8 相当于高中效过滤器。

 四、自然通风与机械通风的选择

自然通风作为简便且低碳的室内污染物（包括病原微生物）控制手段，对于大部分普通诊疗场所是值得推荐的。例如，在地下空间引入下沉广场可以强化地下室通风，营造更为接近自然的环境；在候诊大厅上空设置可开启电动通风窗，使建筑空间通透，更可加强室内换气能力；减小门诊、医技楼建筑的进深，引入中心花园等都可以改善建筑自然通风能力。英国国家医疗服务体系（National Health Service，NHS）强调，医院建筑采用自然通风设计可提高对能源供应故障时的应对能力，并且比机械通风建筑更节能。在急诊中心或医院的急诊部，应至少 70% 的建筑面积可以完全或部分具备自然通风能力。

对于感染性疾病门诊的候诊区和隔离观察室这些高危诊疗环境，中国医学装备协会医院建筑与装备分会《综合医院感染性疾病门诊设计指南》（2020第一版）强调应尽量满足自然采光通风条件。

国务院应对新冠疫情联防联控机制（医疗救治组）印发的《发热门诊设置管理规范》（联防联控机制医疗发〔2021〕80 号）规定，发热门诊所有业务用房窗户应可开启，保持室内空气流通。候诊区和诊室要保持良好通风，必要时可加装机械通风装置。

在涉及感染防控和敏感患者保护的区域（如血液病房、负压隔离病房、洁净手术部、NICU），自然通风方式往往不足以应对医疗业务所需，且会增加院内感染和过敏症的潜在风险。这问题在空气污染较重的大城市主城区更加突出。美国设施指南研究所（Facility Guideline Institute，FGI）《医疗设施设计与建造指南（2018）》［*Guidelines for Design and Construction of*

Hospitals Facilities（2018）]把自然通风纳入医院安全风险评估的一个部分，纳入院感控制环节感染控制风险评估（infection control risk assessment，ICRA）进行整体评估。

从长远来看，随着医院业务的日益复杂化、精细化，不同部门的业务联系更趋紧密，医院单体建筑体量不断扩大，有组织且经过深度预处理的新风供应系统将是大型综合性医院主流的通风方式。自然通风将更多地作为机械通风的补充措施或者以季节性通风方式出现，即使门诊房间和病房设计机械通风，仍然宜设置可开启窗扇。开窗通风不但是改善空气品质的技术措施，在更深层次还能满足医护工作者和患者亲近自然的心理需求。医院建设管理者有必要在项目建设之初即关注这个问题，避免病态建筑综合征。

第四节　室内主要污染源

室内空气品质管控不但事关环境舒适度与健康，更是医院医源性感染（hospital acquired infection，HAI）防控和某些特殊医疗工艺的内在需求。要实施空气品质管控，首先要了解污染源和首要污染物的概念。

影响室内空气品质（indoor air quality，IAQ）的因素有来自建筑内部的，也有来自建筑外部的。调查和研究表明，影响综合医院室内空气品质的因素主要是内源性的，即空气污染物主要来自室内散发源。室内空气污染可分为四个大类，物理污染（如尘粒）、化学污染（如有机挥发物）、生物污染（如病原微生物）和放射性污染（如氡污染）。在形态上，空气污染物可以分为颗粒物污染（如 PM10、PM2.5）、气态污染物（O_3、NO_x、H_2S、NH_3、VOCs）和微生物污染。室内环境主要的污染来源有建材、医用消毒剂、清洁剂、杀虫剂、家具、纺织纤维、办公设备和医疗设备产生的尘埃、臭氧、空气电离和放射性尘粒、昆虫、霉菌、细菌等致病菌和过敏原，及吸烟产生的烟雾等（见表4-4）。

室内空气品质由空气污染物的浓度界定。首要污染物是指对室内空气品质造成最严重影响的污染物，不同的医疗用房首要污染物有显著区别。在普通门诊诊室和候诊区，人员密集，首要污染物通常是二氧化碳；在手术室、发热门诊、呼吸道感染病区，潜在的首要污染物是致病微生物；在病理科，首要的污染物是甲醛和二甲苯等挥发性有机物；在尸体解剖室、实验动物饲养区、药房，首要污染物为气态污染物和异味；在直线加速器等核医学部门，首要的污染物可能是空气电离和放射性气体；在干细胞移植和体外受精等操作区域，有必要对空气进行分子级的污染控制，高质量的空气意味着更高的体外受精成功率。只有明确首要污染物，才能采取针对性的措施改善室内空气品质。

表4-4 医院主要室内空气污染

污染控制区	空气污染造成的问题	原因	常见污染物种类
门诊、急诊、输液室	感染控制、气味难闻	人员流动，消毒灭菌剂、药剂挥发，麻醉气体释放	二氧化碳、病原微生物、甲醛、酒精、氨气、二氧化氯、戊二醛等
手术室、感染病房	细菌病毒控制、气味难闻、刺激眼睛鼻子	消毒灭菌剂、药剂挥发，麻醉气体释放	甲醛、酒精、乙醚等
病理室、实验室	影响医院评级以及职工健康	福尔马林水溶液浸泡产生挥发性气体	甲醛、二甲苯等
透析室、内镜室、介入室、血透中心	细菌病毒控制、气味难闻、刺激眼睛鼻子	消毒灭菌剂、药剂及尿液挥发	病原微生物、甲醛、氨气、酒精等
ICU、烧伤科、呼吸内科、儿科病房、普通病房	引起感染，气味难闻	消毒灭菌剂、药剂挥发	病毒、细菌、甲醛、酒精等
停尸间	气味难闻、刺激眼睛鼻子	消毒灭菌剂挥发，尸体气味释放	病原微生物、甲醛、酒精、异丙醇等
废水处理池	气味难闻、恶臭	污水池产生恶臭	硫化氢、氨气等
CT、磁共振	腐蚀性气体	电离、消毒、建筑污染、大气污染	氮氧化物、硫氧化物、氢氯酸、氢溴酸

第五节　环境控制：通风换气

 一、医疗场所通风换气的目的

经呼吸道传染的病原微生物以空气为传播介质，在空气中以两种形式存在：第一种是飞沫或者飞沫核（液体），当人们咳嗽、喷嚏、讲话甚至呼吸时都会产生飞沫或者飞沫核；第二种是附着在空气中的颗粒物（固态）表面。粒径大于 $10\mu m$ 的飞沫和颗粒物会很快沉降于地面；而粒径小于 $10\mu m$ 的可以长时间悬浮于空气中而不会沉降，形成气溶胶。

与西方国家以泌尿系统感染居首位明显不同，我国医院感染案例中以呼吸道感染占首位，占比最多达到53%。经呼吸道传染的病原微生物一般附着在气溶胶上，经气流传播和扩散，首要的任务是降低致病微生物在空气中的浓度。医院的通风与空调系统可起到积极作用，通过空气过滤、新鲜空气置换稀释、气流组织、灭菌等多个技术手段来达到该目的。通风与空调系统在医院院内污染物控制方面的作用是基础性的。

二、通风换气指标体系与方式

通风量用新风换气次数和送风换气次数这两个指标来衡量，当污染源与人有关时也可以用人均换风量来衡量。新风换气用于稀释室内空气污染物，而送风换气次数包括了新风换气量和室内循环空气量合计的换气次数。送风换气次数指标关系到空气过滤效果和气流组织效果。

除换气次数外，通风方式也会影响医院室内污染物控制效果。这里涉及的因素还有：

（1）室内空气维持正压还是负压；

（2）相邻房间空气正负压关系（用来引导和控制污染物的流动方向）；

（3）排风是否直通室外（高污染或高致病性污染空气不能循环利用）；

（4）是否允许利用空调室内机在室内循环空气（是否可以采用风机盘管或多联机）；

（5）是否需要值班通风（持续散发污染的场合，如污洗间，或污染物积聚会引发危险的场合，如使用燃气的厨房、锅炉房及氧气瓶间等，应持续通风）。

第六节 环境控制：换气次数

一、医疗场所通风换气次数

不同医疗场所对通风换气次数的要求有很大差别，例如普通病房走廊只需 2 次 / 小时的送风换气量，而手术室的送风换气量需求在 20 次 / 小时以上。另外，感染科负压隔离病房则需要 12 次 / 小时以上的全新风换气量。通风换气量对空气品质、室内致病微生物的稀释、过滤效果有关键性的影响，也显著影响空调的运行费用。因此，换气次数的多少需要根据不同医疗场所的业务需求权衡确定。需要特别注意换气次数的场所包括：

（1）空气洁净场所，如洁净手术部、中心供应室、静配中心；

（2）隔离单元，如负压隔离病房、负压手术室；

（3）洁净护理单元，如易感染患者病房、移植病房；

（4）感染性疾病诊疗用房，如发热门诊及其隔离留观室；

（5）放射性核素和电离，如直线加速器、核医学诊疗用房；

（6）医用气体机电，如氧气、一氧化二氮、二氧化碳、氮气的瓶组间；

（7）使用燃气的场所，如锅炉房、餐饮厨房。

涉及医疗场所的最小换气量的技术标准有《民用建筑供暖通风与空气调节设计规范》（GB 50736-2012）（见表 4-5）、《医院负压隔离病房环境控制要求》（GB/T 35428-2017）、《医院洁净手术部建筑技术规范》（GB 50333-2013）、《综合医院建筑设计规范》（GB 51039-2014）、《绿色医院建筑评价标准》（GB/T 51153-2015）、《急救中心建筑设计规范》（GB/T 50939-2013）。专业标准对医院建筑设计最小换气次数的规定摘选见表 4-6。

目前，不同规范对最小换气量的要求并不统一，且尚显粗放。医院在建设实践中还可以参考 ANSI/ASHRAE/ASHE 2021 版《医疗护理场所通风标准》来确定医院各个科室和每个医疗用房的换气次数需求。该版本在大量新冠疫情诊疗实践后做了重大修订，强调了通风对院感控制的重要性。2021 修订版要求换气次数与适度的空气过滤措施结合，详细和明确规定了各种医疗场所所需的最低新风换气、最低房间总换气次数和空气过滤等级，有较强的实际操作性。

表 4-5　《民用建筑供暖通风与空气调节设计规范》

（GB 50736-2012）医院建筑设计最小换气次数

功能房间	换气次数（次/小时）
门诊室	2
急诊室	2
配药室	5
放射室	2
病房	2

表 4-6　专业标准对医院建筑设计最小换气次数的规定摘选

技术标准	病房类型	房间总换气次数（次/小时）	新风换气次数
《综合医院建筑设计规范》（GB 51039-2014）	普通病房	6	2次/小时或者40立方米/（人·小时）
	负压隔离病房	10～12	空气传染的特殊呼吸道疾病患者的病房采用全新风
《传染病医院建筑设计规范》（GB 50849-2014）	非呼吸道传染病房		3次/小时
	呼吸道传染病房		6次/小时
	负压隔离病房		12次/小时
《新冠肺炎应急救治设施负压病区建筑技术导则（试行）》	负压病房		6次/小时或60升/（床·秒）
	负压隔离病房		12次/小时或160升/（床·秒）
《新型冠状病毒感染的肺炎传染病应急医疗设施设计标准》（T/CECS 661-2020）	负压病房		全新风
	负压隔离病房		
ASHRAE 170-2021	空气传播传染病的隔离病房（全部）	12	2次/小时

 二、医疗场所通风自净时间

利用新风稀释或者空气循环过滤对房间实施通风换气，是降低室内污染（尤其病原微生物）水平的重要手段。

　　《医院消毒卫生标准》（GB 15982-2012）规定，Ⅰ类环境在洁净系统自净后与从事医疗活动前应采样；Ⅱ、Ⅲ、Ⅳ类环境在消毒或规定的通风换气后与从事医疗活动前采样。

　　医护人员很多时候需要了解空气受污染的场所需要多久才能恢复到安全的水平。例如，当医护人员离开负压隔离病区时，脱防护服的第一更衣间、第二更衣间通风系统需要多长时间才能清除因脱防护服引起的病原微生物和扬尘；或者需要了解从一台手术结束到另一台手术开始前需要间隔多长时间才能实现手术室空气自净。

　　室内污染物的清除速率取决于多种因素：送风口和排口的位置、空气过滤器效率等级以及房间的空间结构。气流组织不良，造成局部空气停滞，会延长清除时间。清除室内污染物所需的自净时间可以参考图 4-2，其假设室内送风完全均匀混合，当采用上送下回等单向空气流动的气流组织方式时，自净时间可以显著缩短。

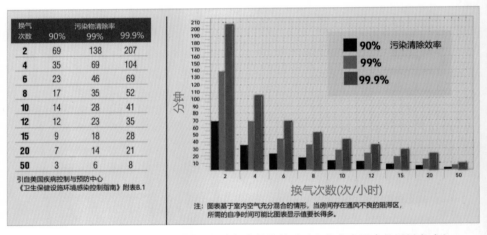

图 4-2　CDC 污染物通风自净时间与换气次数的关系（空气完全混合的通风方式）
（引自：美国疾病控制与预防中心 CDC 公开出版物 *Guidelines for Environmental Infection Control in Health-Care Facilities*，2003，附表 B.1.）

　　大部分医院诊疗用房新风换气次数为 2 次 / 小时，要达到 99.9% 的病原微生物清除率，自净时间需要将近 3.5 小时，若用于呼吸类感染性疾病门诊，这显然存在感染隐患。因此，医院发热门诊不能参照一般性诊疗用房，有必要增加室内空气的新风换气次数，采取更高效率的空气过滤器，至少达到 6 次 / 小时室内空气循环自净，在这种情况下清除污染仍需要 69 分钟。负压隔离病房 12 次 / 小时的新风换气，要达到 99.9% 的病原微生物清除率，自净时间需要 35 分钟。

第七节　环境控制：气流组织

除上节所述的通风换气量外，稀释和去除污染物的效果还取决于空气分布模式，即气流组织方式，改善通风效率有利于提高空气品质并减少能耗。气流组织方式对医院建设有特殊的意义，尤其当涉及感染控制的需求时。

总体来说，通风气流组织方式可以分为两种。

一种类型的气流组织是将来自室外的新鲜空气与室内空气充分混合，由此稀释室内污染物，此类通风方式被称为混合通风。混合通风是最为普遍的设计手法，常见于普通门诊用房和普通病房。这种方式的污染物稀释效率并不高，采用这种方法更多地考虑温度分布均匀性以及管道布置便利性。对于院内感染控制来说，混合过程导致污染物在整个室内空间掺和与扩散，存在一定的风险，因此只能用于低风险场所。

另一种类型的气流组织是将新风引入呼吸带或作业面，而尽量不与房间内的污染空气混合，这种方式被称为单向流通风。单向流通风试图建立单向的空气流动，以空气置换的方式来引导空气污染物的排出。比如，使医护人员始终处于上风向，而患者处于下风向；人员在上风向，操作过程在下风向（例如通风柜的排风）。在医院设计中，单向流通风一般采用上送下回的气流方式，建立这种方式对于感染控制有严格要求的场合尤其重要。在感染性场合，无论对患者呼吸和咳嗽形成的飞沫、气溶胶，或体表、服饰发散的颗粒物，呼出的飞沫，还是污物散发的气体，一旦出现就应设法使之尽快就地沉降，避免扩散进入人员呼吸带。上送下回气流当气流速度达到单向流动的程度，就可以达到上述目的。上送下回的气流组织方式是医院层流手术室、日间手术室、负压隔离病房、缓冲室、风淋室、生物安全柜面的标准设计，并被广泛采用。

《医院消毒卫生标准》（GB 15982-2012）规定，在采用机械通风时，重症监护病房等重点部门宜采用顶送风、下回风的方式建立合理的气流组织。相比于混合通风，单向流动方式的通风效率更高。在条件允许时，医院的诊室、检查室、病理科、实验室等宜优先考虑采用上送下回的气流组织方式。

新冠疫情暴发以来，气流组织方式的重要性日益凸显，上送下回等单向气流组织方式更多地被用于抗疫一线、医院的负压隔离病房和发热门诊等场合。

第八节　环境控制：气压控制

空气定向流动是防止病原微生物和其他污染物不当扩散的重要手段。出于院感控制的考虑，医院室内空气应该从受保护区域流向一般区域，即从清洁区域流向污染区域。要达到定向气流的目的，驱动空气流动的空气压差（简称压差）控制手段是必不可少的。

当两个相邻区域存在空气压差时，空气总是通过门窗的缝隙和其他裂隙从高压一侧流向低压一侧。压差驱动空气单向流动，用于克服空气单向渗透过程中的流动阻力，是医院实现空气隔离的关键措施。室内正压用于抵挡外部空气从门窗缝隙入侵（例如洁净手术室）；负压则相反，用于阻止污染空气从本室溢出（如核酸检测室和负压隔离病房等）。

2020年新冠疫情暴发以来，院内感染控制的重要性和紧迫性受到更为广泛的关注，气流组织的重要性在重大疫情防控和日常院感控制工作中日益凸显。缓冲间（anteroom）是位于相邻相通的不同环境控制区之间的有空气净化、压差、换气次数要求的小室。缓冲间是控制污染物扩散的有效空间，两侧的气压门不应同时开启且应随开随关。感染类负压病房的要求见表4-7。

表 4-7　感染类病房负压要求汇总

规范标准	病房类型	压差控制要求
《综合医院建筑设计规范》（GB 51039-2014）	普通病房	无要求
	负压隔离病房	－ 5Pa
《传染病医院建筑设计规范》（GB 50849-2014）	非呼吸道传染病房	排风量比新风量大 150m³/h
	呼吸道传染病房	排风量比新风量大 150m³/h
	负压隔离病房	－ 5Pa
《新冠肺炎应急救治设施负压病区建筑技术导则（试行）》	负压病房	－ 5Pa
	负压隔离病房	－ 15 ～ － 5Pa
《新型冠状病毒感染的肺炎传染病应急医疗设施设计标准》（T/CECS 661-2020）	负压病房	未述及
	负压隔离病房	－ 5Pa
ASHRAE 170-2021	空气传播传染病的隔离病房	－ 2.5Pa

第九节　环境控制：空气过滤

空气过滤是降低引起医院获得性感染（hospital-acquired infection，HAI）的空气传播细菌浓度的主要方法，也是降低室内可吸入颗粒物的最常用技术手段，在洁净手术室等洁净空间空气过滤器中起到关键性的作用。与医院业务相关的空气过滤要求详见《综合医院建筑设计规范》（GB 51039-2014）等技术标准及 ANSI/ASHRAE/ASHE 2021 版《医疗护理场所通风标准》。

空气过滤器是指采用过滤、黏附或荷电捕集等方法去除空气中的污染物的设备，这些空气污染物包括颗粒物、气态污染物和致病微生物。从广义上讲，空气过滤器不局限于拦截颗粒物。

一、过滤等级与分类

空气过滤器按照颗粒物的拦截效率进行分类。等级分类可参考国家标准《空气过滤器》（GB/T 14295-2019）和《高效空气过滤器》（GB/T 13554-2020）。按效率级别，GB/T 14295-2019 定义的空气过滤器可分为粗效过滤器、中效过滤器、高中效过滤器和亚高效过滤器。按照国家标准 GB/T 13554–2020，高效空气过滤器（HEPA）分为 35、40、45 三个效率级别，超高效空气过滤器（ULPA）分为 50、55、60、65、70、75 六个效率级别。

现行欧洲标准 EN779:2012 和 EN1822:2009 将空气过滤器分成 17 个等级，涵盖从初效过滤器到超高效过滤器，记为 G1 ～ U17。

美国现行标准 ANSI/ASHRAE 52.2–2017 适用于初效至亚高效空气过滤器，将空气过滤器分为从 MERV1 ～ MERV16 共 16 个等级，高效至超高效空气过滤等级由 IEST-RPCC001.6–2016 标准定义，从 A ～ G 分类。

中国国标与欧标、美标空气过滤器等级分类对比见图 4-3，中国 CRAA、欧洲 EN779、欧洲 EN1822 空气过滤器分级比较见表 4-8。

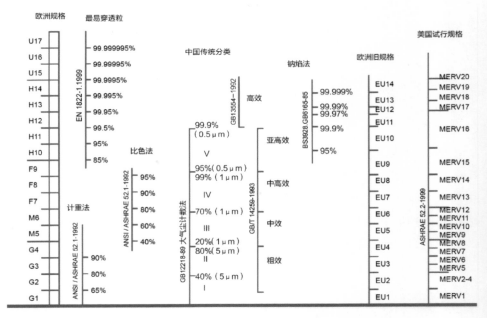

图 4-3　中国国标与欧标、美标空气过滤器等级分类对比

表 4-8　中国 CRAA、欧洲 EN779、欧洲 EN1822 空气过滤器分级比较

分组	粗效过滤器				中效过滤器		高中效过滤器		
中国 CRAA	G1	G2	G3	G4	M5	M6	F7	F8	F9
欧洲 EN779	G1	G2	G3	G4	M5	M6	F7	F8	F9
过滤效率	$50\% \leqslant Am < 65\%$	$65\% \leqslant Am < 80\%$	$80\% \leqslant Am < 90\%$	$90\% \leqslant Am$	$40\% \leqslant Em < 60\%$	$60\% \leqslant Em < 80\%$	$80\% \leqslant Em < 90\%$	$90\% \leqslant Em < 95\%$	$95\% \leqslant Em$
粒径	人工尘				$0.4\mu m$				
测量方法	计重法				平均计数法				

分组	亚高效过滤器				高效过滤器		
中国 CRAA	ISO15Y	ISO20Y	ISO25Y	ISO30Y	ISO35H	ISO40H	ISO45H
欧洲 EN779	E11		E12		H13		H14
ISO26493	ISO15E	ISO20E	ISO25E	ISO30E	ISO35H	ISO40H	ISO45H
过滤效率	$E \geqslant 95\%$	$E \geqslant 99\%$	$E \geqslant 99.5\%$	$E \geqslant 99.9\%$	$E \geqslant 99.95\%$	$E \geqslant 99.99\%$	$E \geqslant 99.995\%$
粒径	最易透过粒径（$0.3\mu m$）						
测量方法	计数法						

分组	超高效过滤器					
中国 CRAA	ISO50U	ISO55U	ISO60U	ISO65U	ISO70U	ISO75U
欧洲 EN779	U15		U16		U17	
ISO26493	ISO50U	ISO55U	ISO60U	ISO65U	ISO70U	ISO75U
过滤效率	$E \geqslant 99.999\%$	$E \geqslant 99.9995\%$	$E \geqslant 99.9999\%$	$E \geqslant 99.99995\%$	$E \geqslant 99.99999\%$	$E \geqslant 99.999995\%$
粒径	最易透过粒径（$0.3\mu m$）					
测量方法	计数法					

二、静电式空气过滤器

静电式空气过滤器采用荷电捕集等方式去除空气中颗粒物，对细小的颗粒物有更好的捕集效果，通常可以达到高中效过滤等级。静电空气过滤一次投资，无须耗材，风阻小，运维成本低。适用于医院人员密集场所的空气品质改善或一般医疗场所的终过滤器，可用于输液室、化验等候区、门诊大厅、普通门诊诊室、医技用房、普通病房、ICU 单间、医疗街、集中商业区等。近年发展起来的 ifDP 第四代微静电净化技术是一种新型的静电过滤技术，规避了传统高压静电臭氧发生和拉放电弧的不足，通过多次循环过滤，对 0.3μm 的微粒吸附率达到 99.99%。

静电式空气过滤设备在设备失电或维护不当的情况下，电极板捕集的污染物存在剥离和吹出的风险，因此不可应用于医院关键性医疗场所或感染风险高的末级场合替代滤料空气过滤器。《医院洁净手术部建筑技术规范》（GB 50333–2013）第 8.3.5 条规定，非阻隔式空气净化装置不得作为末级净化设施，末级净化设施不得产生有害气体和物质，不得产生电磁干扰，不得有促使微生物变异的作用。因此，对电磁场敏感的场所应该慎用此类产品，类似心电监护室和 MR 室不可以使用静电式空气过滤器。

三、空气过滤器选型和布置

空气过滤器按结构类型分为平板式、袋式、折褶式、卷绕式、筒式、极板式和蜂巢式，国标代号分别为 PB、DS、ZZ、JR、TS、JB 和 FC。

医院环境控制无特殊要求的场合，适用舒适性空调设计。常用空气过滤等级：粗效过滤器等级为 G3 或 G4；中效过滤器等级为 M6 或 F7。

普通医疗场所在新风过滤时，可以参考表 4–9。新风过滤器的设置还与当地大气质量有关。这里所说的大气质量主要是环境空气的颗粒物浓度。当室外可吸入颗粒物 PM10 的年均值未超过现行国家标准《环境空气质量标准》（GB 3095–2012）中二级浓度限值时，新风过滤应至少设置粗效和中效两级过滤器；当室外 PM10 超过年平均二级浓度限值时，应再增加一道高中效过滤器。

表 4-9 空气过滤器等级选用原则

过滤器等级		应用场合	控制哪些污染物	捕集颗粒大小
MERV 1 ～ MERV 4	G1 ～ G2	普通家用空调的过滤器 多联机 窗式空调机组	花粉、柳絮	过滤至 10.0μm 粒径
			尘螨	
			沙尘	
			纺织纤维尘	
MERV 5 ～ MERV 8	G3 ～ G4	舒适性空调的终过滤器 或高等级过滤器的预过滤器	包括上述全部污染物	过滤至 3.0 ～ 10.0μm 粒径
			霉菌/孢子	
			棉绒	
			水泥粉尘	
MERV 9 ～ MERV 12	M5 ～ M6	舒适性空调的终过滤器 医院普通门诊病房的预过滤器 医院普通医技用房	包括上述全部污染物	过滤至 1.0 ～ 3.0μm 粒径
			军团菌	
			含铅尘	
			煤炭粉末	
			喷雾器、加湿器气雾	
MERV 13 ～ MERV 16	F7 ～ E11	最终过滤器 普通外科手术 高级商业建筑 医院住院护理 吸烟室	包括上述全部污染物	过滤至 0.3 ～ 1.0μm 粒径
			细菌	
			香烟烟雾	
			汽车尾气	
			喷嚏核	
			杀虫喷雾剂	
			复印机墨粉	
			宠物毛屑	
			化妆粉底	
MERV 17 ～ MERV 19	H13/ISO35H ～ U15/ISO50U	最终过滤器 洁净手术室 放射性同位素或电离物质	包括上述全部污染物	
			病毒载体	
			碳尘	
MERV 20	U15/ISO55U ～ U17/ISO75U	制剂设施 致癌物质捕集 整形手术室 中心供应室洁净区	海盐盐雾	过滤至小于 0.30μm 的粒径
			燃烧烟雾	
			气味	
			显微过敏原	

洁净手术部的新风处理可以参考《医院洁净手术部建筑技术规范》（GB 50333-2013）第 8.3.9 条推荐的过滤器配置原则，不同城市的数据可参看该规范的附录 A。事实上，《医院洁净手术部建筑技术规范》（GB 50333-2013）推荐的过滤器配置原则不但适用于洁净环境，也可被医院其他场所所借鉴。

第十节 环境控制：空气消毒

除足够的通风量、有效的空气过滤外，对送入室内的空气实施消毒是减少室内病原微生物菌落数、减少气溶胶含量、避免交叉感染的重要保证措施。同时，在污染空气排放至大气前实施消毒处理也是必要的环保和卫生防疫措施。

空气消毒，一方面是医疗业务自身的需求。例如《医院消毒卫生标准》（GB 15982-2012）第 5.6.2 条规定，呼吸道发热门诊及其隔离留观病室（区）、呼吸道传染病收治病区如采用集中空调通风系统的，应在通风系统安装空气消毒装置。另一方面，空气消毒也是空气处理过程的卫生要求。空调通风系统在改善室内热环境的同时，也可能成为室内空气污染源。我国《公共场所集中空调通风系统卫生学评价规范》（WS/T 395-2012）和《公共场所集中空调通风系统清洗消毒规范》（WS/T 396-2012）都提到了对空气处理系统消毒的要求。因此，空气消毒过程也应包括对空气处理设备和输送管道的消毒。

空气消毒方法种类多样，按工作原理还可以分为物理消毒、化学药剂消毒、通风稀释方法。物理消毒方法除机械过滤外，常用的还有静电、等离子、光触媒等电子方法，紫外线、激光、微波等辐照法及抑菌涂层等。

电子空气消毒装置虽然可以降低室内空气菌落数，但并不能取代阻隔性空气过滤网。电子空气消毒装置只有与阻隔性空气过滤装置联合使用，才能取得安全可靠的使用效果。在这点上，我国的相关技术标准与美国 CDC 的要求是完全一致的。

使用带风机动力的空气消毒装置还需要考虑它对室内气流组织的影响。

有严格气流组织的场所（例如负压隔离病房、隔离缓冲间等）尤其需要注意电子空气净化装置对气流组织的影响，至少应做到上送下回、先清洁区后污染区的气流组织。实践中还应避免采用可移动空气净化装置，因为摆放位置的不确定性会带来额外的感控风险。

一、静电消毒装置

静电利用高压静电场的捕集作用，捕集吸附在尘埃粒子上的致病微生物，使之脱水并最终杀灭；高压静电场的电离作用也可以直接破坏细菌包膜和细胞核起到消毒作用；此外，氧自由基具有强氧化特性，空气中的致病微生物通过高压电场时，表面的蛋白质结构被氧化破坏，而导致致病微生物死亡。静电净化产品安装示意图和产品实样见图4-4。

图4-4　静电净化产品安装示意图和产品实样［图片来自空联净化技术（上海）有限公司］

二、微静电净化技术

微静电净化技术是近年发展的新型空气净化消毒技术，该技术避免了传统静电杀菌器高压拉弧放电现象所引起的噼啪声和高压电晕放电产生臭氧的不足，具代表性的方案有英国达尔文国际技术有限公司的 ifDP。微静电净化技术利用介电材料构建中空的微小空气流道，介电物质包裹的电极在微小的空气流道内形成高强场的静电场吸附颗粒物，并杀灭附着在其上的致病微生物（见图4-5）。利用微静电净化技术制作的空气消毒装置对甲型流感病毒 H1N1 的杀灭率＞99%，对其他多种病毒、病菌的杀灭效率＞96%（经两小时室内空气循环处理）。

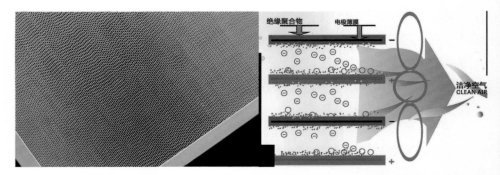

图4-5　微静电净化技术原理与产品实样［图片来自杭州臣工医用空气净化技术有限公司］

三、离子空气消毒装置

离子空气消毒装置利用光触媒催化分解或介电物质屏障高压放电（dielectric barrier discharge，DBD）的方法电离空气中的氧分子和水分子，以产生自由电子和其他活性物质，例如低浓度氧离子、过氧化氢和羟基自由基。这些物质随送气流扩散，在电离物质复合成分子前能氧化灭杀空气中的致病微生物，也能分解空气中的小分子有机挥发物。

等离子空气消毒装置最大的特点是有很强的分解有机挥发物和除臭的功能，在医院的封闭垃圾收集间、污水处理废气排放点可以起到很好的效果。使用有毒有害化学试剂的病理科和实验室使用离子空气消毒装置可以降解室内有毒有害物质，并消除不良气味。

关于离子空气消毒装置的灭菌消毒技术，目前尚存在争议。美国暖通空调与制冷工程师协会所发布的《COVID-19医疗健康指南》（ASHRAE Healthcare COVID-19 Guidance）提出，作为一种新兴的技术手段，离子型空气净化装置的灭菌消毒技术尚无令人信服的且经过同行评议的研究成果揭示其实际效用，该报告同时警告需要审慎看待制造商提供的技术数据。

四、紫外线照射灭菌（UVGI）装置

紫外线照射灭菌（ultraviolet germicidal irradiation，UVGI）装置通过紫外线辐照破坏微生物的DNA和RNA使其无法复制，来灭活病毒、细菌和真菌，从而阻断疾病的传播。紫外线对结核分枝杆菌（TB）、流感病毒、霉菌有很强的抑制作用，其效果经历时间的考验。

紫外线灭菌最有效的波长在 C 波段（UVC），集中在 220 ～ 280nm（见图 4-6），性能峰值接近 265nm。近年，深紫外 LED 半导体器件成本大幅下降。深紫外 LED 光源不含汞等有毒元素或化合物，且波长在 260 ～ 280nm，这个波长的消毒效果优于紫外汞灯波长（253.7nm）。

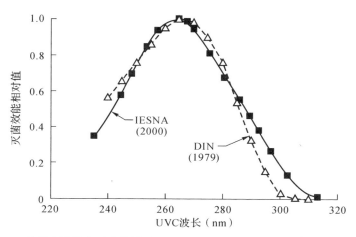

图 4-6　UVC 波段光波长与灭菌效果（ASHRAE Handbook: HVAC Applications，2011.）

相较于汞灯，深紫外 LED 光源杀菌成效和使用寿命方面均占优势，没有易碎易损件，适应在恶劣环境下工作且臭氧发生率低，易于在各种受限空间安装，相对静电消毒和等离子消毒有显著的成本优势。目前，LED UVC 光源的综合成本优势已经显现。应重视采用 LED 光源且带有物联网功能的可集中管理的 UVC 灭菌器在医院空气消毒方面的潜力。UVGI 应用于空气消毒，吊装在人员活动区以上并采取措施避免人员受到辐照，例如吊顶回风部位，用于处理房间送风，以及对表冷器、过滤网和凝结水盘进行照射消毒。

五、化学熏蒸消毒和臭氧消毒

紫外线消毒覆盖距离有限，存在阴影区，没有办法实现室内全域覆盖。化学熏蒸则与之互补，化学消毒仍然是医院很常用的消毒方法之一。其普通问题是化学消毒药剂刺激性、腐蚀性强，对人、动物、环境的安全性存在不足，部分消毒剂还有强致癌、致变异性。消毒过程操作复杂也加重了医务工作者和设备维护人员的工作负担。

臭氧是化学消毒方法中安全性相对较好的一种，可以用于洁净空调系统的消毒。当用于洁净空调系统时，臭氧发生器一般安装于空调机房内，将臭氧发生管路接入空调机风管内，通过空气循环对空气处理机、通风管道和房间进行消毒。

臭氧对人体呼吸道黏膜有强烈的刺激作用，因此臭氧空气消毒必须在无人条件下进行，消毒完成后，人需要间隔 30 ～ 50 分钟才能进入消毒过的房间。在医院使用臭氧消毒方法特别要注意其对电子器械和橡胶制品的损伤。

六、气态过氧化氢消毒

气态过氧化氢（vaporized hydrogen peroxide，VHP）又称汽化过氧化氢（gas hydrogen peroxide，GHP），已经被证实具有广谱的病原微生物灭杀效能，对真菌、霉菌、病毒、革兰菌，尤其对厌氧芽孢杆菌有很强的灭菌效能，对各种多重耐药菌也有杀灭能力。可利用专门的化学指示剂和生物指示剂验证过氧化氢气体分布情况和无菌保证水平，灭菌工艺重复性良好。

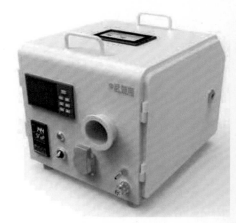

汽化过氧化氢消毒在欧美的医院建筑内已应用 30 多年，无毒、无残留，对灵敏的电子设备非常兼容，是一种理想的灭菌剂，是极具前景的空气消毒技术（见图 4-7）。汽化过氧化氢较难做到完全汽化，其高端设备还依赖进口，目前相关的产品价格仍然较高，使其普及受制约。

图 4-7　小型移动汽化过氧化氢灭菌器实样

第十一节　后疫情时代医院的暖通空调

SARS、甲型 H1N1 流感、人感染 H7N9、埃博拉出血热以及新冠病毒感染等重大疫情的出现，凸显加强传染病防治工作的重要性和必要性。我国公共医疗机构重大疫情防控救治能力仍然需要持续提高。加强公立医疗卫生机构建设已经成为保障人民群众生命安全和身体健康、促进经济社会平稳发展、维护地方及国家公共卫生安全的一项紧迫任务。

一、疫情后对新冠病毒传播途径的新认识

疫情初期，学术界对新型冠状病毒（简称新冠病毒）传播途径尚无统一的认识，还需要不断探索和研究，尤其是新型变异毒株的出现使得传播途径更加难以捉摸。

作为基础性防控手段，首先要尽量减少医疗过程中气溶胶的产生。产生气溶胶的医疗过程如：正压通气、气管插管、气道内吸引；高频振荡通气、气管切开术；雾化器治疗、吸痰、支气管镜检查。

针对性地采取"三大隔离"措施，即：

·接触隔离：洁污分明；单间隔离；去污间和卫生间（源头）管理。

·飞沫隔离：适用于大多数呼吸道传染病；三区隔断；上送下回气流；排风系统；相对负压环境。

·空气隔离：适用于可能经空气传播传染病或可能产生气溶胶的操作；三区隔断；负压隔离病房；定向气流组织；排风系统（外排空气对周围的影响）。

考虑到呼吸道传染病尤其烈性呼吸道传染病同时有多种传播方式，有必要在医院建设管理中同时落实"三大隔离"措施阻断病毒传播途径，但首要的防控措施仍是阻断经空气传播的途径。事实证明，最为有效的防范措施仍应是加强个人防护，任何与建筑设计相关的防范措施都无法取代个人防护。

二、暖通空调系统与疫情防控

鉴于新冠病毒主要经呼吸道传播，在医院室内空间相对封闭，携带病毒的飞沫和气溶胶易富集。要进行院内感染控制，一方面需要从源头隔离和遏制病原微生物的扩散（负压与隔离）；另一方面针对重点部位采取重点防护（见图4-8），保护 NICU、ICU、CCU 等处的易感人群（正压措施、气流组织），同时采取切实保障措施为高危环境下工作的医务人员提供防护（高换气率）。

图4-8　院内感染防控重点

 三、呼吸道疫情与中央空调

新冠疫情暴发初期，公共场所防疫措施包括关闭中央空调系统和通风系统，反映了公众对中央空调系统传播的普遍担忧。以新冠病毒感染为例，疫情防控期间是否可以使用集中式中央空调系统一直存在争议。争议的焦点是集中式空调系统是否会造成疫情传播。同济大学沈晋明、刘燕敏教授和美国暖通空调与制冷工程师协会（American Society of Heating, Refrigerating and Air Conditioning Engineers, ASHRAE）对此进行了多年跟踪研究，认为没有科学证据证明空调系统会增加新冠病毒传播；相反，带有空气过滤装置的集中式空调通风系统有利于增加房间的通风换气，从而降低病毒传播的风险。因此，ASHRAE 不支持所谓"空调通风增加感染风险"的观点，并认为只要空气过滤得当，带回风的空调系统可以正常运行。

疫情防控期间关闭空调通风系统并不是有效的应对策略。相反，需要采取积极的手段改变空调通风系统的设计，尤其是中央空调系统的区域划分、气流组织、空气消毒措施。空调通风系统应该成为医院乃至其他公共场所阻断或降低呼吸道感染性疾病传播风险的重要手段。

四、突发重大疫情防控期间中央空调要不要加大新风量

对应烈性呼吸道感染性疾病的基本策略是避免直接暴露和间接暴露，如果无法避免接触，则应设法降低暴露水平。利用通风措施尤其是加大新风换气量稀释空气中病毒载量，是减小人员暴露量的重要保护性措施。

国家标准《传染病医院建筑设计规范》（GB 50849–2014）、《医院负压隔离病房环境控制要求》（GB/T 35428–2017）、《新冠肺炎应急救治设施负压病区建筑技术导则（试行）》都强调了加大机械通风换气量对感染控制的重要性。举例如下。

1.《医院负压隔离病房环境控制要求》（GB/T 35428–2017）：负压隔离病房的设计宜采用全新风直流式空调系统，如采用部分回风的空调系统，应在回风段末端设置高效空气过滤器，并可在需要时切换为全新风直流式空调运行。负压隔离病房污染区和潜在污染区的换气次数宜为 10～15 次 / 小时，人均新风量不应少于 $40m^3/h$；负压隔离病房清洁区的换气次数宜为 6～10 次 / 小时。

2.《新冠肺炎应急救治设施负压病区建筑技术导则（试行）》：负压病房最小新风量应按 6 次 / 小时或 60 升 /（秒·床）计算，取两者中较大者。负压隔离病房最小新风量应按 12 次 / 小时或 160 升 /（秒·床）计算，取两者中较大者。

上述两份规范性文件都指出新风机械换气措施是烈性呼吸道传染病诊疗环境的重要保障。CDC、ANSI/ASHRAE/ASHE 2021 版《医疗护理场所通风标准》和《ASHRAE 标准 –170 COVID 指南》[①] 持同样的观点。作为应对烈

---

① 《ASHRAE 标准 –170 COVID 指南》，ASHRAE Standard–170 COVID Guidance，是由美国暖通空调与制冷工程师协会所发布的针对以 COVID–19 为例的呼吸道传染病隔离病房的医疗设备设计指南。

性呼吸道感染性疾病的基本策略之一，CDC 建议在发生疫情时应确保通风系统正常运行，并依据每个空间的当前人员密度保证室内空气品质，尽可能增加使用空间的送风量。目前，我国已经建成或在建的医院门诊用房和病房的半集中式空调，新风量通常按技术标准规定的最小值设计，运行中并无加大新风量的可能性，即使关闭空调室内系统，改为全新风直流运行，也无法改善病原微生物污染物稀释效果。

　　一般性医疗场所加大新风换气量的不利因素还在于空调运行能耗增加和空调通风系统装机量大幅增加。以浙江杭州地区的标准二床位病房为例，当病房从日常运行模式切换到负压病房模式时，夏季空调能耗增加至 2.3～3倍；当切换到负压隔离病房模式时，空调能耗更是增加至 4～5 倍；冬季供热能耗较普通病房增加至 6 倍之多。

五、感染控制：加大空调新风量还是升级空气过滤器

　　除加大新风量外，升级过滤器等级也是疫情时医院强化感染控制的选项之一。将过滤器等级提升到更高效率，可以提高颗粒物拦截效率，有利于减少室内空气病毒载量。

　　作为医院平疫结合设计措施，究竟是加大新风量还是升级空气过滤器？当然，两者兼而有之更好，但实际情况需要兼顾经济合理性与技术可行性，有选择地采取技术措施。为此，需要区分医疗场所的空调方式，有针对性地采取措施。面对病毒感染风险，究竟采用稀释方法还是过滤方法？美国有研究者基于 Wells-Riley 概率模型分析了两种措施的性价比。研究表明，在同等的防疫风险控制率下，升级空气过滤等级的年运行成本明显低于加大新风换气量，且处于技术经济合理范围内。而加大新风换气量的措施将显著增加医院的能耗成本，尤其在寒冷地区能耗增加更多。

　　基于同样的考量，为适应后疫情时代医疗业务的需求，ANSI/ASHRAE/ASHE 2017 版《医疗护理场所通风标准》在 2020 年 9 月做了一次大修订。这次修订的主要变化是全面增强了医疗护理场所的空气过滤要求：对原来没有空气过滤要求的场所补充了过滤规定，对有空气过滤要求的场所也普遍提高了过滤等级。值得注意的是，修订版并未要求医疗护理场所提高新风换气量。可见，标准的制定者更倾向于提高过滤等级而不是增加新风换气量作为后疫情时代的医院感控措施。

六、全室环境控制还是重点部位局部控制

以医院感染控制的视角去思考通风空调系统的设计，是提升医疗环境质量控制水平的重要一步。长期从事舒适性空调设计的暖通设计从业人员往往习惯于采用全室通风手段，用新风整体稀释的方法控制室内污染物。这种污染控制手段不仅能耗大，而且效果差。洁污空气掺和往往加速病原微生物的不当扩散。

降低院内感染风险，保护医护人员，需要将患者视为潜在的传染源，从源头控制和切断传染途径，这比污染扩散后再设法全室稀释更有效果。如：呼吸道感染性疾病患者呼出的飞沫可直接传染给邻近者，通风设计方案应能尽快就地排除或就地沉降飞沫，不能等飞沫扩散后再行稀释。

因此，诊室、病房、呼吸内镜检查室等处的室内排风口位置、送风口与排风口的布局关系等"设计细节"往往成为院感控制成败的决定性因素。常见的源头控制措施有：

（1）病房设床头局部排风或高效过滤回风口。

（2）设置临时隔断作为缓冲措施，用于临时隔离手术室和临时隔离病房的污染控制。

（3）在病床周围建立保护医护人员的定向气流组织（详见本节中"七、气流组织：上送上回还是上送下回"）。

七、气流组织：上送上回还是上送下回

科学合理地采用室内气流组织方式是疫情处置过程中保障医护人员环境安全的重要手段。常见的通风空调气流组织方式见图4-9。

图4-9中（c）和（f）所示的上送风、上回（排）风是空调系统最常见的气流组织模式，该模式便于管道布置，且管道仅占用吊顶空间，不涉及室内平面。但是该布置方式换气效率低，不能保证污染空气充分交换出去；尤其是该模式会助长飞沫和气溶胶随回风气流上升并扩散，客观造成病原体传播。从保护医护人员和感染控制的角度出发，对于处置严重呼吸道感染性疾病的场所和样本检验场所，应尽可能避免这种气流组织方式。对于风机盘管或多联空调系统等室内循环的空调系统，室内机应该配套相应的空气过滤和消毒装置，否则吹出来的空气仍然是不清洁的，气流组织也失

去了意义。这点在工程建设中易被忽视，需要特别注意。

  与疫情处置相关的医疗场所应采用上送下回的气流组织，其目的是充分发挥气流的遏制作用，使局部污染尽快沉降，尽量减少污染物迁移和缩小扩散半径。上送下回的气流组织有利于颗粒物沉降，并在人员呼吸带形成相对清洁的气流场。图4-9中（a）、（b）、（d）、（e）是上送下回方式的具体实现形式，均可以采用。其中，方案（e）可形成流线明确的单向气流，使医护人员始终处于清洁空气的上风向且易于实现，是最适合疫情感控场合使用的气流组织方式。

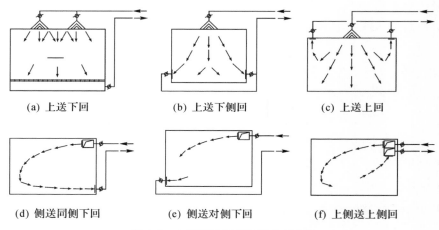

(a) 上送下回   (b) 上送下侧回   (c) 上送上回

(d) 侧送同侧下回   (e) 侧送对侧下回   (f) 上侧送上侧回

图4-9　空调通风气流组织方式示意

  全空气空调系统更易实现上送下回气流分布，而风机盘管或多联空调系统不易形成上送下回的气流组织形式，但是如果在设计阶段就考虑到这一要求，仍可以在技术上实现上送下回。

第十二节　暖通空调的绿色节能设计与运维

一、综合医院建筑能耗现状

（一）综合医院的用能现状

全国 100 家综合医院能耗统计数据表明，三级医院平均能源支出占医院总支出的 2.82%，各类医院的平均值为 2.09%。目前，长三角地区三级医院建筑能耗水平已经超过发达国家同等规模医院。其中，英国医院建筑目前的平均水平为 245kW·h/（m^2·a），英国现行节能标准要求新建医院的能耗水平不得超过 170kW·h/（m^2·a）。并且随着医院业务需求和服务标准的提高，综合医院年均能耗水平上升的趋势还未根本改变。在可以预见的将来，如果不采取强有力的干预措施，医院的能耗水平还将继续攀升。

国务院办公厅国办发〔2019〕4 号文件《关于加强三级公立医院绩效考核工作的意见》对三级公立医院提出能耗考核要求，将万元收入相对应的水、电、气、热等能耗支出折算为吨标煤后，纳入医院年度考核计分体系。当前，各省市纷纷推出各自的建筑领域碳达峰、碳中和行动计划。可见，以往高投入、高消耗、高排放的粗放式的医院建设模式在新形势下将难以为继。

考虑到综合医院的建设和用能的复杂性，扭转能耗上升趋势、实现建筑碳达峰的任务十分艰巨。因此，新建医院应该未雨绸缪，及早规划合理建筑节能方案和应用适用的绿色低碳措施，实现绿色低碳措施的同步规划、同步设计、同步建设和同步验收。

（二）综合医院的用能特点

大型综合医院使用多种能源，集中供冷、集中供热、电、水、蒸汽供应、医用气体供应都需要大量耗能。其中，暖通空调能耗在一次能源消耗中占有相当大份额。各种统计均显示，暖通空调和蒸汽动力系统的能耗在医用建筑总能耗中所占的份额最大，暖通空调能耗占医院总能耗的 53%。发达国家的情形与此类似，日本医院典型暖通空调能耗占比值为 51.7%，美国为 67%。

（三）新技术赋能医院建设低碳新路径

实现节能减排，除提高机电设备能效水平外，更要看到数字化、网络化、智能化为建筑节能注入的新动能、新机遇。人工智能与信息技术为建筑机电系统赋能，带来设备系统范式的转换和系统构架的变革。面向未来的医院机电系统不再是一个个孤立运行设备的组合。应用物联网和人工智能技术协同和优化设备运行已经初见成效。建筑信息模型（building information model，BIM）为医院物业设施管理和物业维保业务联动提供大量基础信息。新技术带来新思路、新措施，不仅给医院建设管理者带来新的启示，而且为改善医院设备系统运营水平和节能带来全新的机遇。

医院能源供应形式的低碳化、用能管理的数字化将成为未来的长期趋势。医院建设者在规划医院的用能和能源供应方案时，应该摒弃单一、静态思维，采取多元并举、基于权衡分析的全年能耗决策策略。把用能侧（如医疗设备、空调冷源、热源、蒸汽、卫生热水、照明、电梯等）与能源供应侧（如分布式能源、冷热电三联供、太阳能光伏光热及其他可利用的可再生能源系统）关联成一个院区级综合能源解决方案，实现创新驱动的高效、绿色、智慧的新系统。

二、新型高效能冷源的选择

（一）选用什么样的制冷主机

医院约 30% ～ 70% 的用能分布在门急诊、医技和行政后勤部门，其余分布在病房住院部。由于门急诊、医技、行政后勤部门及住院部有各自不同的高峰运行时段，综合多个使用部门的集中式暖通空调系统极少能达到设计预期的满负荷状态，即使在最炎热和最寒冷的极端天气也是如此。在医院，有种现象非常普遍：制冷供热主机设计容量偏保守，远大于实际需求，导致设备运行负载率低、运行效率低下。实践证明，对医院冷热源主机系统配置方案实施优化，可带来巨大的初投资节省效益和运行效能提升。医院建筑常用的制冷主机形式有电制冷压缩式水冷冷水机组、风冷热泵冷热水机组、变频多联空调、溴化锂吸收式冷水机组等。

（二）水冷冷水机组的能效优势

不同制冷主机的能耗比较见图 4-10。比较变频与定频冷水机组能效 COP（固定 32℃冷却条件），不难明白变频与定频压缩式水冷冷水机组应该是大型综合性医院首选的供冷方式。压缩式水冷冷水机组使用冷却水通过冷却塔散热，相比于其他制冷方式能源效率优势十分明显。其通常单机容量越大，节能优势越明显。水冷冷水机组有多种不同的压缩机形式，其中离心压缩式和螺杆压缩式因单压缩机的制冷容量大、性价比高和可靠性好而受到普遍欢迎。压缩式水冷冷水机组因使用冷却水通过冷却塔散热，所以其在严重缺水地区的应用受到一定限制，因为冷却塔会耗费相当容量的水资源。在缺水地区可以考虑将风冷热泵作为替代方式。

制冷主机能效值比较（以1匹定频分体空调为基准）

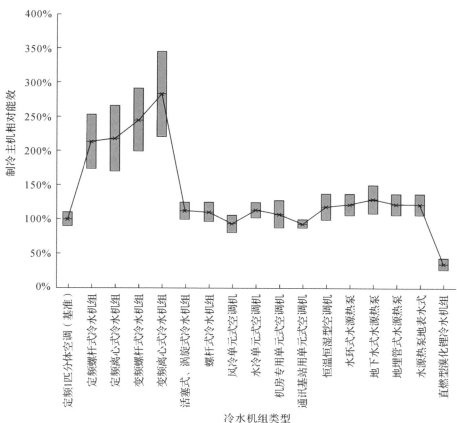

图 4-10　不同类型冷水机组能效比较（比较基准为定频 1 匹分体空调，数值大者更优）

除冷却塔散热外，江水、湖水、海水、地下水都是潜在的冷水机组散热源，也是潜在的供热源，但是是否适用于具体项目，需要根据项目场址的自然资源条件做地质水文调查和需求分析，经技术经济比较后再确定。

（三）冷水机组是否需要变频驱动？

家用空调变频驱动已经成为主流，商用多联空调也基本使用变频机。从节能效果看，冷水机组采用变频驱动后可以获得更高的能效（见图4-11），尤其是春秋季，变频机组的性能对长江以南供冷季长的综合医院或内区较多的特大型医院建筑来说特别有吸引力。

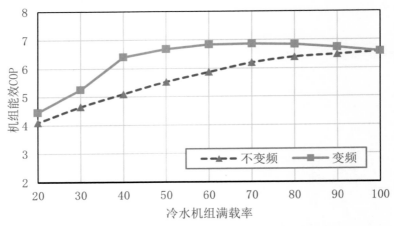

图4-11　变频与定频冷水机组能效COP比较（固定30℃冷却条件）

COP：coefficient of performance，性能系数，用于衡量热泵、制冷设备和制冷系等能源率。COP通常为系统的输出功率与输入功率之间的比率，更高的COP表示更高的能源效率。COP的计算方式取决于具体的应用和系统类型。

（四）医院建筑使用变频驱动的动力设备的注意事项

医院采用变频驱动的冷水机组需要注意大功率变频器谐波干扰对周边敏感医疗设备、仪器及植入心脏起搏器等敏感患者的影响。驱动冷水机组的工业级变频器会产生大量电磁干扰，电磁干扰通过电力电缆传导和空间辐射两种形式扩散。为了防止谐波干扰影响医疗设备的正常工作或危害患者安全，需要对变频设备的总谐波畸变率（total harmonic distortion，THD）提出要求。通常，变频冷水机组出厂 THD ≤ 15%，如果采用变频主机或变频泵的制冷机房贴邻敏感医疗场合，则需要添加谐波柜抑制电源的谐波分量，使得电源 THD ≤ 5%。

三、新型供热源的选择

医院多采用自建锅炉供热。有集中供热的地区冬季采用热网集中供热，没有集中供热季的仍然自建锅炉用蒸汽锅炉产汽，用于采暖、供应室高温灭菌、洗衣房洗涤及消毒、制剂、餐饮、空调加湿、空调送风再热等，同时满足卫生热水等的需求，通过管道输送到用汽点。该传统设计最大的问题是能源效率低，蒸汽易跑冒滴漏，加上管理控制手段粗放，造成不必要的损耗；同时，蒸汽系统部件易损，维修工作量大。

2020 年新版《锅炉房设计标准》（GB 50041-2020）指出，供采暖、通风、空气调节和生活用热的锅炉房宜采用热水作为锅炉供热介质；以生产用汽为主的锅炉房应采用蒸汽作为锅炉供热介质。从目前医院建设的趋势看，集中热水锅炉＋用汽点分设小型蒸汽锅炉或蒸汽发生器的解决方案最受欢迎。零散用汽点包括洗衣房、中心供应室、洁净手术部、厨房等，能源为燃气或电力。用汽点分设的蒸汽发生设备使用灵活、响应快、投资和管理成本低、无特殊消防和安全监察要求，从根本上避免了蒸汽锅炉年检年审、消防及专业操作工人持证上岗等问题。

对于规模特别大的综合医院，如果蒸汽需求量确实很大，经过技术经济分析也可集中设置蒸汽锅炉，与供热的热水锅炉一同布置在锅炉房。在集中供汽时，模块式的蒸汽锅炉也是非常合适的产品，可室外或屋面布置，非常灵活。

（一）超低氮真空热水锅炉

真空热水锅炉的工作原理：利用水在低压情况下沸点低的特性，快速加热炉体内填装的热媒水，使热媒水沸腾蒸发出高温水蒸气，水蒸气凝结在换热管上加热换热管内的冷水，达到供应热水的目的。真空锅炉内的热媒水是经过脱氧、除垢等特殊处理的高纯水，在出厂前一次充注完成，使用时在机组内部封闭循环（汽化→凝结→汽化）。

相对于蒸汽锅炉或承压热水锅炉，真空热水锅炉的技术优势为：炉膛负压，无压力容器超压爆炸的危险；启停灵活，升温热损失小，燃烧热效率高；通过内部换热，可承压运行。真空热水锅炉内置换热器没有外置蒸汽换热装置的复杂管路和热损失问题；与传统蒸汽锅炉间接供热系统相比，节地、节省设备投资，非常适合地下室安装。

（二）模块化锅炉

模块化锅炉有紧凑的炉体设计，可以极大地减小锅炉安装所需的场地，为医院集中供热提供了新的解决方案（见图4-12和图4-13），可以利用屋顶、室外空闲场地作为锅炉的安装场地，适用于城区用地紧张的医院，尤其适用于医院既有建筑的改造，及医院原址改扩建工程和锅炉房的扩容增容。

模块化锅炉通常内置远程智能管理系统，用于模块调度，这为建设和管理带来极大的便利性。室外安装的锅炉可实现无人值守操作，设备可以全自动运行，在手机或其他智能终端即可远程操作和监测设备运行情况，可为医院节省操作人工。

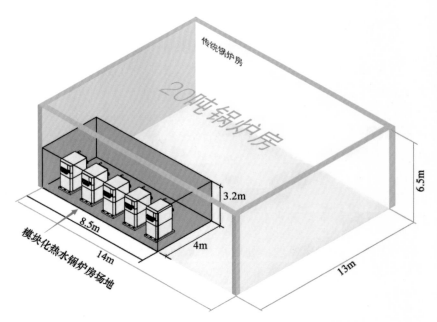

图4-12　模块化热水锅炉与传统锅炉房的场地需求比较

图 4–13　在屋顶安装模块化热水锅炉［图片由艾欧史密斯（中国）热水器有限公司提供］

四、基于数字孪生系统的全局优化设计

传统空调设计根据典型设计日空调负荷来选择冷源和热源的装机量，冷热源设备类型、数量等配置方案的形成并无统一的范式可循，更多地依赖于设计师的经验积累。

数字孪生系统的设计方法基于人工智能与优化算法的赋能，有望颠覆性地改变设计决策机制。数字孪生系统是在计算机系统内建立一套数字化的暖通空调系统，仿真待建的或已建成的暖通空调系统。数字孪生系统如同一个数字化的孪生体在虚拟世界再现空调系统的产品特性和运行操作模式。有了这个"孪生"的数字模型，就有可能把暖通系统的设计优化问题转化为类似 AI 下棋时的棋局决策问题，最终选出最优的设计方案。

数字孪生系统优化设计辅助系统，不仅关注一年中最冷最热时刻的尖峰需求，而且关注全年冷暖动态变化，乃至全生命周期内建筑情况的变迁。可在大量的设备产品数据库支持下权衡主机的选择、管道管径的选择，以及水泵、冷却塔、末端设备的配置方案，选出总体最优的一个或多个备选方案。

杭州有一家医院在设计阶段采用数字孪生技术优化冷源方案，从常规配置 2340kW 离心式冷水机组 2 台＋ 1170kW 螺杆式冷水机组 1 台的经典方案，优化为 2462kW 变频离心式冷水机组 2 台＋ 880kW 变频杆式冷水机组 1 台的方案，获得明显的节能优势（见图 4-14）。这种大胆的设计手法超越了众多经验丰富的设计师，显示出数字孪生技术强大的优化能力。

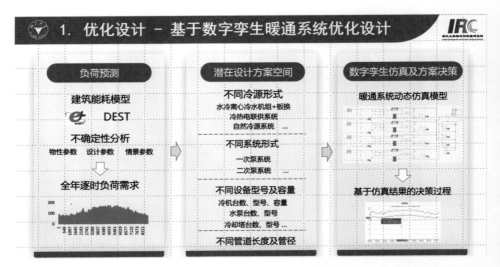

图 4-14　基于数字孪生技术的暖通系统优化设计原理图示（图片由浙江大学制冷与低温研究所提供）

五、中央空调全链路智能运行管理系统

大型综合性医院建筑通常是诸多不同功能建筑的集群或不同建筑功能区的集成，不同功能区的空调能耗强度及空气调节方式各不相同。因此，医院空调能耗结构的复杂性和需要被监控的数据点位数量远超其他公共建筑。

目前，综合医院的后勤保障系统一般会配置楼宇自动化系统（build automation system，BAS），大部分综合医院还同时实施建筑集成管理系统（BMS）或建筑能耗管理平台。

大型综合医院的体量往往超过 20 万平方米，设备系统复杂而庞大，需要决策的运行参数众多，如何实现全局性、预见性的高效能运行控制，面临新挑战。BAS 兴起于 20 世纪 90 年代，系统构架和功能基于当时计算机算力和网络传输能力。时至今日，BAS 的局限性日益凸显，要应对新需求，传统的 BAS 方式显然捉襟见肘。

应对这种挑战，现代医院建设应该超越 BAS 在功能和构架上的局限，需要积极引入以人工智能、大数据、云服务为主导技术的新一代空调运维管理系统，充分利用大数据和云计算实现全链路智能运维控制。

基于全链路智能控制系统，通过对空调系统各个环节实时数据的采集，将生产侧（冷热源）、输配侧（管网）与消费侧（末端空调用热设备）关联起来，实现高维度的预测性决策和整体协调一致的联动控制，从而达到全局性的能源最优化。

这类智能化的中央空调集成控制系统在商业开发项目中已经得到充分验证，实际使用案例已经超过 3000 个。通过技术改造应用此类系统，实现管理决策的可视化和云端托管，为项目带来可观的节能效益、经济效益（空调节能率通常在 25% 以上）。

引入全链路智能运行管理系统（见图 4-15）可以根本性地变革暖通空调系统的管理方式和管理水平，实现中央空调系统的高度智慧化。同时还可为医院节省大量运行费用、后勤管理人力成本、云端运维方式，解决医院现场运维人员技术素质与先进设备系统失配的老大难问题。

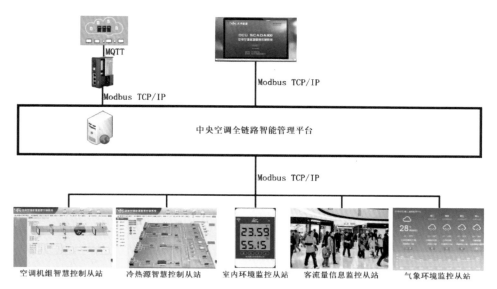

图 4-15 中央空调全链路智能运行管理系统图示（图片由浙江大冲能源科技有限公司提供）

六、其他节能设计措施

（一）冷却塔的妙用

医院在春秋两季也会有少量的供冷需求，经常出现的情况是供暖季刚刚结束，部分科室的供冷就提上日程。这时室外还十分凉爽，能不能不启动制冷主机也为医院供冷呢？答案是肯定的。除加大新风供应来引入室外凉爽空气外，启动闲置的冷却塔也可以为医院"免费"供冷。冷却塔可以为医院提供低于室外大气温度5℃左右的冷冻水。在早春和晚秋时节，以及夜间室外气温低的地区，通过特殊的管道设计，可以实现冷却塔"免费"供冷。这种供冷方式既节省制冷费用，又符合绿色低碳的要求。与冷水机组系统结合时，免费供冷技术还有利于规避制冷压缩机负荷下降时的喘振风险。

浙江大学医学院附属第一医院（简称浙大一院）余杭院区设计时采用冷却塔免费供冷方案，在每年的3～4月为整个院区"免费"供冷（见图4-16），供冷时间长达1个月，深秋季节也可不开制冷主机免费供冷。项目建成后，实际运行经济效益和社会效益十分明显，受到医院管理方的欢迎。

图4-16　利用冷却塔为医院免费供冷的设备实景（浙大一院余杭院区）

（二）大温差空调水系统和风系统

随着医院规模的扩大，中央空调供冷、供热时的水泵风机能耗占比显著上升，一些医院反映尽管采购了高效制冷主机和锅炉，但系统的能耗仍然处在高位，究其原因是泵和冷却塔风机的动力消耗过高，甚至达到整个系统的 40%～50%。

常规中央空调系统的冷冻水和冷却水的供、回水设计温差通常为 5℃，大温差系统是指冷冻水或者冷却水温差大于 5℃ 的空调水系统（见图 4-17）。大温差技术可减少系统流量，节约介质输送动力消耗，并可有效降低管路系统的初投资。实践表明，采用水侧大温差和送风侧大温差后，单位空调面积的管道造价可降低 25～30 元。供热系统同样可以采用大温差，可以类似地减少水泵的动力消耗。

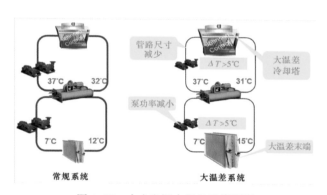

图 4-17　中央空调大温差系统原理

浙江大学医学院附属第二医院（简称浙大二院）柯桥未来医学中心定位为集医疗、教学、科研于一体的大型研究型三级甲等综合医院，工程总建筑面积为 50 万平方米，设计床位 2000 床。其空调冷冻水供回水温度为 6℃/13℃（采用 7℃ 大温差），冷却水采用常规温差。

浙大一院余杭院区总建筑面积约为 306511 平方米，地上建筑面积约为 178824 平方米，地下建筑面积约为 127687 平方米。其空调冷冻水的供回水温度为 6℃/14℃（采用 8℃ 大温差），冷却侧供回水温度为 32℃/40℃（采用 8℃ 大温差）。仅该项技术措施即可节省投资 400 万元，所节省的运行费用也十分可观。

（三）通风的需求侧管理

引入新风可以改善室内空气品质，但这并不意味着新风换气量越大就越好。在空调季节和采暖季节引入新风会显著增加空调和采暖能耗，还影响室内空气湿度控制效果。以长三角地区为例，用于新风处理的能耗通常占医院空调总能耗的 35% ～ 40%，全年用于新风处理的费用相当可观。室内空气污染物浓度检测与通风系统联动调节通风量，这样的系统被称为通风需求侧管理（demand control ventilation，DCV）。医院建筑的主要功能房间中人员密度较高且随时间显著变化的区域，可以考虑设置室内空气品质监控系统。

新风 / 排风的需求侧管理还适用于室内污染物浓度波动幅度大的区域，例如病理科。实施新风需求侧管理首先要确定目标区域的首要空气污染物是什么，确定其许可的上限值和目标值，通过调节和实时监测该污染物浓度来调控所需新风换气量，可以通断控制调节，也可以通过变频调节流量。

具体来说，对于门诊大厅、输液大厅、配药等候区等人员密度波动大的区域，可以采用二氧化碳浓度探测联动来调节新风量的大小。在地下机动车停车库，可以按通风区域设置一氧化碳浓度传感器，根据地库空气污染情况，实时启停，按需启动通风机。检验科、病理科可以采用挥发性有机物 VOCs 或甲醛、二甲苯传感器控制排风。

即使是负压病房，也可以根据不同的感染控制要求实施新风需求侧管理。集成化的空气品质控制器现已非常廉价，基于二氧化碳的通风需求侧管理也非常简便易行，可实现高度自动化的通风控制（见图 4-18），能很好地兼顾空气品质和医院建筑运行能耗。暖通空调系统的低碳措施还有很多，如全热交换新风机等。医院建设可以根据自身的投资能力、节能减排目标，选择适用的技术。

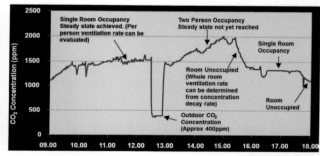

图 4-18　室内 CO_2 浓度控制面板和室内 CO_2 监测数据

七、面向未来的医院建筑能源系统

（一）能源中心

能源中心的概念见于《综合医院建筑设计规范》（GB 51039-2014），但尚无统一的定义。能源中心（或称动力中心）通常将动力设备的电力供应、应急电源，及整个院区主要的供冷、供热、供汽设备整合在一个建筑区域，形成紧密联系的能源供应集成系统。能源中心可以单建或附建（见图4-19）。

能源中心将医院院区的动力设备集中布置，利用设备集群带来规模效应获得收益。新建医院在规划之初应该进行技术论证，论证是否适合采用能源中心。既有医院的改建、扩建工程也宜做中长期的院区能源规划，分析实施能源中心的技术可行性和经济性。一般来说，中央空调面积大于15万平方米的综合医院设置能源中心可以体现技术经济优势。

图4-19 单建能源中心建筑内外景（浙大一院余杭院区）

能源中心有利于多种能源结构互补，充分发掘能源的梯度应用，及余热、废热回收利用机会。例如，医院会有很多同时供冷供热的需求，例如夏季卫生热水仍然需要持续供应，冬季部分科室还需要供冷。能源中心的冷凝热回收制冷机组可以很好地应对这种需求。

能源中心的规模效益还体现在制冷主机、供热主机的可选择范围扩大，可供选择的用能设备组合形态增多，有望获得更好的能源效率和投资效益。能源中心整合整个医院院区的制冷容量更有可能采用大型冷水机组。大型冷水机组能效远高于中小型机组，设备造价和运维费用显著下降。采用10kV

高压直接驱动方式的大型冷水机组，省去了高压转换为 380V 低压交流电的电力变压器，节省了变电所需的投资和相应的场地，进一步提高了系统能源效率和投资效益。

（二）综合能源系统

冷热电联产（combined cooling heating and power，CCHP）是将供冷、供暖、供热水及发电过程一体化的集成系统。其最大的特点是对燃气不同品质的热能进行梯级利用。高品位热能用来发电；而燃烧后的余热作为低品位热能（温度较低）则被用来供热或制冷，在医院余热还可以用于生产生活热水。这样的措施不仅提高了能源的利用效率，还显著减少了温室气体的排放。冷热电联产是构建新一代综合能源系统的关键技术之一。

医院使用冷热电联产技术是否可行？已有大型医院应用该技术取得技术成功。医院使用该技术的经济效益更多地取决于燃气价格与电力价格的比价，及冷热电联产的商业开发和投资模式。燃气价格不确定性将增加投资冷热电联产的财务风险，项目是否采用冷热电联产需要经过综合的技术分析和财务分析确定。

（三）光储直柔

中国工程院院士江亿首次提出光储直柔的概念，旨在将建筑由单纯的能源消费者转为支持大规模风、光接入的贡献者，使建筑在未来集用能、产能、蓄能"三位一体"，从而协助电网消纳风电、光电，解决风光能源的间歇性、波动性问题。具体来说包括：利用建筑表面发展光伏发电；当连接停车库多时，车库的智能充电桩和蓄电池形成较大建筑蓄电能力；风、光发电多时即多用电，电网多余电力或院区多余电力用智能充电桩和蓄电池蓄存。在再生能源发电少、不发电的时段，则靠蓄电装置、车联双向充电系统、电力负载调节和市电网维持建筑运行（见图 4-20）。由此，在院区内构建一套分布式虚拟蓄能系统，动态响应电源生产与需求变化，平衡供需之间的差异。

不少科研机构以及企业争相探索光储直柔技术路径。华为、格力等企业加入了"直流电联盟"。其中，格力空调推出了利用光伏发电板直接驱动的大型变频离心空调和小型多联空调系统，其内部的逆变器可以把多余的电力转为市电上网或直接蓄存。

目前，直流电应用与院区电力侧蓄能等概念的应用在国内的渗透率还很低，但是其技术的发展趋势是非常迅猛的。德国电力侧蓄能的建筑渗透率已经超过 10%。这是值得注意的技术趋向，值得医院建设管理者留意，在新建医院时为未来的能源利用构架提供充分的可能性。

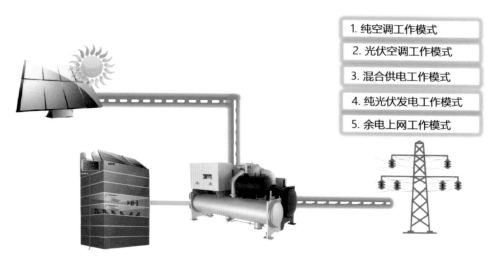

图 4-20　柔性光伏能源综合利用产品

八、医院用能系统常见问题

在改造医院既有建筑时，宜对现有的暖通空调系统各环节的能源效率做出测评。结合既有系统各部件的产品寿命、节能潜力、投资收益率，做出改造决策。同时，新建医院应该在设计环节对用能系统的技术合理性和能源效率进行审计。常见用能效率问题可归纳如下：

（一）冷、热源系统常见问题

冷水机组、锅炉总容量冗余太多，主机数量配置和机型选配既浪费初始投资，又增加运行成本。

卫生热水和供暖热水由蒸汽锅炉二次换热后供应，燃油燃气锅炉的烟气没有采用烟气冷凝回收系统。

冷却水和冷冻水系统没有水质处理设备和除垢装置，换热管结垢与腐蚀导致冷水机组蒸发器和冷凝器换热能力下降，进出水温差远小于设计值，机组能耗逐年上升，水泵能耗增加。

没有配置智能控制系统，冷水机组运行依靠人工调度，设备和系统的运行参数常年锁定统一数值，与季节和需求脱节，如冷水机组出口温度设定为常年定温运行。

（二）空调、蒸汽输配系统常见问题

采暖和空调泵附加不必要的流量富裕或扬程富余量的现象十分普遍，其结果是空调水泵长期处于大流量、小温差工作状态。

空调水系统设计未做水力不平衡分析，项目交付前未做水力平衡调试，导致医院部分区域过冷、部分区域供冷不足。

采暖和空调水泵无变频调速措施，始终定流量运行。

（三）智能化常见问题

建筑的楼宇智能化实际运行水平低，缺少系统级的控制策略。楼宇自动化系统处于瘫痪状态或部分瘫痪状态。空调控制系统没有闭环控制甚至没有自动控制。

（四）末端系统常见问题

有空调系统的房间室内温度缺少集中监控和管理手段。电动两通温控阀缺失或控制失效。

对新风量和室内空气品质缺少监控手段，新风无热回收装置；新风空气过滤等级不符合《综合医院建筑设计规范》（GB51039-2014）和医疗工艺的要求，空气过滤器缺少监控。主要通风机无变频措施。

送风气流不合理或不符合院感控制要求。

（五）围护结构常见问题

围护结构热工性能差，采用普通单层玻璃，普通铝合金窗框无断热结构。窗墙比过大且缺少有效的外遮阳措施。

九、医院既有建筑节能改造

实施节能诊断，根据诊断报告找到整改关键点后，诊断性地实施节能技改。医院能源消耗主要集中在空调系统、热水系统和照明系统。在这些高耗能系统中，设备配置不合理的现象最为普遍，这往往是医院节能改造的重点。可能的节能技术措施和相应的估计投资回收期见表4-10。

表4-10 医院节能改造技术概览

设备系统	节能改造技术	投资回收期（年）
照明系统	光伏发电项目	3～5
	更换节能灯具	1～2
空调系统	更换高效制冷机	5～8
	水泵变频	2～4
	锅炉改造为市政热力供热	2～4
	烟气余热回收	2～5
	蒸汽冷凝水回收	1～4
	建筑围护结构改造	1～2
	供暖末端控制	1～2
	更换高效空调产品	0.5～1
供暖系统	热源节能改造	3～5
	热网节能改造	3～5

第十三节 分项设计

 一、空调系统常见形式介绍

（一）定风量全空气空调系统

定风量全空气空调系统属于集中式空调系统中的一种。该系统所有空气处理过程（包括风机、冷热盘管、加湿装置、过滤器等）都集中设置在一个空调机组内，通过风管集中送风方式提供空气调节能力（见图4-21）。

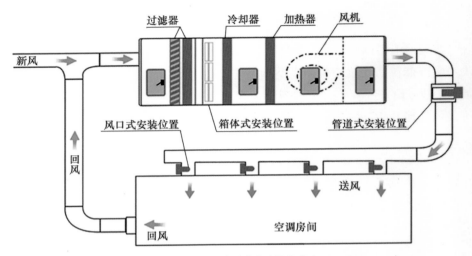

图 4-21　定风量全空气空调原理图示（图片来自 chinahvac.com）

所谓定风量是指空调系统的送风量不随空调负荷的变化而改变，因此风量相对恒定，可以形成稳定的房间换气次数。定风量全空气空调系统的这种特性特别适合医院洁净环境和感染防控区域的高通量通风换气，且有利于形成稳定的室内气流。

定风量空调的主要缺点在于高能耗，当多个房间共用一套系统时温度难以独立调节，同时送风管占用大量吊顶空间。

全空气空调系统可以根据需要在多种模式运行，在设计阶段确定一个全空气空调系统可运行哪些模式，在运行阶段则按需切换。全空气空调系统在医院典型的应用场合和模式见表4-11。

表 4-11　全空气空调系统运行模式和典型应用场合

运行模式	典型场合
全室外新风（直流式）	负压手术室、PCR 实验室执行病原微生物检测 门诊大厅等大空间场所空调的夜间通风模式
全室内回风（封闭式）	门诊大厅等大空间场所空调的晨间预冷模式
新风和回风混合（混合式）	门诊大厅等大空间场所空调的日间工作模式、正压洁净手术室

（二）变风量空调系统

变风量空调系统是在定风量全空气空调系统基础上演变出的新系统。该系统起源于 20 世纪 60 年代中期，70 年代西方国家的"能源危机"促成了该系统在西方国家的发展。

当全空气空调系统的一台空调机组同时服务于多个房间时，就会遇到房间温度独立调节的需求。变风量空调系统通过在全空气空调系统的房间送风管末端处安装风量调节装置，改变单个房间送风量的方式，来应对房间冷热需求和温度设定值的变化（见图 4-22）。

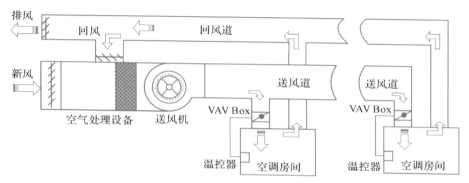

图 4-22　变风量全空气空调原理图示

注：VAV Box 是安装在送风管末端的风量调节装置

变风量空调系统的一个显著特征是每个空调温控房间或温控区域都设有独立的变风量末端装置。相对于定风量空调系统，变风量空调系统温度调节更有效。

变风量空调系统末端装置高度机电一体化，系统复杂，实施难度大，当需要独立温度控制的房间较多时，变风量空调系统的造价会远高于定风量全空气空调系统。

变风量空调系统的另一个显著特征是，各个房间的回风通过回风管道混合，因此，应用变风量空调系统时要特别注意室内大气污染物和病原微生物通过通风道扩散的风险。

变风量空调系统是否会造成呼吸道感染性疾病的传播？当回风缺乏有效消杀过滤手段时，变风量空调系统传播疾病的担忧很有可能成为现实。ASHRAE Health care C19 Guidance 认为变风量空调系统在气流组织、最小换气次数的不当运行会造成风险。ANSI/ASHRAE/ASHE 2021 版《医疗护理场所通风标准》附录 C 指出，不同空气分级的房间不宜接入同一个变风量空调系统。所谓空气分级是指医疗护理场所房间感染控制的风险等级。

美国医院的门诊区大量使用变风量空调系统，事实上变风量空调系统是标准设计手法。2020 年新冠疫情暴发，医院变风量空调系统通过运行模式的调整和过滤器的升级保持运行。迄今尚没有因变风量空调系统造成院内感染性疾病集中传播的已知案例。相反，该系统因具备加大新风量稀释病毒浓度的能力，以及高级别空气过滤和消杀的能力，成为院内疫情管控的有力助手。因此，ASHRAE Healthcare C19 Guidance 非但没有主张在疫情时停运变风量空调系统，反而将其作为推荐的空调形式，要求空调持续运行。ASHREA 还认为，房间空调器（如风机盘管、多联空调）虽然独立设置，但由于换气次数低，气溶胶浓度不断累积得不到有效稀释，人员在封闭的环境中长时间暴露，反而造成更大的感染风险（COVID 19 GUIDANCE-ASHRAE Revised3-22-2020 (002)）。ANSI/ASHRAE/ASHE 2021 版《医疗护理场所通风标准》据此规定负压隔离病房不得采用房间空调器作为末端，因此全空气空调系统成为事实上唯一的合规空调形式。

变风量空调系统在国内医院的实践始于 20 世纪 90 年代。早期应用该系统的医疗机构有位于上海浦东新区的上海儿童医学中心。近年来，国内部分高端医院对标国外先进技术标准进行建设，变风量空调系统也开始纳入项目决策者的视野，在高等级医疗建筑中得到应用。

浙大一院余杭院区国际医疗中心是最新的实例之一，该项目的全空气变风量空调系统末端采用单风道型末端装置。相比于传统的风机盘管＋新风形式，建设方看好全空气变风量空调系统的空气过滤能力和优异的热舒适性。特别是在房间内部设置冷热盘管，可避免病菌在室内滋生，契合医疗建筑的需求。

华东建筑设计研究总院陆琼文提出变风量空调系统应用于国内负压隔离病房设计，通过独立新风处理实现平疫转换。多数专家仍然建议采用一对一的全空气空调系统或室内自循环系统。

变风量空调系统的工程造价高、机电一体化实施难度大、设备机房面积和建筑层高要求高，实施该系统面临的技术挑战远大于传统的风机盘管＋新风系统。这是决策者需要特别关注的一点。但是，变风量空调系统作为一种前瞻性的系统，其前景仍值得高等级医院建设管理者关注。

（三）风机盘管、变冷媒流量多联空调＋独立新风系统

医院建筑诊疗用房数量众多，特别是诊疗用房和办公区每间房间的面积大多小于 30 平方米。这些房间若实施上述全空气空调系统，由空气处理机空调集中处理，则在技术上虽然可行，但会导致风道尺寸庞大、造价高昂且占用较多层高空间，这对于许多医院建设项目尚难以承受。因此，目前医院诊疗用房多使用风机盘管机组（或变冷媒流量多联空调，简称多联空调）加新风的半集中式空调系统。半集中式空调系统需要集中处理和输送的仅为新鲜空气，因此风道断面较全空气空调系统小许多，室内的空调负荷则由室内布置的风机盘管机组或者多联空调室内机（见图 4-23）来承担。

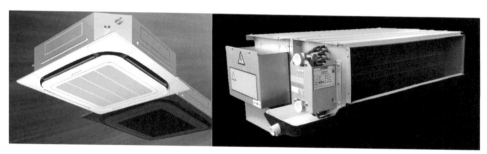

图 4-23　多联空调＋新风系统图示（图面来源 chinahvac.com）

风机盘管是医院最常用的末端空调装置，多联空调则居其次。多联空调常用于医学影像等部门，及中小规模医院的门诊、医技和病房楼，因为使用和管理十分便利。

多联空调室内机的使用年限在 10 ～ 12 年，维修频度随着使用年限的增长而急剧增加，而且随着产品迭代更新，备品备件越发难以取得，这往往意味着室内外机整套系统报废，需要室内机、室外机和冷媒管路全部换新，其间还累及吊顶饰面等。

风机盘管机组结构简单，产品通用，采购成本低廉，中央空调系统最为昂贵的制冷主机系统并不受影响。大型商用制冷主机使用寿命通常超过 20 年。因此，从产品寿命周期成本摊销来说，风机盘管较多联机有显著的优势。

无论是风机盘管还是多联机，末端都有冷媒管及凝结水管在诊疗区走管，点多面广，始终存在水损风险。漏水和潮湿会破坏室内装修，甚至危及

医疗设备。更为突出的是，此类空调的凝结水盘长期处于积水状态，极易造成微生物滋生，造成医疗环境的菌落数失控。有研究表明，在处置新冠病毒感染的病房使用此类空调装置时，换热器和凝结水盘的情况使得空气消毒工作效果难以保证，房间自净时间也因不确定性而延长。虽然没有证据证明半集中式空调方式会造成疾病传播，但是此类空调新风换气能力低，上送上回的气流组织会加大飞沫传播的风险。

针对医院的上述特殊需求，一些产品制造商提出了改型产品，其中有针对性的改善措施有：凝水盘采用特殊凹槽设计，增加落差使排水更通畅，增加保温厚度减少结露风险，增加静电或微静电过滤器、TiO_2、等离子、紫外线等空气杀菌模块，使之符合普通诊疗场所的技术要求。多联空调厂商大金空调为自己多联机产品研发的静电纤维过滤网，其技术手册称通过第三方检测，滤尘效果等同于《空气过滤器》（GB/T 14295-2019）的亚高效级，有良好的PM2.5过滤能力，且价格低廉。应用类似技术的新产品在医疗建筑中获得不少用户青睐，但在真实医疗场景中的实际效用还有待实测数据的验证，产品的长期效用仍然有待观察。

《医院洁净手术部建筑技术规范》（GB 50333-2013）允许Ⅳ级洁净手术室以及Ⅲ、Ⅳ级洁净用房可采用带热湿处理功能的净化送风末端装置。《日间手术中心设施建设标准》（T/CAME 21-2020）在上述规范的基础上进一步要求，日间手术中心的Ⅳ级洁净手术室以及Ⅲ、Ⅳ级洁净用房可采用带热湿处理功能的净化送风末端装置。送风末端装置的送风气流不应扰乱室内气流组织，配置的相应水管不应安装或穿越室内，其送风口应设置高中效及更高过滤效率的空气过滤器，回风口空气过滤器的设置应符合现行国家标准《医院洁净手术部建筑技术规范》（GB 50333-2013）的相关规定。《日间手术中心设施建设标准》（T/CAME 21-2020）表明，当送风采用净化装置时，Ⅳ级洁净手术室和配套的洁净用房也可以采用风机盘管或多联机系统，但不应该是市售的用于舒适性空调场所的通用产品，也不是一些厂家宣传的带"空气净化功能"的通用产品，而应是医疗专用产品。

感染性疾病门诊也可以使用风机盘管和多联机。据《综合医院感染性疾病门诊设计指南（2020第一版）》，感染性疾病门诊应有可靠措施，保证室内温湿度要求。除抢救室外，根据空间的大小，空调系统采用新风系统和末端为风机盘管、多联机室内机、分体空调的系统，或设置全新风直流空调系统。抢救室设置全新风直流空调系统。除抢救室外，全新风直流式空调系统应有在非呼吸道感染性疾病流行时期回风的措施，以节省医院的运转费用。

二、住院部通风空调

住院部是医院最基本和最重要的部门之一，住院部在综合医院的总面积中约占39%，是医院机电系统、医疗气体系统的负荷中心。从这个角度看，住院部宜靠近医院的冷热源等能源中心机房，以减少冷热量输送成本。

住院部是患者治疗、康复和生活起居的地方，因此住院部通风空调系统的基本立足点是提供更为健康和舒适的环境，创造符合医疗业务需求的室内条件，减少院内感染的发生。工程技术人员需要根据尘菌浓度、温度、湿度、气流、噪声、气味等指标的要求，提出相应技术措施，以满足患者治疗、康复过程的生理和心理需求。对于特殊病房，还应满足洁净护理和隔离护理的要求，此类区域根据洁污分流原则，分别设置空调和通风系统。

（一）普通病房

◎空调形式

普通病房空调常用形式有风机盘管、多联空调或者分体空调。当有集中空调冷热源时，优先考虑风机盘管的系统形式。规模较小的医院也可采用多联式空调作为病房空调室内单元。

普通病房以往多按舒适性空调设计，其通风空调设备配置与宾馆无实质差异。然而，医院病房业务场景在本质上与宾馆非常不同，《综合医院建筑设计规范》（GB 51039-2014）明确提出空调回风和新风的空气过滤要求，其目的在于有效降低室内尘埃和菌落浓度，并减少从室外引入的大气污染物和致病菌。该要求远高于普通舒适性场所的卫生标准。

◎空气过滤要求

病房的空调回风和新风系统均应设置空气过滤器。《综合医院建筑设计规范》（GB 51039-2014）要求：采用微生物一次通过率不大于10%和颗粒物一次计重通过率不大于5%的过滤器；新风处理应至少经过粗效＋中效两级过滤。根据上述设计规范要求，病房的空调回风系统应设置中效等级的空气过滤器，过滤等级至少应达到M级。考虑到M级以上的滤网式空气过滤器的阻力普遍较大、现有通用风机盘管的余压不足，本书编者推荐采用电子过滤段，以 G3＋电子高中效 F7 作为标准配置确保病房建设工程合规。一些领先的风机盘管和多联机制造商已经推出集成电子空气洁净配件的成套设备，大大降低了电子中效过滤器的应用成本。有空调厂商声称，经过特殊设计的配套电子净化器可达到亚高效级滤尘效果。相关的内容可参看本章第九节"环境控制：空气过滤"。

新风空气过滤的规范性要求如下：

（1）对于室外空气品质较好的地区［即室外可吸入颗粒物 PM10 的年均值没有超过现行国家标准《环境空气质量标准》（GB 3095-2012）所指的二类区适用的二级浓度限值的地区，浙江省仅舟山未超过该限值］，允许只设计两级新风过滤，但过滤效率至少应该达到粗效 G3 和中效 M5 级别。

（2）对于大多数地区（室外 PM10 超过年平均二级浓度限值，浙江省除舟山外的所有地区），用粗效 G3＋中效 M5＋高中效 F7 三级；实际应用也可简化为 G4＋F7 两级。

◎新风处理

新风热湿处理过程会消耗多达 30%～40% 的病房空调能耗。考虑到排风、新风空气交叉污染，医院以往很少考虑对排风中的冷热量实施热回收，也鲜见对设计提及此类要求。目前，空气完全隔离的热回收系统已经非常成熟（例如热管热回收或冷媒侧热回收），可回收 60% 以上的排风冷热量损耗，节能效益显著且无空气交叉污染风险。但是，应用热回收节能需要改变传统病房楼通风系统的惯常的风系统组织形式，是医院设计的新命题与新挑战。

◎排风系统

病房卫生间排风的常规设计是设置连通多个楼层的竖向风道，每个楼层的卫生间均通过换气扇向风道排风，风道汇集到屋顶后集中排放。排风风道连接多个楼层与多个不同的病区，换气扇不开启的卫生间会因为漏风导致其他楼层的废气倒灌。因此，这类设计存在病房与病房、病区与病区间排风交叉污染的风险。解决此弊病的办法是在屋面排风竖井的末端设置引风机，使整个风道因为风机负压抽吸作用而避免出现排气倒灌的现象。屋面引风机可采用电力驱动的小型低噪声离心风机，也可使用无动力风机。当采用电动风机时，需要特别注意噪声对最顶层病房的影响。

对有严格感染控制的病区，可以采用水平排风系统，避免与其他楼层合用，排风口采取空气过滤。相关内容见本节"（二）易感染患者病房"部分。

（二）易感染患者病房

易感染患者病房是医院中主要提供给免疫力极度低下而易被感染的患者（如造血干细胞移植、新生儿、重症联合免疫缺陷、烧伤、过敏性哮喘等患者）用的病房。这类病房建设的重点是采取有效的建筑防控措施确保感染控制。此类病房应采取洁净护理措施，防止患者受到病原微生物或过敏原的不利影响。

这类病房的建设以往缺乏完整的技术标准，在实践上更多地参照洁净手术室标准结合医院各自的实践经验。FGI 相关指南和 ANSI/ASHRAE/ASHE 2021 版《医疗护理场所通风标准》提出了易感染患者病房建设的基础技术条件，可用于规范其建设。

易感染患者病房宜分为普通工作区、辅助防控区、防控区和污物处理区，实施不同的建筑防控措施。建筑防控措施包括在不同防控等级的相连通的人员通道处设置缓冲间，在物资传递界面采用传递窗等隔离措施。防控区和辅助防控区应采用空气洁净技术，不同区域采取不同等级的空气洁净措施，采用空气压力梯度控制措施与气流组织控制。

为完善易感染患者病房的保障与支持系统，保证其可维护性、耐久性与发生灾害时的韧性，应给空调机房、配电室等专业设备用房以合适的位置、足够的面积和高度；有关专业设备不宜露天设置。易感染患者病房和负压隔离病房的上一层室内空间宜作为空调设备层，并应做好隔声、隔振与防水。

（三）治疗期血液病房

为预防外源性感染，治疗期血液病房应根据医疗任务和风险评估不同，结合本院的医疗条件，采用不同的洁净防护措施。在医院设计阶段明确提出防控区的空气菌落数级别要求：治疗期血液病房，Ⅰ级；病房内卫生间，Ⅱ级；病房缓冲间，Ⅰ级；病区内走廊，Ⅱ级。

防护方案通常有以下几个方面。

◎ 保护性单人隔离病房

保护性单人隔离病房以消毒措施为主，室内定期进行消毒，措施包括喷雾和紫外灭菌灯，医务人员须洗手，更衣、换鞋、戴帽，佩戴防护口罩，方可进入。此种隔离措施最为简便，适用于处于化疗期的恶性血液病患者及伴有轻度粒细胞缺乏症的血液病患者。

◎ 层流治疗舱

层流治疗舱利用笼罩在病床上的气密性塑料帐罩进行空气隔离。经高效过滤的新鲜空气鼓入帐罩内，罩内空气从底部排出。进入帐罩内的一切物品均需经高压消毒或用消毒剂浸泡消毒。层流治疗舱适用于大剂量化疗及严重粒细胞缺乏患者。

◎ 层流病房

层流病房空气经过专用的洁净空调箱深度处理后，经房间顶棚的高效过滤风口送入病房，房间洁净度应达到 I 级，层流病房顾名思义采用层流方式送风，患者处于全室洁净环境保护中。

层流洁净病房是血液病患者病房今后主流的建设方向，全室洁净有利于扩大患者活动空间，为患者创造更为人性化的治疗环境。当不具备设置集中净化空调系统的技术条件或不便在床上方设置集中送风面或有其他特殊原因时，对治疗期血液病患者也可采用层流治疗舱，治疗舱应有空调送风并实施温湿控制和 I 级洁净。

治疗期血液病房应设置净化空调系统，利用高效过滤送风口层流送风。送风风机应该设置备用风机，一台故障时，另一台自动投运。送风空调机组建议采用无蜗壳 EC 风机配套无级调速装置，白天和夜间采取不同送风量和不同的送风速度，并避免患者面部有吹风感。

病房回风口应遵照层流室回风设计原则，宜在病床侧边墙面或病床不靠墙一侧墙面下方布置，洞口上边不宜高过地面 50cm，洞口下边高出地面的高度不宜小于 10cm。病房卫生间应采用上送风、下回（排）风的方式。

收治同时患有呼吸道传染病的血液病患者时，应根据治疗任务和风险评估，参照对负压隔离病房的相关要求，病房应独立出入，设有缓冲间，并采取负压隔离病房的所有相关要求，空调通风系统与其他血液病房区域相互独立。

（四）产科病房

产科病房的分娩室、准备室、淋浴室以及恢复室等业务用房的空调系统必须满足 24 小时连续运行的需求，以保证业务的连续性。当产科使用医院集中空调供冷供热时，需要注意分析集中的冷热源是否可以保障持续性，以及供冷供热与医院其他区域的差异。

《综合医院建筑设计规范》（GB 51039-2014）对分娩室、准备室、恢复室的环境并无特殊要求，视为一般性医疗场所。在以往的医院建设实践中，医院分娩室多采用消毒处理，空气处理也少有采用空气洁净的，空调形式为风机盘管或多联机空调。考虑到术后感染，新建医院分娩室宜考虑采用最低限度的空气洁净。美标 ASHRAE 170 对分娩室要求不少于 6 次 / 小时空气循环过滤，空气过滤等级不低于 MERV-14（相当于欧标 F7），这个要求可以通过小型吊装的空气处理机实现，技术上容易实现，较为切合实际，值得借鉴。另外，分娩室宜采用变新风量空调系统，可根据需要调节新风和排风量，必要时进入全新风运行状态，达到《综合医院建筑设计规范》（GB 51039-2014）第 7.5.2 条"分娩室宜采用新风空调系统"的要求。

剖宫产房应该采用洁净空调，推荐空气循环过滤次数 20 次 / 小时，设置标准可参考《日间手术中心设施建设标准》（T/CAME 21-2020）的 II 级标准洁净手术室等级手术室设计。

隔离分娩室的设计除考虑平面布局的卫生隔离和卫生通过外，尤其需要注意通风系统是否能够保持室内必要的负压和足够的排风换气次数。隔离分娩室的通风空调系统配置方案可以参考呼吸道传染病房。新风、排风系统的独立性尤为重要，一些医院将隔离分娩室与普通分娩室共用通风而未采取必要的防护隔离措施（例如密闭阀门），这是不可取的，会造成隔离分娩室的污染区与清洁区的空气相互串通。造成该不良设计的重要原因往往是方案阶段没有预留足够的设备机房面积和管道空间来单独处理空气，以实现隔离分娩室的院感控制需求。

（五）新生儿室与新生儿重症护理单元（NICU）

新生儿室的室内温度宜恒定，减小温度波动幅度，并保持在 22 ～ 26℃；早产儿室、新生儿重症护理单元（NICU）和免疫缺陷新生儿室的室内温度宜全年保持在 24 ~ 26℃。当采用直接蒸发型空调（如分体空调或多联机）时，尤其应注意冬季融霜过程对室内温度造成的不利影响。

《综合医院建筑设计规范》（GB 51039–2014）提出，早产儿室、NICU、免疫缺陷新生儿室宜为Ⅲ级洁净用房。参考 FGI 等国际通行的医疗实践指南，新建医院的早产儿室原则上应提高标准，按照易感染患者病房设计，即：NICU 设置洁净空调，房间的空气菌落数级别按Ⅲ级［ ≤ 4.0cfu/ ϕ90（30min）有保育箱时］或Ⅱ级［ ≤ 1.5cfu/ ϕ90（30min）无保育箱时］设置，重症新生儿沐浴间环境按Ⅲ级控制。

NICU 的辅助防控区，包括病房走廊、护士站、处置室、治疗室、营养液配置间、奶具消毒和存储间，空气菌落数级别按Ⅳ级［ ≤ 6.0cfu/ ϕ90（30min）］设置。

污物处理区包括污物暂存间、患者排泄物处置间、清洗消毒烘干间、污物污具清洗间、洁具间。这些房间符合常规的空气品质要求即可，但应保持持续排风，防止污染空气逸出房间。

新生儿沐浴间空调应避免向婴儿直吹，冬季宜设置辐射供暖措施。考虑到新生儿沐浴间面积有限，可以在建筑地面饰面层下埋设专用发热电缆供热的地暖，例如图 4-24 所示采用电热地暖和可编程 Wi-Fi 温控器。该形式的电热地暖简便易行，日常操作和温度控制可由护理人员自行完成，使用方便，综合建设成本低。

图 4-24　新生儿沐浴间应用电热地暖及其可编程 Wi-Fi 温控器（丹佛斯中国有限公司）

新生儿重症免疫缺陷病房的环境控制可参照治疗期血液病房设计，病房及其缓冲间的空气菌落数级别按Ⅰ级设置［ ≤ 0.2cfu/ ϕ90（30min）］，净化空调系统的布局要求可参照 NICU。

对患有呼吸道传染病的新生儿应设立单独的监护病房，需要采取负压隔离措施，空调通风系统与其他 NICU 区域相互独立，其配置方案可以参考负压病房和负压隔离病房。新风、排风系统的独立性尤为重要，与普通 NICU 共用通风是不可取的，会造成隔离 NICU 的污染区与清洁 NICU 的空气互窜。

（六）重症监护病房（ICU）

重症监护病房（ICU）无疑是综合医院建设的重点之一。ICU 内部散热、散湿量大，又通常位于建筑内区没有外窗，或者虽有外窗但无法开启自然通风，室内的热湿积聚无法有效排除。因此，ICU 室内环境往往令医护人员感觉闷热，并且空气有异味。医院 ICU 室内环境长期饱受诟病。

数十年来，关于医院 ICU 的室内环境控制措施一直存在争议，焦点在于：

- 是否需要采用空气洁净措施？
- 新风换气量究竟需要多少？
- 是否需要设置独立的冷热源？

《重症监护病房医院感染预防与控制规范》（WS/T 509-2016）要求对 ICU 进行感控，看似是技术问题，其本质都与医院自身的技术经济条件和社会发展水平有密切关系，在具体实践上要统一技术措施的制约因素颇多，难以统一采用先进标准。

已经废止的《医院洁净手术部建筑技术规范》（GB 50333-2002）将 ICU 列为 Ⅲ 级洁净辅助用房；到《综合医院建筑设计规范》（GB 51039-2014）又有所折中，允许采用普通空调系统。《综合医院建筑设计规范》（GB 51039-2014）的条文解释如下：重症监护单元种类很多，要求各异，规范本条文强调的是通用最低要求。对于术后重症护理单元等可提高洁净度级别，宜用 Ⅳ 级标准设计，宜设置独立的净化空调系统，病房对走廊或走廊对外界宜维持不小于 5Pa 的正压。

FGI 和 ANSI/ASHRAE/ASHE 2017 版《医疗护理场所通风标准》对 ICU 是否需要设置净化空调也持类似开放的观点，并未强制采用洁净空调。但该标准给出 ICU 最低空气循环自净次数为 6 次/小时，空气过滤效率不低于 MERV-14 级（相当于欧标 F7 级）。FGI 和 ANSI/ASHRAE/ASHE 2017 版《医疗护理场所通风标准》还强调上述要求仅满足合规性的最低要求，并非最佳医疗实践所需。上述两份指南还特别强调不允许使用风机盘管或多联机等空调室内机进行室内空气自循环，认为它们有潜在污染和换气不足的问题。

然而在医院的具体实践中，风机盘管或多联机仍是 ICU 最为广泛采用的空调形式，尤其单间布置的 ICU 更是离不开这类无集中回风的空调系统。因此，对普通风机盘管或多联机空调进行升级，采用具有杀菌消毒和深度空气过滤功能的医疗专用机型是更为切实可行的方案。

ICU 空调系统全年运行，可采用独立四管制热泵空调作为冷热源。较为经济节能的做法是分区两管制，空调冷、热水由动力机房单独引一路供给，并为 ICU 配置备用两管制风冷热泵，以此增加 ICU 空调的可靠性。这样在部分冷源故障时，仍可确保 ICU 的供冷、供热。以内区房间为主的 ICU 在冬季有可能还需要供冷，此时全空气空调系统和独立的风冷热泵是最优的选择。

严重过敏性哮喘病房和肺移植患者的 ICU 病房应采用保护性正压措施配合空气过滤等洁净护理措施，防止过敏性物质和致病微生物侵入，其中严重过敏性哮喘病房采用空气菌落数级别为Ⅳ级的净化空调系统。

急诊部门 EICU 的情况较复杂，部分接诊的患者感染情况尚未确诊，因此 EICU 通常宜采取负压设计。隔离单间应按负压隔离 ICU 标准设计见表4-12，新建医院的空调系统应具备全新风直流通风运行的能力。

表 4-12　普通 ICU 与负压隔离 ICU 的感染控制要求

室内空气菌落总数分级	空气负压	空气微负压	无空气压力要求	空气正压
Ⅰ级		负压隔离 ICU、病房的缓冲间		
Ⅱ级				NICU（无保温箱）
Ⅲ级				NICU（有保温箱）
Ⅳ级	负压隔离 ICU 病房			普通 ICU 病房 护士站、处置室、治疗室、无菌物品存储室、医生办公室
Ⅴ级		污物暂存、污物污具清洗、卫生洁具间	人员卫生通过、入口的前室或前厅、医护休息室、机房、贮存室	

（七）负压病房与负压隔离病房

负压病房与负压隔离病房是医院隔离那些通过（或可能通过）空气传播传染病的患者（或疑似患者）的病房。负压病房与负压隔离病房采用通风方式，主要通过机械通风，使病房空气静压低于周边相邻相通区域，从而抑制病房区域的污染空气向清洁区域流动，以防止病原微生物向外扩散。

负压病房与负压隔离病房的主要区别在于收治患者不同。轻症传染病患者一般适用负压病房，危重传染病患者或高危传染病患者适用负压隔离病房。根据《医院隔离技术规范》（WS/T 311-2009）中 5.1.1.3 的要求，负压病房与负压隔离病房均属于高危险区域，应采取有效隔离措施，但是在措施的强度上还是有区别的，详见表 4-13。

表 4-13　负压病房与负压隔离病房的区别

措施项	负压病房	负压隔离病房
医疗工艺要求	轻症传染病患者	危重传染病患者
	可以采用多人间	一般使用单床间
	对室内要求的负压值及负压差比负压隔离病房小	对室内要求的负压值以及负压差比负压病房大
建筑空间措施	可以共享缓冲间	独立的缓冲间
		如果存在两个出入口，除缓冲前室外，还应设置后室
通风措施	最小新风量应按 6 次 / 小时或 60L/s 计算，取两者中较大者	最小新风量应按 12 次 / 小时或 160L/s 计算，取两者中较大者
	负压病房与其相邻相通的缓冲间、缓冲间与医护走廊宜保持不小于 5Pa 的负压差；确有困难时应不小于 2.5Pa	负压隔离病房与其相邻相通缓冲间、缓冲间与医护走廊应保持 5 ～ 15Pa 的负压差
空调形式	一般采用风机盘管加新排风系统	必要时用全新风直流式空调系统 *

*关于负压隔离病房适用全新风直流式空调系统，可见于多份规范性文件，但是仍存在争议。

◎涉及负压病房与负压隔离病房的规范性文件

（1）《传染病医院建设标准》（建标 173-2016）

（2）《传染病医院建筑设计规范》（GB 50849-2014）

（3）《传染病医院建筑施工及验收规范》（GB 50686-2011）

（4）《医院负压隔离病房环境控制要求》（GB/T 35428-2017）

（5）《新型冠状病毒肺炎传染病应急医疗设施设计标准》（T/CECS 661-2020）

（6）《医院隔离技术规范》（WS/T 311 2009）

（7）《医院感染监测规范》（WS/T 312-2009）

（8）《病区医院感染管理规范》（WS/T 510-2016）

（9）《经空气传播疾病医院感染预防与控制规范》（WS/T 511-2016）

（10）《医院感染暴发控制指南》（WS/T 524-2016）

（11）《医疗机构门急诊医院感染管理规范》（WS/T 591-2018）

（12）《医院感染预防与控制评价规范》（WS/T 592-2018）

（13）《综合医院"平疫结合"可转换病区建筑技术导则（试行）》国家卫生健康委办公厅 国家发展改革委办公厅 2020 年 7 月 30 日

◎可资参看的建设与管理资料

（1）《医疗机构水污染物排放标准》（GB 18466-2005）

（2）《医院洁净手术部建筑技术规范》（GB 50333-2013）

（3）《医用气体工程技术规范》（GB 50751-2012）

（4）《医院洁净室及相关受控环境应用规范第 1 部分：总则》（GB/T 33556.1 2017）

（5）《医院空气净化管理规范》（WS/T 368-2012）

（6）《医院洁净护理与隔离单元技术标准》（国标征求意见稿）

（7）《重症监护病房医院感染预防与控制规范》（WS/T 509-2016）

（8）《负压隔离病房建设简明技术指南》（许钟麟主编）

◎负压隔离病房建设的国外医疗设施标准设计

（1）负压隔离病房建设的有日本医疗福祉设备协会标准《病院设备设计》

（2）ASHRAE Epidemic Task Force Healthcare

（3）ASHRAE Ventilation of Health Care Facilities 170-2021

（4）FGI Guidelines for Design and Construction of Hospitals Facilities (2018)

（5）FGI Emergency Conditions Guidelines

4. 全新风还是回风

《新型冠状病毒肺炎传染病应急医疗设施设计标准》（T/CECS 661–2020）提出新型冠状病毒肺炎传染病的负压隔离病房应采用全新风直流式空调系统。

世界卫生组织一再重申，新型冠状病毒肺炎主要通过呼吸道飞沫在人与人之间传播，还没有找到通过空调系统传播的明显例证，采用不回风的空调系统无确凿的理论必要性和实践依据。降低尘菌浓度的方法，除新风稀释外，更有成本效益的有空气循环过滤和杀菌，同时强化医务人员的个人防护措施也比全新风有效得多。

ASHRAE Ventilation of Health Care Facilities 170–2021 在总结医疗机构经历一年多与新冠疫情的斗争后，仍持负压隔离病房可采用室内再循环的观点，允许采用高效过滤器 HEPA 空气循环自净方式作为替代手段提高室内换气次数，高效过滤器的空气循环次数等价于等量的新风换气次数。但是最小新风换气次数仍应该满足 2 次 / 小时，且不可替代。日本医疗工程协会（Healthcare Engineering Association of Japan）的《医院设备设计空调设备篇》HEAS–02–2013 的观点也是室内空气可以再循环。

《医院洁净护理与隔离单元技术标准》征求意见稿提出："负压隔离病房可设非全新风净化空调系统，高危隔离病房应采用全新风系统……采用非全新风系统时应为每间病房独立用本室大部分空气经本室空调机组循环、小部分空气直排的系统。"这是一种折中的表述。《综合医院感染性疾病门诊设计指南（第一版）》提出："全新风直流式空调系统应有在非呼吸道感染性疾病流行时期回风的措施，以节省医院的运转费用。"通风系统全新风运行往往难以实现稳定和满意的空调效果，其初投资和运行维护成本也极高，仅能耗一项就令人向背。

总之，所有这些条文都指向一个共同点，负压隔离病房的通风尚在不断探索和完善中，医院需要结合自身的医疗业务需求和感控标准来确定最合适的负压隔离病房通风方式。

5. 空气过滤、消毒措施

高等级的通过式空气过滤器是经过充分验证的最为有效且可靠的降低尘菌浓度的。《医院洁净护理与隔离单元技术标准》征求意见稿提出，负压隔离病房通风空调系统的排（回）风口均必须设有不低于现行国家标准《高效空气过滤器》（GB/T 13554-2020）的 ISO40 级高效过滤器。日本医疗工程协会要求负压隔离病房采用 HEPA 过滤。ANSI/ASHRAE/ASHE 2021 版《医疗护理场所通风标准》要求的最低过滤等级为 MERV-14，并强调该过滤要求并非最佳实践。

安装空气过滤器需考虑排（回）风管道阻力和排（回）风机风压匹配问题。国内常用的隔板高效过滤器以 GB-01 型为例（尺寸 484mm×484mm×220mm），在通过风量 1000m³/h 时的初阻力为 190Pa，终了阻力为 450Pa，该阻力不是一般的风机盘管机组或多联空调室内机可以承受得了的。

在负压隔离病房，超低阻高效空气过滤器的选用至关重要，初阻力通常可低至 15～20Pa，能够匹配风机盘管的余压。典型的 500mm×400mm×60mm 超低阻高效空气过滤器若每天通风 8 小时，其使用寿命可达 200 天左右。

负压病房和负压隔离病房因为会有人停留，不能用臭氧消毒空气；而通风系统内装紫外线灯因暴露时间短，很难保证空气消毒所需要的辐照剂量，也无显著效果。有观点认为，等离子体空气消毒装置可解决空气消毒问题。

7. 邻室压差与压差显示

设置缓冲间是负压隔离病房维持负压的必要手段之一。此外，三区两通道的出入口也应设置缓冲间。在人员进出等不利条件下，病房缓冲间有利于创建和维持污染区与潜在污染区的负压环境，也可以为医护人员进出病房穿脱防护装备提供便利。压差通过调节送、排风量差值实现。该差值可以采用定风量阀一次性调定，也可以采用变风量阀在运行中动态调节。考虑到系统可靠性，一般建议采用定风量阀。

从普通工作区进入辅助防控区的缓冲间对内对外都应为正压。《医院负压隔离病房环境控制要求》（GB/T 35428-2017）提出，相邻相通不同污染等级房间的压差（负压）不小于 5Pa，病房的负压程度由高到低依次为卫生间、病房、缓冲间与潜在污染走廊等，相应的压差控制指标（见图 4-25）。

考虑到现实场景中负压隔离病房内部的卫生间与病房之间难以形成有效压力梯度，国标《医院洁净护理与隔离单元技术标准》（征求意见稿）对病房卫生间和病房的要求修订为病房"向卫生间定向气流"。ANSI/ASHRAE/ASHE 2021 版《医疗护理场所通风标准》也只要求定向气流，如卫生间直接与负压隔离病房相通，并直接开向病房，则无须维持与病房的最小压差。

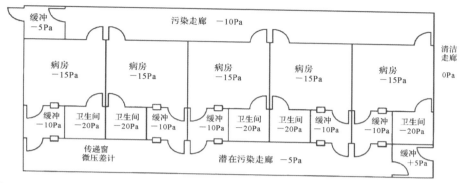

图4-25 负压隔离病区的压差要求（《医院负压隔离病房环境控制要求》GB/T 35428-2017）

在有压差要求的区域应设置电子微压差计，显示界面应设置在房间外侧人员目视区域，并标志明显安全压差范围指示。医护人员对压差不一定熟悉，所以压差计上应有压差降到标准值80%时的警示标识（如粘贴提示线或用不同颜色显示等）。电子微压差计可与通风系统联动并有不同颜色显示较为直观，且可联网管理。有条件时，宜在护士站设置集中式压差检测系统声光和历史记录查询（见图4-26）。

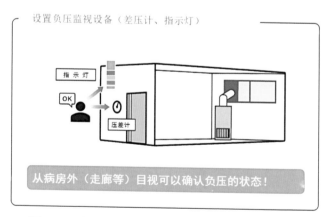

图4-26 负压隔离病房邻室压差指示与集中检测系统
（日本 Central Uni Co., Ltd 公开技术资料）

负压隔离病区的新风机组和空调机组中各级空气过滤器应设压差计。室内安装过滤器的送风口、回风口或排风口，每类风口至少有1个风口应安装压差报警开关，当阻力达到初始阻力 2 倍时，应更换高效过滤器；没有压力监测装置的排风口，高效过滤器使用 1 个月后也应更换。

8. 气流组织

负压隔离病房室内气流组织的首要原则是送、排（回）风口位置应有利于形成定向气流。通过风口位置的优化，驱使清洁空气从清洁区到污染区沿既定方向流动。再者，送、排风口的位置应使清洁空气首先流经医务人员的工作区，然后再流向传染源，最后进入排风口。根据该原则，国内外有关标准都规定不应使用局部净化设备干扰室内的定向气流。

实践中，负压隔离病房的气流组织有多种方式，目前主流的是上送风、下回（排）风模式，病房和缓冲间都不宜采用上送上回模式。项目设计时，还应统一考虑空调气流、消毒气流、排风气流，不应相互干扰。

9. 房间气密性要求

负压隔离病房通过负压手段把患者与周边环境和人隔开，通过避免空气交换的办法防止交叉感染。尽管负压隔离病房室内的空气呈负压状态，但同为负压隔离病房的邻室之间存在缝隙，便有空气在不同病房间流动的可能性，存在患者间交叉感染的风险。因此，负压隔离病房围护结构的气密性至关重要，但因为缺乏相关标准，所以往往被忽视，高标准医院可参考美国标准 ASTM E779-1《通过见机加压测定空气泄漏率的标准试验方法》进行房间气密测试。

造成气密性失败的重要原因之一是管道穿越墙体处没有严密封堵，尤其在电线管、桥架和通风、空调管道处。负压隔离病房一般会安装气密天花板，提供气密保障。但在维修保养时，若开启过天花板，则气密的有效性可能会降低，因此必须重新进行气密测试。

10. 平疫结合设计

负压隔离病房的平疫结合措施可以概括为两种方式。第一种是建设时已经达到足以处置重大疫情的负压隔离病房配置，空调通风系统具备多种模式，平时降级运行，疫情时转为负压隔离模式运行。这种模式设备系统复杂，建设成本和运营成本均较高，但是可实现最为迅捷的转换。第二种平疫转换设计以平时使用为设计目标，兼顾疫情时的改造需求，预留相关技术条件或接口。此方案建设成本增量少，医院平时的整体运行也未受到影响；疫情暴发时，通过改造即可收治感染患者。具体的转换技术措施这里不再赘述。

三、发热门诊（急诊）

2003 年 SARS 疫情后，综合医院根据卫生主管部门的要求，逐步建立起感染性疾病门诊制度，用于筛查呼吸道传染病和非呼吸道传染病患者。2020 年新冠疫情暴发，综合医院的感染性疾病发热门诊承担了对感染性疾病患者最早的筛查和鉴别工作，对于防止疫情扩散具有重要的意义。

目前，指导发热门诊建设的文件主要有以下几个。

（1）《医院隔离技术规范》（WS/T 311–2009）。

（2）《传染病医院建筑设计规范》（GB 50849–2014）。

（3）《传染病医院建设标准》（建标 173–2016）。

（4）《综合医院感染性疾病门诊设计指南（第一版）》（中国医学装备协会医院建筑与装备分会 2020 年）。

（5）中国工程建设标准化协会标准《综合医院感染性疾病门诊设计标准》（CECST/CECS）。

（6）国务院应对新型冠状病毒肺炎疫情联防联控机制（医疗救治组）联防联控机制医疗发〔2021〕80 号文件及其附件《发热门诊设置管理规范》《新冠肺炎定点救治医院设置管理规范》。

上述文件旨在引导和规范综合医院的感染性疾病门诊建设，为医院感染性疾病门诊改扩建提供具体指导，为感染性疾病疫情防控和诊治指出更科学合理的诊疗条件。

需要特别注意的是，与疫情防控相关的规范性文件实际上远不止这些。需要仔细甄别哪些规定是应急措施，哪些是医院在后疫情时代常态化的要求，在医院建设中有的放矢。还需要特别重视的是，随着人们对新冠病毒感染等疫情的认识不断加深，管控疫情的医疗实践也在不断丰富，规范性文件也在迭代更新，因此难免出现不同文件相互矛盾或个别矫枉过正的情况，需要留意此类文件的先后顺序及时效性，以科学的态度对待。

发热门（急）诊建设应遵循普遍的院内感染控制原则，综合采取隔离与缓冲、通风、负压控制、气流组织、空气过滤、消毒等措施。

◎隔离与缓冲措施

隔离措施主要对诊区采取三区两通道设计，从污染区进入潜在污染区以及从潜在污染区回到清洁区的通道分别设置缓冲间，人员行走和物质路线必须单向，空气通过缓冲间阻断不同区域间的流动。所谓缓冲间（或称缓冲室）是在相邻相通环境之间，有空气净化、压差、换气次数要求的小室；否则，就叫做气闸室。缓冲间的感染控制是通过高通量排风空气置换（建议不少于 12 次 / 小时）或高通量空气自净（60 次 / 小时的 HEPA 过滤）实现的。

除三区两通道的通道口外，在新建发热门（急）诊的留观室建议设缓冲间，形成隔离留观室。留观室设置缓冲间有利于维持留观病房的负压环境和单向气流，也可兼做医护人员污衣脱卸场所。

◎ 通风措施

发热门诊的诊室在传统意义上都采用开窗自然通风，以期达到稀释室内病原微生物的目的。开窗自然通风在很大程度上是过去技术经济条件有限而形成的权宜之策。自然通风因室外风向不确定，造成整个诊区无法形成安全的定向空气气流，污染物的扩散方向不受控，因此靠开窗通风虽有稀释效果，且简便、经济，但并非最佳的感染防控实践。高强度的机械通风量（新风＋排风措施）可以最有效地稀释室内的病原微生物数，降低人员感染的风险。

近年，新冠病毒感染等高致病性呼吸道传染病暴发，仅靠自然通风方式进行发热门诊（急诊）室内感控已经不切实际。《传染病医院建筑设计规范》（GB 50849-2014）的第 7.1.3—7.1.5 条明确要求传染病医院或传染病区应设置机械通风系统。

事实上，自然通风与机械通风方式并不矛盾，感染性疾病门诊建设之初即应考虑到机械通风带来的额外能耗，诊室和留观室应尽量满足自然采光通风条件，实际运行中可以根据疫情管控的需要，切换机械通风或自然通风，但是机械通风系统仍应该是发热门（急）诊必备的基础设施。

◎ 单向气流

美国疾病预防和控制中心（CDC）于 1994 年出版的《保健设施中防止肺结核分枝杆菌感染传播指南》首次提出定向气流的概念，即全面通风系统经设计和平衡应使空气从污染较少的区域或较为清洁的区域，流向污染较多的区域或较不清洁的区域。此后，该理念被广泛接受。《传染病医院建筑设计规范》（GB 50849-2014）提出，医院内清洁区、半污染区（潜在污染区）、污染区的机械送风、排风系统应按区域独立设置；医院门诊、急诊部入口筛查处的通风系统应独立设置、独立控制。

◎负压控制

机械送、排风系统应使空气压力从清洁区→半污染区→污染区依次降低，每一级的压力梯度宜为5Pa。清洁区采用正压，送风量应大于排风量；污染区采用负压，排风量应大于送风量。为维持房间压差，单个房间的排风量与送风量的差值应大于150m³/h。

医院建筑内的气流方向对感染控制是至关重要的，为此应严格维持医院不同区域的空气压力梯度，使清洁区空气始终流向半污染区，半污染区流向污染区，进行单向流动。关键区域的空气压力梯度宜通过安装微压差计来进行监测。

◎空调方式

《综合医院感染性疾病门诊设计指南》指出，发热门诊的空调应能独立运行，并保证24小时连续运行。冷热源优先选择院区的集中冷热源；当不能满足单独运行开启的需要时，应单独设置冷热源作为集中冷热源的补充；当院区没有集中冷热源时，应为感染性疾病门诊单独设置，风冷热泵和多联空调都是选项。

新风系统按照清洁区、半污染区（潜在污染区）、污染区（含筛查区）分别设置，新风机组应设置在清洁区。空调可采用新风系统＋各室独立空调的形式，室内单元可以是风机盘管、多联机室内机或分体空调；有条件的也可设置全新风直流式空调系统。《综合医院感染性疾病门诊设计指南》要求抢救室设置全新风直流式空调系统，这是出于感染控制的需要，该要求易被忽视。除抢救室外，其他诊疗房间的全新风直流式空调系统在非疫情流行期间应该有可以回风或调节新风比的技术措施，这样可以极大地减少空调能耗。

《传染病医院建筑设计规范》（GB 50849-2014）指出，中庭、门诊大厅等大空间可设计全新风直流式空调系统。全新风直流式空调系统应采取在非呼吸道传染病流行时期回风的措施。从暖通专业的角度看，中庭、门诊大厅等大空间应该优先考虑采用全空气空调系统，这种形式的空调在疫情时可以方便地转为全新风直流方式；而类似新风＋风机盘管等形式即使停止风机盘管空调，新风量也并没有因此增加，对疫情防控无实质意义，这点需要特别注意。

◎空气过滤与消毒

发热门诊并没有空气洁净要求，降低病原微生物的常态措施为空气置换和消毒，空气过滤等级和数量可根据疫情调整，HEPA 的重要性只在突发重大疫情时期才得以显现；平时，高中效或亚高效过滤器较为切合实际。

独立布置的空气净化机或消毒机往往采用下进风、上出风的气流设计，这种局部气流形态与发热门诊诊室所期望的上送风、下（回）排的室内总体气流组织相冲突，扰乱了所需的气流组织形态，这种气流混乱增加室内人员感染的风险，故不建议采用。若作为临时措施，应保证医护人员在上风向位置。

发热门诊排风系统的风机入口处应设置通过式空气消毒设备或相应等级的空气过滤器。

发热门诊检验室含标本采集室和实验室，属于污染区，应具备负压条件。检验工作环境及废弃物处理等存在生物危害风险，检验室设计应严格按照相应规范执行。离心机宜设置在生物安全柜内，在生物安全柜出风口处设置空气消毒化学装置，并高空排放。

污洗间内应设置空气消毒设施，在卫生间内顶部宜安装负压空气消毒装置，缓冲间、脱衣间及候诊区宜设置独立的空气消毒设备。

四、检验医学科概述

检验医学科通过采用实验室技术，利用医疗仪器设备检查患者的血液、体液、分泌物和排泄物，以获得疾病的病原、病理变化和机体功能状态等资料，为临床的诊断、鉴别诊断、疗效观察、推测预后、预防疾病和身体状况评价等提供依据。实验室的特点是设备多、发热量大、生物污染和化学污染物扩散风险大。通风空调系统的设计应重点关注污染控制与室内热湿环境的维持能力。

空调通风设计的要点如下。

1. 各实验室的通风宜相互独立设置，微生物学检验室、PCR 实验室、病理科尤其应与其他检验实验室分区独立布置。

2. 危险化学品储存应配备防爆箱、消防设施。房间必须有通风系统。挥发性试剂采用试剂柜储存的，要设置柜内通风措施。

3. 患者采血区、体液接受区宜设负压通风工作台。

4.办公区与实验区空调系统分区设置冷热源。办公区建议使用医院集中冷热源，以舒适性空调为设计原则，可采用风机盘管＋新风系统；实验区的各实验室考虑采用相对带独立冷热源的空调为宜。

5.实验室空调系统分区设置。应避免多个实验室共用一套空气处理机组。各区独立设置空气处理机组可有效地避免交叉污染，也有利于温湿度调节，方便运行管理，节约使用成本。

6.空调洁净要求：特殊重点实验室可考虑洁净空气系统；一般生化实验室、微生物检验室、血液检验室、细胞检验室等并无空气洁净要求。

7.通风系统：对于以操作台操作为主的实验室，上部送风、下部排风的通风布局是最佳选择。送风口宜在天花板均匀布置，而排风口宜设置在靠近地面的墙面或依附在操作台附近，试验台面局部排风则设置在高出操作台面10cm的位置，用侧吸罩、万向排气罩或原子吸收罩在第一时间将实验产生的污染物排出室外。针对实验室不同废气的特性，比重轻的气体的侧吸口位置应当适度提高。

8.检验中心内设置通风柜，应通过排风竖井高空排放废气，排风口一般应高出上人屋面2.1m。建议实验区在工程建设阶段考虑预留相应的竖井。

五、病理实验室

医院病理科在组织固定和组织处理过程中需使用甲醛、二甲苯等有机挥发性试剂，尤其取材、染色、脱水、包埋等操作环节有毒有害试剂使用量最大。而医院病理科房间通风不良，甲醛、二甲苯浓度超标问题较为普遍，给工作人员的身体健康带来巨大隐患。

国家强制标准《建筑环境通用规范》（GB 55016-2021）、国家推荐标准《室内空气质量标准》（GB/T 18883-2002）对室内甲醛、二甲苯及总挥发性有机物的控制同样适用于病理科（见表4-14）。

表 4–14　《建筑环境通用规范》《室内空气质量标准》
对室内甲醛、二甲苯及总挥发性有机物的标准值

污染物 / 单位	标准值		备注
	GB/T 18883–2002	GB 55016–2021	
甲醛（CH_2O）/（mg/m^3）	0.1	0.07	1 小时均值
二甲苯（C_8H_{10}）/（mg/m^3）	0.2	0.20	1 小时均值
总挥发性有机物（TVOC）/（mg/m^3）	0.6	0.45	日平均值

卫办医政发〔2019〕31 号《病理科建设与管理指南（试行）》对病理科有毒有害有机化学制剂造成室内空气污染提出干预要求。该指南第二十八条规定，病理科应当按照卫健委有关规定做好和加强有害样品损害的预防与控制工作。

在新建医院病理科设计中，需要重点关注以污染物稀释、快速排除为导向的通风设计，采取必要的技术措施，解决室内空气污染问题，同时协调好系统能耗和使用便利性、可操作性问题。

（一）病理科空气污染物控制策略

降低病理科室内有害气体污染物浓度所采取的空气污染物控制策略，需要考虑几个方面的问题。

◎ 从源头控制污染

病理科取材、染色、脱水、包埋等操作环节中，甲醛、二甲苯等溶剂使用量最大，综合读片室和荧光显微镜室也会散发少量的甲醛和二甲苯。试剂柜也有微量溶剂散发，其中试剂柜应避免密闭引起的浓度积聚。

鉴于甲醛等试剂的挥发性、黏附渗透性强，扩散到室内空气中的甲醛极易渗透到墙面、吊顶、实验家具、纺织品内部，形成长期污染且难以彻底清除。为此，建议所有使用试剂的操作都应该在配备局部通风设施的工作台进行。试剂柜也尽量设置柜内通风措施。

◎ 建立有效的背景稀释措施

甲醛等污染物一旦扩散到房间内，就需要利用房间换气措施排除，有效的污染稀释建立在足够的房间空气换气和换气气流组织的基础上。甲醛的相对密度略大于空气且人员呼吸带高于散发污染的操作高度，换气应总体

采用上送风、下排风的方式。送风宜直接到工位上方或让工位处于送风气流稳定覆盖范围内，应避免让人员处在污染扩散路径的下风向。

◎ 采取降解措施

等离子空气净化装置可用于分解空气和附着在器物表面的甲醛和二甲苯等挥发性有机污染物。等离子空气净化技术在分解有机挥发物中的效用已经得到广泛验证，在病理科应用也取得预期效果。但是，被电离的高浓度氧自由基作为一类高氧化活性物质，关于其对人员健康的影响尚缺乏充分的研究，且等离子发生器的副产物——臭氧是已知的重要污染物。因此，在病理科应审慎应用等离子空气净化技术。在实际使用时，应有控制等离子体浓度和臭氧浓度的措施及实际浓度的指示装置，并宜在夜间值班通风模式下使用。

（二）技术措施纲要

ANSI/ASHRAE/ASHE 2021 版《医疗护理场所通风标准》对病理科的要求是：室内负压，最小新风换气量 2 次 / 小时，房间总通风换气量不小于 6 次 / 小时（直流方式不循环利用），空气过滤效率等级 MERV-8，推荐室温 21 ~ 24℃。

ANSI/ASHRAE/ASHE 2021 版《医疗护理场所通风标准》建立在病理科操作高度自动化的基础上，病理科仪器设备环保性能优良。使用溶剂的操作过程绝大部分在智能设备内部封闭完成，废气排放量少且不逸散到房间空气中。只要严格执行操作流程并对工位进行局部排风，病理检验的操作过程不会对房间空气造成显著污染。因此，房间通风可不做过多的要求，房间总通风换气量的基准定在 6 次 / 小时，这是发达国家病理科设计的现状。目前，我国的实践普遍与之有差距。但是新建医院随着新型设备（如图 4-27）的引入，病理科实际运营所需的通风换气量显著减少。项目建设时需要结合采购的分析仪器匹配通风换气系统，避免过度通风换气而造成空调效果不良或投资的浪费。

高水平病理科建设不宜过度强调通风换气指标，应该根据病理科实际设备配置情况进行有针对性的设计，并把通风的重点放在取材环节。鉴于国内普通医院病理科实际运行情况，在对病理科进行前期设计规划时，可采取如下技术措施，这些措施仅针对病理科作业区，配套的办公空间不在其列。

图 4-27　自动染色封片一体机（智能废气检测功能，专业负压设计，保证机器内部的气体不外泄，配智能排风系统，实时监测废气浓度）

1. 新风、排风系统单独成套设置，不与医院其他区域共用。

2. 采用全直流通风方式，排风不再回收利用。

3. 排风系统由房间背景排风和工位局部排风组成。

4. 房间背景排风换气次数应根据病理实验室的使用要求、房间面积、室内净高和实验室工作区潜在污染暴露水平，经计算确定。

5. 标本接收、取材、固定、染色、脱水操作房间的排风换气次数可按照不少于 6 次 / 小时估算，取材和包埋视房间大小、工位密度和检验业务强度可适当上浮；标本存放室、试剂存放室、镜检诊断室可以按不少于 6 次 / 小时估算。

6. 采用传统标本制备设备的病理科，综合房间背景排风和工位局部排风的总换气量典型值为 20 ~ 25 次 / 小时。

7. 当总排风换气次数高于 12 次 / 小时时，建议设置等离子空气净化装置，用于强化消解室内挥发性有机物污染。等离子发生装置应防止臭氧超标。

8. 建议采用与污染物浓度探测装置联动的需求侧通风控制方法。主要实验房间应设置空气品质探测器（监测甲醛、二甲苯或 TVOC 浓度），房间排风量宜根据污染情况联动调节，风量调节宜采用压力无关型单风道变风量阀，风阀处设计流速建议值 9 ~ 10m/s。房间设手动风量调节面板和污染物浓度显示面板。

9. 主要实验房间送风采用上补风、下排风的方法，有条件的宜下排 2/3、上排 1/3。补风量应根据排风量确定，以保持操作室内相对于走道微负压，办公区相对于污染区微正压。补风宜靠近工位，排风尽可能避免气流短路和死角。

10. 建议室内另设风机盘管或多联空调，推荐负荷指标 250 ～ 300W/m²。

11. 局部排风的风道和风机宜独立设置，且应采用不燃材料制作风管。局部排风系统的排风不做吸收、降解等环保处理，应在屋面高空排放，排放口距屋面 2.1m 以上。

六、PCR 实验室

PCR 实验室是对样本进行核酸检测的一系列实验室的统称。新冠疫情防控期间，医院 PCR 实验室还承担新冠病毒核酸检测的任务。

（一）PCR 实验室设计标准

以往医院 PCR 实验室参照医学 BSL-2 实验室（简称 P2 实验室）建设。《医疗机构发热门诊临床实验室能力建设专家共识（2020 版）》指出："对于用于新冠病毒检测的 PCR 实验室……建筑标准宜满足加强型医学 BSL-2 实验室标准。"目前，这项指导意见已经成为卫生主管部门验收医院新建和改建 PCR 实验室的依据之一。

加强型医学 BSL-2 实验室（简称 P2⁺实验室）的技术要求参看 2020 年 2 月 19 日开始执行的《医学生物安全二级实验室建筑技术标准》（T/CECS 662-2020）的规定。PCR 实验室布局和流程参考《医疗机构临床基因扩增检验实验室工作导则》的规定。《医学生物安全二级实验室建筑技术标准》（T/CECS 662-2020）解决了困扰医院新建 PCR 实验室的生物安全级别定位和技术规范问题，对不满足核酸检测要求的既有 PCR 实验室改造有积极指导意义。

根据 P2⁺实验室的技术要求，PCR 实验室应设置缓冲间、机械通风系统，并采取排风高效过滤等措施，且各室有明确负压或压力梯度要求。

新建 PCR 实验室建议以 P2⁺实验室环境控制标准设计，其安全等级应介于 P2 与 P3 级之间，除实验区空调通风系统外，与医院以往 PCR 实验室设置要求并无其他区别。PCR 实验室设计成功的关键在于空调通风设计的合理性，即在满足 PCR 实验对环境要求的前提下降低实验室建设和运维成本。

（二）气压和气流控制

PCR 检测环境控制的核心问题是避免样本污染。常见污染风险类型有：扩增产物气溶胶逸出污染上游区域的试剂、标本；试剂使用过程的污染；人员在标本接受和制备过程遭受的污染。

1. 针对上述潜在污染，首先要控制各室的压力梯度，应采用的空气压力梯度分布见图 4-28。

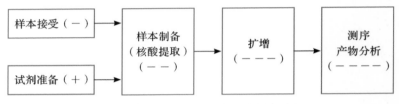

图 4-28　PCR 实验室空气压力梯度示意

2. "试剂准备"时为正压，正压是为了防止外来污染物污染试剂。其他各区均为负压，防止病毒及其核酸污染其他区域。负压增加的方向与样本的流向一致，压力梯度阻止病毒核酸回流而污染上流检验区域。

3. 纯化操作时，标本暴露受污染的可能性最大，必须在生物安全柜内操作。

4. 试剂操作必须在洁净台内进行。

5. 缓冲间起到屏障作用，通过缓冲间两侧邻室的压差，控制气流方向。缓冲间内可不设送排风，对缓冲间自身压力也不做独立控制。

（三）室内环境控制

PCR 实验室各房间温湿度以满足舒适性要求为主。样本制备区，工作人员操作时穿戴防护服，着装不利于身体散热，室内设计温度宜取低值，约 22 ～ 24℃为宜，以改善工作人员的工作条件。各区的空调冷热源和空调末端形式应保证可以 24 小时连续工作。

PCR 实验室参照 P2⁺实验室建设，P2⁺实验室并无采用净化空调的规定。采用净化空调可带来更好的人员安全防护条件，是新建 PCR 实验室的首选。若作为改造项目，则视技术条件确定，PCR 实验室的换气次数要求很高，因此在实践中会采用空气洁净技术。

（四）平疫转换措施

PCR 实验室空调平时可按室内风循环净化＋新风＋排风联合的方式运行，这并不违背 P2$^+$实验室的建设运行技术标准。考虑到 PCR 实验室检测高致病性病毒核酸的需求，各室尚应具备适时转入全新风直流空调的能力，以达到更安全的环境控制效果。平疫转换策略更切合医院管理实际需求，可降低医院 PCR 实验室的日常运行成本。

PCR 区域的新风系统可采用直膨式空气净化机组，寒冷地区可在新风入口增设电热预热段，新风送风机变频以实现新风量的调节和平疫转换。提供室内空气循环的空调应该分室独立设置。空调室内机出厂应配套静电亚高效级空气过滤模块。医院需要保证 24 小时连续供冷或供热运行，多联空调有较好的灵活性，可作为首选。

七、放射影像科

放射影像检查设备主要包括 X 线机、CR、DR、钼靶、数字肠胃、CT 等。这些设备都通过 X 线的照射获取图像。放射检查机房一般包括扫描间、控制室。

医学成像设备工作时发热量大，且不具备自然通风的条件。因此，解决好扫描室的通风和散热问题，改善医护人员控制室的热舒适度，是医学影像科的建设者需要关注的重点。

核医学科的单光子发射计算机断层成像（single photon emission computed tomography，SPECT）或正电子发射计算机断层成像（positron emission tomography，PET）设备区与放射影像科室的环境控制要求有相似之处，空调通风系统可以参考放射影像科室，其特殊之处详见本节中"核医学科"相关内容。

（一）室内环境控制

考虑到医学影像设备空调供冷供热需求与医院其他科室并不同步，设备发热导致扫描室、控制廊等房间供冷季很长，甚至需要全年供冷。设备间、控制室（控制廊）与检查室、患者等候区、医生办公室等场所的冷热需求也会有相互矛盾的时候。设备间、扫描室一般需独立设置多联机供冷。患者等候区、医生办公室、控制室（控制廊）与医院的空调系统相一致。

行业领先的空调制造商可提供三管制多联空调，这类多联空调系统在同一个空调系统中同时实现供冷供热。三管制多联空调同时有一定的节能优势，值得关注，但其尚属于小众产品，未见在医院成规模普及应用。

（二）空气品质控制

放射科患者候诊区人员密集，经呼吸道感染疾病的传播风险高。ANSI/ASHRAE/ASHE 2021 版《医疗护理场所通风标准》修编后将医学影像检查室患者候诊区列为第 4 级空气品质管控区域，空调系统需要设置两级空气过滤，第一级不低于 MERV-7（G4），第二级不低于 MERV-14（F7），循环过滤次数不少于 12 次 / 小时。ASHRAE 170-2021 同时还要求该区域空气为负压，但对新风量未提出特殊要求。呼吸道感染疾病患者专用的放射影像室通风空调系统应符合感染科更严格的感染控制要求。

影像设备的医生控制廊（或控制室）往往为无窗的内区，医护人员密集，环境闷热、空气浑浊、热舒适度差。医生控制走廊（或控制室）十分有必要加强机械通风措施，既要有新风，排风也必不可少，否则新风送不进来。冬季放射影像区域新风的送风温度可适当降低，为内区房间提供额外的通风冷却能力，也可避免房间空气阻滞的闷热感。

（三）放射防护与其他防护措施

在有射线屏蔽要求的影像室，穿扫描检查室墙的风管、空调水管、冷媒管道、冷凝水管应采取不小于墙壁铅当量的屏蔽措施。屏蔽措施符合《核医学放射防护要求》（GBZ 120-2020）。

CT 等影像设备的设备机械间和检查室间不宜将医院院区中央空调循环水作为空调介质，以免水管爆管造成设备损毁，也不应在扫描设备正上方设置空调末端装置及冷凝水管。

影像设备属于贵重装备，需要设计气体灭火系统，通风系统需要保证在气体灭火时能够自动关闭；也可以采用移动式专用灭火器。

八、磁共振室

磁共振成像过程高度依赖磁场的均匀度。如果磁体周边的磁场不稳定或有机械振动，MRI 质量会受到很大的影响。所以，磁共振成像设备对环境电磁干扰和机械振动都有严格要求。在规划选址时，选址应远离变电所、电梯、空调机房、冷冻机房、泵房、机动车道、充电设施等产生杂散电磁场和振动的场所。场址规划须个案分析，经由 MRI 设备供应商评估确定。在场地确受局限时，可以采取主动防护措施改变周围环境磁力线分布，以达到设备运行条件。

磁共振室的扫描室因内置低温超导强磁体，故又称磁体室。考虑到电磁影响，无关机电管道不应穿越该房间。出于同样的原因，磁共振扫描室的通风空调管道和配件也不应采用铁磁性材料，可用铝材、奥氏体不锈钢或黄铜替代。通风空调的风口应采用能屏蔽电磁波的结构或另设置屏蔽网防护。任何含铁磁性材料的管线均不应穿越或进入扫描室。

磁共振扫描室环境需要常年 24 小时 ×7 天持续维持空调系统的可靠性和稳定性，这是非常关键的。室内温湿度并无特殊要求但要保持稳定，减少波动，室温宜为（22 ~ 24）℃ ±2℃，相对湿度宜为 60%±10%，建议采用独立的恒温恒湿空调系统。

氦液化用的制冷压缩机若采用水冷型，需要配套冷水机组的场地，协调好室内至室外冷却水管走管的路由，通常室内机与室外机配管高差不宜超过 30m，并且要在磁体到现场之前安装调试完毕。磁共振设备还需要在室外预留扫描室专用恒温恒湿空调的室外机位置，冷水机组室外机的尺寸大小和重量因产品而异，3.0T MRI 配套的冷水机组典型重量可达 2 吨，尺寸（宽 × 长 × 高）接近 1.4m×4.0m×2.0m，综合来说，室外需要预留有宽 2m 以上、长 7m 以上的场地。

磁共振机的液氦杜瓦应设置氦气排放系统，以备磁体失超时液氦沸腾蒸发时能够快速排出。失超排气管应采用无磁性材料制作，管径不应小于 250mm，且不应与其他排气系统连通。失超排气管一端连接到杜瓦的爆破管口，另一端直通至室外无人区域，以防排气冻伤人员（失超排气管喷出的氦气温度可低至 − 269℃）。

九、核医学科

（一）核医学科影像设备

核医学科影像设备包括单光子发射计算机断层扫描成像（SPECT）与正电子发射计算断层扫描成像（PET、PET-CT）。其中，扫描间温度应为22℃±2℃，每小时的温度变化不宜大于3℃，相对湿度保持在60%±10%为宜，不应产生凝露。扫描室和控制室的空调建议独立于医院大楼，可采用多联空调，经济技术条件许可时也可采用恒温恒湿空调机等独立的系统。空调通风系统的配置要求与放射科影像设备的CT机房类似。核医学科影像设备区与放射科的不同之处在于，接受核医学成像设备检查者身体内含有核素，通风系统需要着重考虑气流组织以防止放射性污染空气扩散。通风应遵循从非放射区向监督区最后到控制区的气流方向，保证医护人员停留的控制室空气处于正压，扫描检查室、候诊区、患者卫生间等处的空气处于负压。

（二）核医学科室的通风空调

放射防护是核医学科室通风空调系统设置的基础性要求。防护原则、防护水平和防护措施应遵循2020年新版的中华人民共和国国家职业卫生标准《核医学放射防护要求》（GBZ 120-2020）。

核医学科室的通风系统应根据放射性同位素种类与使用条件确定。有核辐射风险的房间应采用各室间相互独立的空调系统。《综合医院建筑设计规范》（GB 51039-2014）建议，放射性同位素治疗用房的空调系统采用全新风空调方式。全新风空调方式有最强的排除放射性污染的能力，但是室温控制、运行能耗水平和建筑高度等难题使之难以落地。风机盘管空调器或多联空调是较为切实的空调方案。

碘-131治疗病房是相对独立的治疗场所，患者住院后限制在本治疗区活动。一些医院将此类病房设置在地下室。设在地下室的核医学用房室内空间散热困难，供冷季节显著延长。独立空调可采用风冷热泵或多联空调。

保持核医学工作场所良好的通风条件是至关重要的。基本通风设计原则：含放射性核素场所放射性空气不会反向流动到医护工作场所。其中，碘-131治疗病房区应有独立的通风系统，在与相邻建筑或地面通道保持足够距离或采取隔离防护措施后，病房宜设置通风采光窗，既可以换气，也可满足患者心理需求。

根据规范要求，应依据单次治疗所需操作的最大量放射性核素的加权活度，对开放性放射性核素工作场所进行分类管理。工作场所分按《核医学放射防护要求》（GBZ 120-2020）为Ⅰ、Ⅱ、Ⅲ三类，对Ⅰ、Ⅱ类区均采用放射性屏蔽措施，对Ⅲ类区无防护要求。对应的通风措施：Ⅰ类区采用特殊的强制通风，Ⅱ类区保持良好的机械通风，Ⅲ类区可采用自然通风。

放射性同位素管理区域应保持负压，并应在排风系统中设置气密性阀门，防止通风系统停机时串气。放射性排风系统在管道末端设置放射性颗粒物过滤装置和引风机，使整个排风管保持负压状态。在贮藏室、废物暂存室贮藏放射性同位素时，应24小时持续换气。定期更换过滤装置，并按放射性固体废物处理。

《核医学放射防护要求》要求，合成和操作放射性药物应在有放射防护的专用通风柜内进行，防护厚度应与操作类型相符，必要时进行气体或气溶胶放射性浓度的监测，通风柜面风速应不小于0.5m/s。排气口应高于本建筑物屋顶并安装专用过滤装置，排出空气浓度应达到环境主管部门的要求。

十、医学模拟中心

医学模拟中心，又称实训中心，用于临床技能培训与考核，是展开模拟教学、研究的场所。其配备的各种培训室能真实再现临床医疗过程中的绝大多数场景。

（一）专业技能培训室

专业技能培训室是医务从业人员和医学院学生训练单项操作技能（如肠胃镜操作、急救术）的场所，培训在模拟假人和电子化模拟装置上操作，不涉及活体标本、病理标本、化学制剂的使用。其设计可参照普通教室进行，室内温湿度控制参照舒适性环境要求，无特殊通风换气和空气洁净要求。

（二）综合能力（情景模拟）培训室

综合能力（情景模拟）培训室是医务从业人员和医学院学生在仿真情景下培养专科综合技能（如护理和外科手术操作）的场所；主要业务类型有

模拟洁净手术室、模拟产房、模拟病房、模拟急诊抢救室、模拟 ICU、模拟 NICU 等。模拟是在假人身上进行的，但是所用医疗器械和诊疗过程是全真的。因此，室内环境参照普通病房进行，室内温湿度控制参照舒适性环境要求。需要为医疗器械提供必要的环境支持，例如医疗气体吊塔（氧气和真空）和设备带、模拟手术室综合控制面板都是真实可用的。

（三）大动物手术教学培训室

大动物手术教学培训室造价高，主要目的是在大型动物（例如实验猪、猴）身上开展特定的外科手术，以培养临床医生和医学生的手术技能。将来可能展开达·芬奇手术机器人的培训。手术对象为活体动物，所有医疗器械配置均按照手术室标准真实配置，开展的操作也与真实人体手术一样。需要提供不低于 10 万级的洁净环境、层流送风和新风，以保障人员的安全和环境的热舒适度。按标准洁净手术室配置手术用医疗气体、动力气体、吊塔和净化空调系统、麻醉气体排放系统等。要考虑术前动物暂存室及其通风要求，防止气味往人员活动区扩散，动物暂存室无洁净要求。

十一、造血干细胞移植中心

造血干细胞移植中心（hematopoietic stem cell transplantion center, HSCTC）是医院进行造血干细胞移植手术的重要场所，根据医院业务建设需要，可包括造血干细胞移植病房、干细胞实验室、临床级干细胞库等功能区。

接受造血干细胞移植（hematopoietic stem cell transplantion, HSCT）的患者首先需要接受大剂量放疗、化疗的预处理，有时还会联合其他免疫抑制药物，以清除体内的肿瘤细胞、异常克隆细胞。然后将造血干细胞移植给患者，使之重建正常造血及免疫功能系统。因此，病房的洁净环境是必不可少的，这也是《造血干细胞移植技术管理规范（2017 年版）》的要求。

以脐带血干细胞移植治疗为例，干细胞实验室操作通常包括取材、提取、培养、传代、扩增、分离、纯化等步骤。这些操作都需要无菌环境。因此，干细胞实验室洁净环境是必不可少的，是实验室建设管理的核心内容之一。

（一）造血干细胞移植病房

目前，国内尚无造血干细胞移植病房建设的专项技术标准。工程建设以往主要参考《医院洁净手术部建筑技术规范》（GB 50333-2013）和《综合医院建筑设计规范》（GB 51039-2014）中与血液病房相关的要求，结合医院对此项医疗业务的理解。

1.《综合医院建筑设计规范》（GB 51039-2014）对血液病房的原则要求

（1）治疗期血液病房应选用Ⅰ级洁净用房，恢复期血液病房宜选用不低于Ⅱ级的洁净用房。应采用上送下回的气流组织方式。在Ⅰ级病房，应在包括病床在内的患者活动区域上方设置垂直单向流，其送风口面积不应小于6m²，并应采用两侧下回风的气流组织。如采用水平单向流，患者活动区应布置在气流上游，床头应在送风侧。

（2）各病房的净化空调系统应采用独立的双风机并联，互为备用，确保系统能24小时运行。

（3）送风应采用调速装置，应至少设两档风速。患者活动或进行治疗时，工作区截面风速不应低于0.20m/s；患者休息时，不应低于0.12m/s。冬季室内温度不宜低于22℃，相对湿度不宜低于45%RH。夏季室内温度不宜高于27℃，相对湿度不宜高于60%RH，噪声应小于45dB（A）。

2. 造血干细胞移植病房工程建设中若干热点问题

（1）移植病房的层流舱与层流病房。

·层流舱通常由一个可以容纳床位的透明舱室和配套的高效空气过滤系统构成。层流舱是按层流洁净区最小化原则布置的，舱室结构简单，建设和运行成本低。但是，狭小的空间会给接受治疗的患者造成不良的心理影响。

·层流病房以病房为整体单元设置空气洁净，可为患者提供更好的护理环境和更大的活动空间，往往配套更完善的洁净措施。层流病房因更人性化和配套更完善而日益成为主流。

（2）移植病房洁净度等级的确定。

根据国家卫计委办公厅印发的《造血干细胞移植技术管理规范（2017年版）》要求，造血干细胞移植病房应该采用百级层流。百级洁净环境通常采用上送下侧回的垂直单向流（即层流）气流组织方式。病房的空气洁净度等级应该达到 5 级，对应的沉降法（浮游法）菌落最大平均浓度为 0.2cfu/30min·φ90 皿（5cfu/m³）。上述要求与《综合医院建筑设计规范》（GB 51039-2014）规定的治疗期血液病房的技术标准一致。

（3）移植病房套内卫生间设置。

医院设计和科室医护人员普遍对套内卫生间存在顾虑。因为卫生间作为空气污染源和潜在感染源嵌套在移植病房内，存在病原微生物扩散的风险。然而，将卫生间设置在百级层流病房外，患者出入也未必能完全避免此类风险。况且，将卫生间设置在套型病房外对患者的日常起居十分不便，给治疗期患者的心理健康带来不利影响。

实践证明，在采取一定的气流组织和负压排水等技术措施后，套内设置卫生间是安全可行的，已有的成功经验值得新建医院参考（见图 4-29）。

（4）套内卫生间内淋浴设施配置。

如果卫生间的气流组织得当，安装淋浴设施也是可行的。保持套内卫生间相对于病房负压是防止卫生间污染物扩散到病房的关键环境设计要素。卫生间持续排风并在卫生间与病房间增设缓冲间，可有效维持卫生间负压。采用集成式整体卫浴，台盆、坐便器等一体化设施，既方便清洁和消毒，又可干湿分离，避免水渍带出，是有益的环境控制措施。

图 4-29　移植病房洁净等级

（5）空调方式的确定。

干细胞移植病房要求采用百级层流设计，移植病房外的监护缓冲区（或称治疗前室）宜两间或多间病房合用，洁净等级为千级，其余的走廊、护士站等过渡缓冲区域则可以按万级洁净区设计。这样的洁净空调方式可降低初投资和运行成本。在项目规划时，需要重点考虑空调机房的场地需求，场地应有利于设备的日常维护。

（二）干细胞实验室

医院的干细胞实验室主要用于提供干细胞基础研究、临床应用研究及干细胞技术服务，包括各种组织细胞来源的干细胞体外鉴别、分离、纯化、扩增和培养等实验研究。实验室功能区包括干细胞的制备、质检及存储（干细胞库）等。其中，干细胞的质检管理区又包括无菌检测、致病因子检测、培养基残余量检查房间等。另外，干细胞实验室还需配套备品库、更衣室、洗衣间、纯水制备间、配电间等后勤保障房间。

临床级干细胞的制备应确保其安全性和有效性，防范体外操作引入的风险，如：病原体污染、培养代数增加导致的细胞基因型和表型不稳定，以及压力环境下发生干细胞 DNA 重组、缺失、基因或表观遗传异常的风险，最终带来严重的病理改变。因此，临床级干细胞的制备应遵循 GMP 程序，这也是国内干细胞实验室的基本要求。

◎洁净区和非洁净区

干细胞实验用房分为洁净区和非洁净区。具体的流程和洁净等级与实验室的用途密切相关。但无论哪种用途干细胞制备实验室，核心区均应满足无菌操作要求，避免外源致病微生物与供体间的交叉污染。

（1）洁净区包括支架材料处理室、组织样本处理室、细胞分离室、细胞培养室、组织构建室、组织培养室、无菌质量检测与控制室、清洗消毒室、废弃物灭活处理室等。上述区域一般以万级洁净度为环境背景。

（2）核心区内走廊洁净等级通常采用 10 万级，外环走廊等可采用 30 万级。

（3）非洁净区包括组织学检测室、分子生物学检测室、医用气体设备房（CO_2、N_2 气瓶间）、储存室、监控中心、资料档案室、备品库、更衣室、洗衣间、纯水制备间、配电间等后勤保障房间。这些区域可采用普通空调和通风方式。

◎ 环境洁净等级

干细胞实验室环境设计应符合 GB19489、GB50333、GB50346、GB50457 的要求。

（1）B级环境背景下的局部A级：包含细胞/组织制备处理过程相关的功能分区，与细胞、材料、组织制备直接相关的操作应在 A/B 型生物安全柜内操作。

（2）C级环境背景下的局部A级：包含材料/组织预处理以及无菌质量检测与控制相关的功能分区，与细胞、材料、组织处理直接相关的操作应在生物安全柜内操作。

（3）C级环境背景：包含洗衣、清洗、消毒功能。

（4）D级环境背景：包含废弃物灭活处理相关功能。

◎ 气压控制

实验室邻室空气压差控制应遵循 GMP 中对压差的要求。《药品生产质量管理规范》2010 年修订版规定，洁净区与非洁净区之间、不同级别洁净区之间的压差应当不低于 10Pa。

◎ 环境监测

在实验室 B 级背景下的 A 级区域应配置尘埃粒子计数器、温湿度计、邻室空气压差计等实时在线监测装置，并可在线保存历史数据供追溯，同时在环境参数出现异常时给出声光报警。对实验室环境控制相关的风机、空气处理机、高效过滤器、中效过滤器进行自动监测，确保工作状态正常。

（三）临床级干细胞库

干细胞设备间的超低温冰箱用于存放从供体采集来的干细胞，冰箱区应充分考虑散热，装设能够常年制冷的空调或增设通风风机。干细胞库空气洁净一般采用 10 万级。使用和存储液氮与干冰的区域应配备气体浓度实时监测系统，提供声光报警功能并与排风系统联动，一旦房间内氧浓度低于设定的下限就自动启动强制排风。

十二、人工透析室的空调环境

血液透析简称血透，按《血液净化标准操作规程》（2020 版）的结构功能布局要求，应设置：①功能区：透析治疗室［普通治疗区和（或）隔离治疗区］和治疗准备室；②辅助功能区：水处理间、清洁库房、污物间、洁具间接诊室/区以及患者更衣室等；③医护人员办公室和生活区。

不同功能区对室内空调环境要求不同，按照《医院消毒卫生标准》（GB 15982-2012）中的环境要求，人工透析室应满足Ⅲ类环境要求。但对于透析室的温度、湿度及新风量，《医院消毒卫生标准》（GB 15982-2012）、《综合医院建筑设计规范》均未提出相关严格的要求。早期有些项目采用洁净空调系统，也有项目采用普通的风机盘管＋新风、VRF＋新风等空调系统，无相关文献提出采用非洁净空调系统会给病患带来不适或者其他隐患。

参考《医院通风空调设计指南》等文献，血液透析室的新风量可适当放大至换气次数不小于 2.5m³/h，同时考虑排除消毒剂产生的气体，室内应设排风系统，排风量可等于新风量。

第十四节　空调系统的维保

集中空调通风系统是医疗护理场所重要的物业设施，能够改善室内环境温度、湿度等指标，满足人们对热舒适性的要求；也是医院控制室内环境质量最有效的技术手段。但是，设计、施工或运维不良的集中空调系统也可能成为室内空气污染物的重要来源，及呼吸道传染性疾病的重要传播途径。

医院集中空调通风系统的卫生管理及清洗消毒、检测和评价工作应遵从《公共场所集中空调通风系统卫生学评价规范》（WS/T 395-2012）和《公共场所集中空调通风系统清洗消毒规范》（WS/T 396-2012）。空气消毒效果应同时符合《医院消毒卫生标准》（GB 15982-2012）、《医疗机构消毒技术规范》（WS/T 367-2012）及《医院空气净化管理规范》（WS/T 368-2012）的规定。

空调系统的维保包括空调水系统的维保和空调风系统的维保，从空调功能上也可划分为普通舒适性空调的维保和特殊工艺性空调（如洁净空调、恒温恒湿空调）的维保。

一、空调水系统的维保

（一）水系统污染物种类

中央空调水系统可分为冷冻水系统和冷却水系统。影响空调水质的杂质概括起来有以下几种。①不溶性杂质：如泥沙；②可溶性杂质：如钙、镁离子等；③气态杂质：如氧气、二氧化碳；④微生物污染：如细菌、藻类、真菌类等大量繁殖所造成的；⑤溶解氧：腐蚀管道内壁使其发生电化学腐蚀。

（二）中央空调水系统结垢腐蚀的危害

1. 水垢降低换热器的传热效率，致使空调制冷效果变差、能耗增加。有研究表明，冷水机组蒸发器或冷凝器每增加1mm水垢，将使冷水机组的制冷量降低20%～40%，空调能耗增加15%～30%。

2. 污泥堵塞水过滤器及主机或末端设备换热管，导致主机设备跳泵、停机。冷水机组标准冷却工况的水温为32～37℃，这个温度区间适合藻类、细菌和真菌快速增殖，这些微生物形成的泥沼附着于设备和管道的内表面后，在增加水阻的同时降低热交换效率，增加压缩机高低压比，导致能耗增加。

3. 腐蚀导致管道、换热管内壁减薄甚至发生穿孔（见图4-30），设备寿命缩短，运行维护费用增加。

图4-30　结垢造成空调管道和设备腐蚀

4.菌类繁殖通过冷却水和冷凝水盘飘散导致呼吸道感染疾病传播，典型的菌类有军团菌。菌类导致微生物腐蚀，菌类死亡后生成黏泥，进而可引起垢下腐蚀。

（三）物理清洗方法

物理清洗是通过物理的或机械的方法对循环水系统或其设备进行清洗的一类方法。制冷主机或热水锅炉换热器常用的物理清洗方法有针对制冷主机或热水锅炉的换热器通炮，即通过压缩空气或人工，把冲杆、橡胶塞、尼龙刷或圆钢等工具通过换热器管子内，以除去管内的沉积物或堵塞物（见图4-31）。

图4-31　制冷主机和锅炉内部换热器的通炮清洗

（四）风冷热泵清洗保养

风冷热泵的散热翅片长期暴露在室外大气中，积尘和酸雨侵蚀影响换热效率，进而影响空调能效和输出功率。风冷热泵空调主机清洗保养的重点是污损的翅片，主要的清洗方法是水洗。首先，将清洗机水枪调到水柱状，对风冷主机的各部件冲洗一次。然后，将专业的翅片清洗剂均匀喷洒在冷凝器翅片上，等待其充分作用后用水枪冲洗至无残留物。最后，对倒掉的冷凝器翅片进行梳理矫正。

（五）化学清洗方法

化学清洗是指利用化学方法及化学药剂，溶解、清除附在设备管道表面的污垢、水垢等的方法，是用于金属表面处理要求高的设备的一类清洗方法。常用的清洗剂有酸、碱、有机螯合剂、分散剂等化学药剂。管道化学清洗流程如图 4-32 所示。

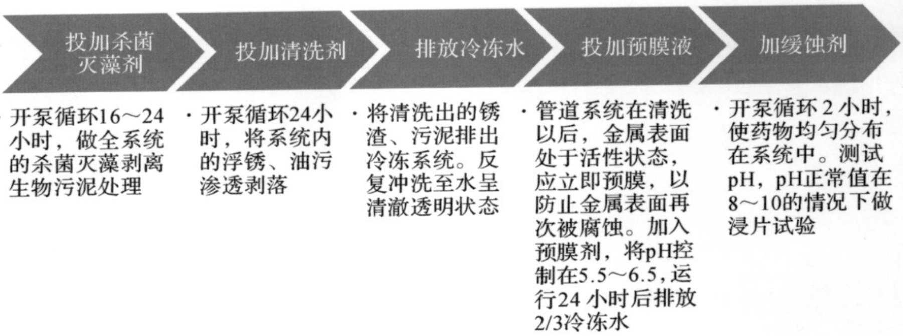

投加杀菌灭藻剂	投加清洗剂	排放冷冻水	投加预膜液	加缓蚀剂
·开泵循环16～24小时，做全系统的杀菌灭藻剥离生物污泥处理	·开泵循环24小时，将系统内的浮锈、油污渗透剥落	·将清洗出的锈渣、污泥排出冷冻系统。反复冲洗至水呈清澈透明状态	·管道系统在清洗以后，金属表面处于活性状态，应立即预膜，以防止金属表面再次被腐蚀。加入预膜剂，将pH控制在5.5～6.5，运行24小时后排放2/3冷冻水	·开泵循环2小时，使药物均匀分布在系统中。测试pH，pH正常值在8～10的情况下做浸片试验

图 4-32　管道化学清洗流程

（六）水处理及清洗质量评价

1. 化学清洗效果评价

化学清洗效果可以通过在水系统中设置样品挂片来实现。观察清洗前后新旧挂片表面状况并拍照存档。新挂片在清洗前后称重。根据失重，计算腐蚀速率，判断清洗效果。参照中华人民共和国化工部行业标准《工业设备化学清洗质量验收规范》（GB/T 25146-2010），碳钢腐蚀速率小于 6.0g/（m^2·h）。

2. 镀膜处理效果标准

将参与镀膜处理的挂片取出，观察表面有无锈点，表面应为蓝色色晕。用滴硫酸铜溶液观察膜的腐蚀状况，用失重法计算挂片腐蚀速率。碳钢挂片腐蚀速率应低于 0.125mm/a，铜、铜合金和不锈钢的腐蚀速率小于 0.005mm/a（依据国家标准《工业循环冷却水处理设计规范》（GB/T 50050-2017）。

3.水处理水质标准

空调循环水水质标准见表 4-15。

表 4-15　空调循环水水质标准

项目	指标			单位	试验方法
	冷却水	热媒水	冷媒水		GB-5750
pH	$7.0 \sim 8.5$	$8.0 \sim 10.0$	$8.0 \sim 10.0$		GB-5750
总硬度	8×10^{-4}	2×10^{-4}	2×10^{-4}	‰	GB-5750
TDS	$< 3 \times 10^{-3}$	$< 2.5 \times 10^{-3}$	$< 2.5 \times 10^{-3}$	‰	GB-5750
浊度	<50	<20	< 20	NTU	GB-5750
总铁	$< 1 \times 10^{-6}$	$< 1 \times 10^{-6}$	$< 1 \times 10^{-6}$	‰	GB-5750
总铜	$< 2 \times 10^{-7}$	$< 2 \times 10^{-7}$	$< 2 \times 10^{-7}$	‰	GB-5750
细菌总数	$< 10^{10}$	$< 10^9$	$< 10^9$	个 /m³	GB-5750

（七）水系统日常保养

中央空调冷却水系统和冷冻水系统在日常运行中应该投加各种水处理药剂，来抑制腐蚀反应和藻类繁殖。此类方法是目前工业循环水处理、中央空调水处理最为普遍的方法之一。实践证明，相比于事后采取的维保措施，防患于未然的日常水处理方法是最有效且经济的方法。

冷冻水系统保养：全年每月投药 1 次，每季度取水样化验 1 次。根据水样化验结果及时调整投加的药剂。在秋冬换季不运行时期，对膨胀水箱做清洗、做油漆。

冷却水系统保养：在制冷运行阶段，每周投药 1 次、排污 1 次；每月取水样化验 1 次；每季度清洗冷却塔 1 次。

水处理药剂分为缓蚀剂、阻垢剂、预膜剂、除垢剂和杀菌灭藻剂。

缓蚀剂：可起到控制腐蚀、保护机组的作用，在金属表面形成不溶于水或难溶于水的保护膜，阻碍金属离子的水合反应或溶解氧反应，从而抑制腐蚀反应。

阻垢剂：可防止结垢。

预膜剂：供水系统中的所有换热设备与管道的金属内表面形成一层非常薄的能抗腐蚀的保护膜。

　　除垢剂：使水中的结垢性离子稳定在水中，其原理是通过螯合、络合和吸附分散作用，使钙、镁离子通过螯合物稳定地络合溶于水中，并对氧化铁、二氧化硅等胶体有良好的分散作用。

　　（八）水系统的其他日常维护手段

　　1. 自动胶球清洗装置

　　自动胶球清洗装置是一种在线制冷机冷凝器清洗装置（见图 4-33），发球机（图示中②号设备）将清洁用橡胶小球送到冷凝器进水口，胶球在挤压通过冷凝器内壁时刷洗管束（见图 4-34）。胶球在离开冷凝器时被收球装置捕获（图 4-33 中①号设备）回到发球装置，循环利用。发球速率由控制器设定，典型值为每根冷凝铜管 12 个胶球 / 小时。

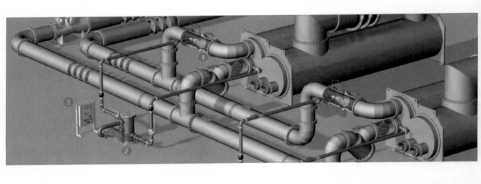

图 4-33　自动胶球清洗装置［图片来源：TAPROGGE 集团技术资料］

图 4-34 使用自动胶球清洗前后冷凝器内部污垢情况对比 [图片来源:海尔中央空调技术资料]

2.真空脱气装置

真空脱气装置利用物理减压的原理,将循环水系统中的水压突然减压,此时气体在水中的溶解度下降并从水中析出,立即排出析出的气体便可达到分离水中溶解的空气的作用（见图 4-35）。真空脱气装置排气效果可以达到99%以上,可以有效地解决暖通空调冷冻水系统中的溶解氧腐蚀管道的问题,以及气液混合对设备换热的影响。

3.旁流过滤器

循环水系统运行过程中,尤其是冷却水中会存在大量的悬浮物质。普通过滤器可以滤除水中大的杂质,但是普通过滤器对细小的悬浊物和污泥却无能为力。此时,在系统管路上安装旁流过滤器可以收到良好的过滤效果（见图 4-36）。旁流过滤器含有石英砂,杂质水通过沙滤层可起到精细过滤效果。现在的旁流过滤器通常配有智能化的反冲洗装置,可以实现滤层的自洁。

冷却水旁滤量按循环量的 10% 设计,冷冻水旁滤量按循环量的 5% 设计。

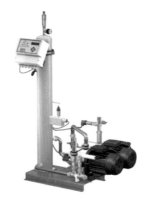

图 4-35 真空脱气装置

图 4-36 旁流过滤器

4. 投加分散剂

在进行阻垢、防腐和杀生水质处理时，投加一定量的分散剂，也是控制污垢的好方法。分散剂能将黏合在一起的泥团杂质等分散成微段悬浮于水中，随着水流流动而不沉积在传热表面上，从而减少污垢对传热的影响。

二、空调通风系统的维保

（一）空调通风系统维保概述

实施空调通风系统清洗消毒的依据有《公共场所集中空调通风系统清洗消毒规范》（WS/T 396-2012）及医院相关卫生标准等。作业过程尚应该符合《集中空调通风系统清洗消毒作业规则》（ZDCN/QB 003-2006）的要求。

医院空调的风道系统包括通风管道、风口及空气处理机组。空调通风系统是医院室内环境控制的重要手段，是维持室内空气质量、避免微生物污染的有力措施，但也会成为呼吸道传染性疾病传播的重要途径。100多年来，空调通风系统传播致病菌的事件时有发生，从早期的肺结核菌、麻疹到近年来发生的多起曲霉菌感染事件等。因此，医院对空调通风系统的卫生条件的维护工作应予以重视。

空调通风系统的维保除保证设备正常运行的例行机电故障排除，及易损件、耗材的常规更换之外，保持通风系统的卫生清洁、消除空调通风系统的潜在微生物污染也是医院空调通风系统维保的重要目的。

处理风道系统的微生物污染，最直接的方法是人工清洗、消毒、杀菌或在空调系统中增设在线杀菌装置。然而，对空调系统进行在线消毒杀菌仅仅能消除空调系统的微生物污染，并没有消除污染源（尘埃和潮气），且现有的杀菌措施也难以在整个空调通风系统全程覆盖，况且绝大多数消毒杀菌措施或多或少有副作用，如化学灭菌剂虽可杀灭微生物，但化学残留的危害和微生物致敏物质的危害同样不容忽视。

大多数医院的空调风道系统在设计施工阶段并没有预留检修维护用的可开闭窗口，清洗机械无法方便地进入管道网络，造成清洗作业难以展开。空调通风系统的维保需要未雨绸缪，在设计阶段就为管道的清洗创造条件（见图4-37）。

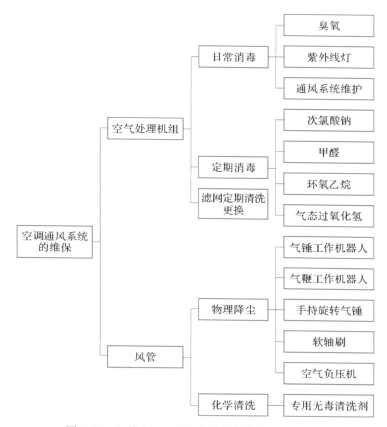

图 4-37　医院空调通风系统的维保内容和方法图示

（二）空调通风系统污染的源头治理策略

空调通风系统的清洗毕竟是污染后的不得已措施，特别是管道的清洗费时费力，还影响医院的正常运行。如前所述，积尘和潮气是空调通风系统首要的污染源。因此，在设计和日常运行中采取切实措施，减少尘埃和潮气进入空调通风系统，由此降低管道清洗频度，可以达到事半功倍的效果。医院洁净手术部的净化空调系统就是这方面的典型例子，其中的一些理念对医院非洁净区的空调通风系统也有借鉴意义。

空调通风系统的积尘与微生物污染几乎都是从新风口和回风口引入的，实施源头治理，在新风口和回风口实施有效拦截，阻止尘埃进入管道设备内部，这是首要的控制措施。

243

防止微生物污染的另一个重要原则是保持空调通风系统内部干燥。阻止潮气扩散的有效治理措施有将表冷器设置在空气处理机组的正压段、采用大坡度的凝水盘、表冷器下游设置挡水板、表冷器涂覆亲水涂层等。其中，将表冷器设置在空气处理机组的正压段是医用空调特有的要求。

（三）空气处理机组的消毒

空气处理机组经过一段时间使用后，细菌和其他微生物会在设备内壁、表冷器和凝结水盘不断繁殖，破坏室内空气环境品质，影响洁净室的洁净度。因此，应定期对空气处理机组进行灭菌消毒，尤其洁净空调机组。

空气处理机组日常可以采用紫外线辐射消毒，空气处理机运行时在线工作，也可以停机后给机组内部消毒。空气处理机组定期消毒的传统办法是用消毒液熏蒸，常用的消毒液有环氧乙烷、过氧乙酸、甲醛溶液等。

甲醛、臭氧消毒都会把残余的消毒剂随气流带到空调房间，尤其是甲醛难以降解，造成的污染问题更严重。目前，欧盟已明确规定不能使用甲醛进行洁净厂房的灭菌。医院应该避免用甲醛给空气处理机消毒。

汽化过氧化氢（VHP）灭菌技术是一项新兴的空气消毒技术。虽说是新兴的技术，但其实在欧美发达国家已经有 30 多年的应用史。VHP 灭菌工艺已经非常成熟，重复性好，且有专门的化学指示剂用于验证灭菌气体分布均匀情况和灭菌水平。VHP 灭菌以往应用于 BSL-3/4 生物安全实验室、动物房及笼具、隔离器、GMP 洁净室厂房等有严格消毒灭菌的场合，目前被全球公认为安全、高效、环保的替代甲醛和臭氧的空间灭菌方法。但其由于造价高，并未在医院普及应用。随着高端 VHP 装置价格的降低，VHP 装置在医院空气处理工艺消毒普及的前景值得医院建设者关注。

同济大学沈晋明、刘燕敏教授撰文建议新建医院的医用净化空调系统在设计阶段即考虑在线 VHP 装置。对于已在用的医用净化空调机组，只要对已安装的空气处理机组增设一根旁通风管和若干阀门就可改造为在线实时消毒医用净化空调机组。

（四）风管清洗消毒

◎清洗技术概述

风管的清洗同样需要用到物理手段和化学手段。但化学消毒剂对管道消毒的实施成本高、难度系数大，只适用于洁净空调、隔离病房、BSL实验室等敏感场合的空调送风管道。

风管的清洗消毒作业一般交由专业的空调维保公司完成，采用的方法多为利用专用机械装置给风管除尘，除尘结束后再使用专门的消毒剂进行一次全系统消毒。由于对舒适性空调菌落数的要求远不及洁净室，所以在使用物理方法清洗后并无严格的灭菌要求，首选较为温和的消毒剂，各家维保公司往往有各自的产品，但是药剂的毒性应该通过卫生主管部门的认证。

◎常用管道清洗方法简介

（1）滚筒刷机器人：特点是工作原理简单直观，如果管道尺寸合适，刷扫效果明显，有表面抛光作用，除机器人外，不需要其他附属设备配合。缺点是实际刷扫效果不理想，总有扫不到的区域；不能同时刷扫管道的四个表面，一般是一个面一个面刷扫，作业效率不高；在刷扫时，作业半径相对较短，操作相对复杂，对操作者的要求较高。

（2）软轴刷：利用特有的软轴能够沿管壁推进，刷头附着在软轴上，在旋转前行中刷洗管道。针对大小不同的管道需要选用合适的刷头。软轴刷是清洗中小型管道的高效快捷工具，主要用于清洗截面为100～500mm的方形和圆形风管。软轴刷的操作需要很高的技巧，清洗效果与操作人员的专业能力关系大，清洗效果不稳定。

（3）气锤机器人：工作原理是气锤头的空气喷嘴一方面会沿着管道内表面与管道垂直方向做封闭运动，另一方面沿管道方向做直线前行，这样两种运动叠加的结果是气流在管道内表面做螺旋式运动，把管道内表面的尘土一圈一圈地吹扫下来后，在气锤头产生的旋转气旋的裹挟下，送到尘土捕集装置，完成清洗作业。此类机器人的特点是能够同时清洗管道的四个内表面，机器人只要沿着管道前后行驶，锤头可以扫过管道的四壁，包括管道变径和转弯处，不易产生死角。由于锤头是软管连接，能够自动适应管壁尺寸的变化，所以不需要经常更换锤头，锤头不会遮蔽摄像头的视线，操作比较简单。缺点是需要有气泵作为驱动锤头的动力源，而气泵因噪声一般要放在空调机房或室外，需要较长的气管将气流送到工作现场；在施工前的准备阶段需要一定的时间和人力来布置气泵。

（4）气鞭机器人：无论是气鞭机器人还是手动气鞭，其工作原理都是相同的，主要的特点是鞭子在气流的作用下会对管道内表面产生连续、不规则的抽打动作，能够把管道内表面的结垢型污染或一些体积较大的污染物击碎并利用气流的作用吹到吸污机口。

（5）消毒机器人：主要用于管道内表面的喷雾消毒。有些气动机器人，如气鞭或气锤机器人，经过改动就可进行喷雾作业。也有专门设计的消毒机器人，其工作原理是靠安装在机器人上的气泵、外挂气泵或压力容器使液体消毒剂雾化。还有一种新的超声波雾化的消毒机器人。选择的主要考虑是雾化的效果，喷雾越细越好。因为多数管道是金属的，而多数消毒剂有一定的腐蚀性，如果喷雾的雾化效果不好（颗粒度不够细小），易在管道内表面形成腐蚀性水渍，久而久之会腐蚀金属管道的内表面。另一个选择指标是喷雾的覆盖范围，范围越大越好。

（6）多功能机器人：由于各种清扫原理都有优缺点，而管道又是多种多样的，为了能够使一台机器人适应更多的管道清洗要求，组合式机器人应运而生。其特点是把各种清洗甚至消毒功能都组合到一台机器人上，实现一机多能。例如：把气锤清洗、射流清洗、气鞭清洗、软轴刷清洗、软轴刷/气锤联合清洗、软轴刷/射流联合清洗、软轴刷/气鞭联合清洗、喷雾消毒等整合到一台机器人上，这也是机器人发展的一个方向。

（7）检测机器人：由于管道内的污染状况是千差万别的，积尘程度可以相差百倍，既要满足 0.001 ～ 0.01 克的总取样量（即每平方米积尘小于 1 克的清洗后上限），又要满足 1 ～ 0.1 克的总取样量（每平方米大于 20 克，即严重污染的下限）。另外，由于定量取样机器人是一种计量工具，从严格的法律意义上说，要具有质量监督局的计量认证。

◎气鞭清洗方法

气鞭清洗方法是有代表性的风道清洗新技术之一。气鞭是在压缩空气软管的末端安装了若干根细软管，当压缩空气从软管中喷出时带动软鞭进行高速、无规则的运动。气鞭伸入风管内部，反复振动击打管道壁面，经软鞭拍打的部位尘埃松动脱落，可以达到 100% 的表面覆盖（见图 4-38）。由于软鞭具有柔软性和光滑性，所以除尘过程不会对风管表面造成损坏。软鞭的长度根据管道的长宽尺寸设定，可以清洗宽度在 100 ～ 2500mm 的各类风管。清洗是在风管处于全封闭及负压条件下进行的，污染物真空吸引集中回收、集中处理，不会对室内及室外造成二次污染。

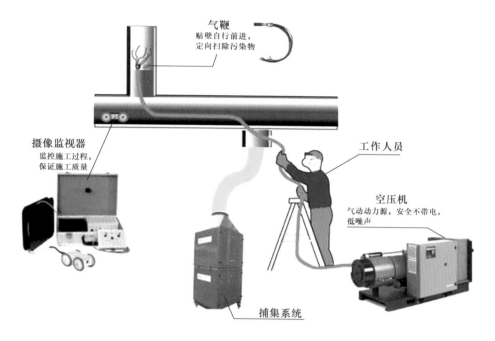

气鞭
贴壁自行前进，
定向扫除污染物

摄像监视器
监控施工过程，
保证施工质量

工作人员

空压机
气动动力源，安全不带电，
低噪声

捕集系统

图 4-38　气鞭清洗方法给通风管道除尘

◎风管检测机器人

风管检测机器人是用于探查风管内部污染情况及风管内部结构的专用设备。风管检测机器人在空调风管内部作业，操作者通过监视终端和控制器对其进行遥控。风管检测机器人集成了照明、摄像、图像预处理、视频信号输出、接收运动控制信号及实现各种机械运动等功能，可在各种管道中行走、爬坡以及翻高。风管检测机器人在清洗前的污染情况评估、清洗过程的引导和清洗后的效果评价环节都发挥重要作用。

（五）空调通风系统清洗质量检验标准

◎安全指标

保证施工人员安全，不损坏业主建筑、设备和设施。

◎质量指标

满足《公共场所集中空调通风系统清洗消毒规范》（WS/T 396-2012）、《集中空调通风系统卫生管理规范》（DB31/T 405-2021）的规范要求。

表 4-16　空调送风卫生质量指标与表面卫生要求

空调送风卫生质量指标		风管内表面卫生要求	
可吸入颗粒物（PM10）	$\leqslant 0.12mg/m^3$	积尘量	$\leqslant 1g/m^2$
细菌总数	$\leqslant 500cfu/m^3$	细菌总数	$\leqslant 100cfu/m^2$
真菌总数	$\leqslant 500cfu/m^3$	真菌总数	$\leqslant 100cfu/m^2$
β-溶血性链球菌等致病微生物	不得检出	致病微生物	不得检出
灭菌率	> 90%	灭菌率	> 90%

三、疫情防控期间医院空调系统的维保

医院发热门诊、感染科负压隔离病房、负压隔离手术室等接诊呼吸道感染患者的场合，其空调通风系统可能受到病原微生物的污染，空调的滤网更是藏污纳垢之处。这些场合空调系统的日常维护在医院有常态化的操作流程。但是，在高致病性呼吸道感染性疾病疫情时，如何维护空调系统仍然是全新的课题。虽然这一波新冠疫情防控已经取得阶段性胜利，但如何在重大疫情暴发期间正确维护空调通风系统，仍需要有相应的预案，做到未雨绸缪。现将境内外医院同行的抗疫经验总结如下。

（一）空气处理设备的维护

1. 对于服务于高致病性呼吸道疾病感染者隔离区的暖通空调系统，即使在疫情处置阶段也没有必要暂停包括空气过滤器更换在内的系统日常维护，但维护时需要额外的措施，确保人员安全，免受感染。

2. 更换被病毒污染的空气过滤器的风险尚未得到系统性评估，因此操作前现场的消毒和严格的个人防护措施尤其重要（见图 4-39）。

图 4-39　空气过滤器更换作业

3. 受到病毒潜在污染的空调通风设备，当需要维护操作时，操作人员应穿戴个人防护措施（PPE），尤其在更换空气过滤器时：

· 呼吸器（N95 或更高）；

· 护目措施，如安全眼镜、护目镜或面罩；

· 一次性防护手套；

· 宜在空气处理机房、风机房内设置水槽，清洗工作在机房内完成。

4. 适度提高空气过滤器的终阻力上限，以减低过滤器更换频度，前提是：

· 观察空气过滤器的压损增加情况，不能大到影响房间负压控制能力；

· 检查空气过滤器在固定框架中的密封程度，不能有泄漏。

5. 污染空气过滤器在拆卸前应该用 10% 的含氯消毒剂或其他经批准对杀灭病毒有效的消毒剂轻轻喷洒消毒。拆卸下来的空气过滤器（可再次消毒或不再消毒）装袋后按医院感染科医疗废弃物处置流程处理。

6. 维修任务完成后，维修人员应立即用洗手液或以酒精为基础的消毒液洗手。

（二）感染病房空调通风滤网的更换

根据最新的要求，收治高致病性呼吸道疾病的负压隔离病房，需要在病房的排风口设置高效过滤器。一旦收治这类患者，这些过滤器就会安装到位，随之维保问题就无法回避。

1. 适度提高空气过滤器的终阻力上限，以降低过滤器更换频度，尽量避免患者尚在病房内就更换空气过滤器，相应的前提是：

· 观察空气过滤器的压损增加情况，不能大到影响房间负压控制能力；

· 检查空气过滤器在固定框架中的密封程度，不能有泄漏。

2. 遵循个人防护规范个人防护装备。

3. 关闭空气处理机，如果通风空调系统服务于多个房间而不能停机，则工作人员应该穿防护服作业。

4. 用苏尔喷雾消毒滤网，可取的经验如维保人员在拆卸滤网前用发胶、水性喷漆之类的喷雾剂固定滤网的浮尘，以防止带毒扬尘进入空气中。

5. 把拆解下来的过滤器装袋，按医院感染科医疗废弃物处置流程处理。

6. 对房间实施消毒和通风自净。

（三）利用尘埃粒子计数器评价室内控制品质和空气过滤效果

尘埃粒子计数器是一种用于检测空气中细颗粒物浓度的仪器，可以测量空间尘埃粒子的浓度和粒径分布。尘埃粒子计数器被广泛应用于生物制药、半导体工厂、精密制造、食品加工行业等，主要用于评价空气洁净度。

尘埃粒子计数器的测量原理多种多样，包括光散射法测试（以固态激光器件居多）、显微镜法测试、称重法测试、DMA 法测试（粒径分析仪）、惯性法测试、扩散法测试、凝聚核法测试等。便携设备中，以激光散射和凝聚核测试最为常用。

手持式尘埃粒子计数器使用方便，测量快捷，不到 1 分钟就可以获得测量结果，可用于快速评价洁净手术室、中心供应室、易感染患者病房等洁净空间的洁净等级（见图 4-40）。

图 4-40　利用手持式粒子计数器检查空气过滤器和室内气溶胶浓度

通风设备维护或床位中转需要快速评价室内空气质量，尘埃粒子计数器用于初步防疫评估：

（1）分析隔离病房空气内气溶胶浓度和分布情况。

（2）检查空气过滤器的实际过滤效果。

（3）检查空气过滤器安装质量，及时发现异常。

（4）核查空气处理系统维护效果。

（5）协助确定房间污染后所需的空气自净时间。

参考文献

[1] 张海霞，张美云，孙晓冰和万博宇，"2018 年北京市朝阳区二、三级医院集中空调系统卫生情况"，职业与健康，卷 17，pp. 2397–2400，9 2019.

[2] 国家发展改革委、国家卫生健康委关于印发公共卫生防控救治能力建设方案的通知，发改社会〔2020〕735 号文.

[3] 陆琼文 独立新风变风量系统在负压隔离病房平疫转换中的应用 [J] 暖通空调，2021，5（2）：79–85.

[4] 防控新型冠状病毒肺炎的对策应合理、合适、合规，沈晋明 刘燕敏 同济大学，暖通空调 2020，50(06)，6–11+59.

[5] 许钟麟 . 负压隔离病房建设简明技术指南 . 北京：中国建筑工业出版社，2020.

[6] StephensB. HVAC filtration and the Wells–Riley approach to assessing risks of infectious airborne diseases. Virginia Beach, VA 23462: The National Air Filtration Association (NAFA) Foundation 291 Independence Blvd. 2013. https://www.built-envi.com/wp-content/uploads/2013/03/nafa_iit_wellsriley-FINAL.pdf.

第五章

智慧医院

第一节 智慧医院发展浅析

一、智慧医院概述

2021 年政府工作报告提出，"十四五"时期，建设数字中国，加快数字化发展提升到一个新的战略高度，推动数字化服务普惠应用，持续提升群众获得感。

随着互联网和人工智能的发展，医疗健康领域发生了翻天覆地的改变，虚拟现实（virtual reality，VR）、人工智能（artificial intelligence，AI）、远程医疗（telemedicine）、医疗机器人等新技术不断地被用于医疗服务行业中。医疗服务的效率和质量随着新技术的应用不断提高，已成为未来医院发展的必由之路。建设智慧医院的重要性和必要性越来越明显，智慧医院是以医院为核心的医疗服务体系，通过自我改革成为智慧城市建设的重要组成部分。

智慧医院具有信息化、互联网化、智能化等特征。信息化意味着医院建立了不同维度的数据系统和各种维度数据的集成系统；而互联网化意味着医院开通了网上医院 APP，为医务人员和患者提供诊前、诊中和诊后各环节的数据；智能化指的是医院使用大数据、云计算、物联网技术、自动化设备、机器人、智能工作流和操作管理系统。智慧医院可以实现患者、医务人员、医疗机构、医疗设备之间的互联互通，提高医院的运营水平，优化诊前、诊中、诊后的医疗服务体验。

智慧医院的内涵有智慧医疗、智慧服务、智慧管理，主要包括以下五大要素：跨机构互联互通、自动化高效运营、全流程重塑体验、大数据驱动决策和持续性创新机制。

要素一：跨机构互联互通

跨机构互通互联包括以下重点内容。①患者病历电子化，电子病历包含个人终身健康状态和医疗保健的信息。②在社区医院、专科医院、体检机构等就诊均可获取患者电子病历，各诊疗机构之间的数据连通与共享。③各医疗机构对患者数据采集、传输、存储、使用等操作建立统一标准，在保护隐私和数据安全的情况下使用患者的历史数据。

智慧医院负责数据集成、存储和运营开发，但数据集成的范围受医院数据覆盖面和影响力的限制，电子病历系统和数据中心集成医院的各方面数据只能在医院发挥作用，为医务人员和患者提供快速的数据读取。智慧医院是机构间互联互通的基础，跨机构互联互通可以使医院更全面地了解患者在诊前、诊中和诊后的服务过程和方式。

要素二：自动化高效运营

智慧医院利用智能化设备优化运营及流程，可以大幅度地提升综合医院效率及准确性，如以下应用。①静配中心通过 PIVAS 软件与各种智能化设备的软硬件结合，实现从审方、贴签摆药、配置、分拣到配送等全流程的自动化、信息化、智能化管理，以保障用药安全。②利用护理白板系统进行电子排班等优化住院管理。③蓝牙、射频识别、二维码等物联网感知技术被用于优化医院内部资产管理流程，支持物品实时识别和可追踪溯源。

医院不断提升自身的智能化管理水平，利用物联网技术、自动化设备及机器人、智能工作流及运营管理系统等，实现医院后台操作自动化，提升工作人员效率，例如青岛市市立医院打造全场景智能静配中心，智能设备代替人工操作，让静脉用药调配更安全和高效，全流程信息化管控可追溯。

要素三：全流程重塑体验

新技术的应用使得智慧医院的医疗服务延伸到诊前、诊中、诊后的每个环节。患者使用可穿戴设备或遥感设备实时检测、记录身体状况（如血压、血糖等），当发生异常时会自动报警，提醒患者注意或将报警信号传递给其家属；患者或者其家属可以将数据上传至互联网平台上并进行初步沟通交流，实现初步诊断，根据实际情况决定后续就医流程。到达医院后，经过取号、签到等流程，医疗系统自动分诊，患者可通过移动终端接收检查项目的所有相关位置和等待情况，还可以查看检查过程和注意事项。系统自动向患者发送检验化验电子报告。就诊后，平台自动收集咨询信息和数据，生成咨询报告。通过移动终端随访、及时提醒用药，并接收病后护理、康复和保险信息推送，医院利用远程医疗平台提供定期在线随访和咨询。

要素四：大数据驱动优化

单个医院往往缺乏足够的数据来支持全面的数据分析，跨机构互联可以弥补该缺陷。在获得足够的准确数据后，可以利用大数据进行 AI 分析来提高诊断和治疗效率，及早发现风险预警和干预，从而大大提高诊断和治疗的质量和运行效率。

要素五：持续性创新机制

智慧医院是由医生、护士、行政管理人员、后勤管理人员等多方参与的一个系统工程，有必要建立持续、开放和协作的机制，以便更快地发现问题，提出创新的解决方案，并在医院内迅速试行和推广，从而推动护理质量、患者经验和临床过程的不断改进和成本有效控制。

二、驱动智慧医院变革的因素

智慧医院的发展会受到以下几大因素的持续驱动。

因素一：政策驱动

《公立医院高质量发展促进行动（2021—2025 年）》文件中明确要求建设"三位一体"智慧医院。将信息化作为医院基本建设的优先领域，建设电子病历、智慧服务、智慧管理"三位一体"的智慧医院信息系统，完善智慧医院分级评估顶层设计，对智慧医院建设提出了明确的要求。鼓励有条件的公立医院加快应用智能可穿戴设备、人工智能辅助诊断和治疗系统等智慧服务软硬件，提高医疗服务的智慧化、个性化水平，推进医院信息化建设标准化、规范化，落实国家和行业信息化标准。

因素二："以患者为中心"的需求

以"患者为中心"，通过增强医院的智慧化服务来提高服务能力，推出预约挂号、预约诊疗、手机结算、诊前、诊后提醒等一系列便捷高效的服务，解决就医难和烦的问题。

因素三：科技发展注入新动力

医疗卫生资源总量不足、质量不高、结构与布局不合理、服务体系碎片化、部分公立医院单体规模不合理扩张等问题依然突出，医疗服务体系离人民群众的预期还有不小的差距。云计算、物联网、移动互联网、大数据等信息化技术的快速发展为优化医疗卫生业务流程、提高服务效率提供了条件，将推动医疗卫生服务模式和管理模式的深刻转变。

因素四：全周期健康管理

随着健康观念更加积极和民众对高质量生活追求的发展，民众需求从"治疗"延伸到"健康"，包括健康管理、健康生活、疾病预防和康复护理等全周期服务。以高血压、糖尿病等慢性病全周期健康管理为突破口，建立起医防融合、连续服务和分级诊疗协同机制。

因素五：高质量诊断结果

美国相关研究指出门诊误诊率可高达 5%，误诊会造成约 10% 的患者死亡。医疗事故和过度治疗会造成巨大的损失和资源浪费，而人工智能、机器人和其他新技术的运用将有助于提高诊断和治疗的准确性。

因素六：成本控制的需求

随着医改的深入，分级诊疗、药品零加成和严格医保控费等政策制度全面展开，通过增加收入来助力医院发展模式受到强烈的冲击，利用成本管控来提升经济效益、增强竞争实力已被业界认可。随着国家医保版 CHS-DRG 上线，全国医保支付 DRG 走向统一，研究显示互联互通的电子病历、医院自动化能够有效控制成本。

三、智慧医院发展概览

早在 2006 年，全球非营利性组织医疗信息与管理系统学会（Healthcare Information and Management Systems Society，HIMSS）提出电子病历应用模型（Electronic Medical Record Adoption Model，EMRAM），并以此为依据，评价医疗机构的信息化建设水平。HIMSS EMRAM 评估体系应用 0 ～ 7 分级

和评级模型（见表 5-1）。

表 5-1　HIMSS EMRAM 评级

级别	要求
7 级	全面实施电子病历；使用医疗连续性文书（continuity of care document，CCD）交互进行数据共享；数据仓库；急诊、日间医疗、门诊等数据连续性
6 级	医生文书（结构化模版）；完整的临床决策支持系统（变异与依从性提示）；用药闭环管理
5 级	全面实施图片存档及通信系统（picture archiving and communication system，PACS），彻底取代胶片
4 级	计算机医嘱录入；临床决策支持（临床指南）
3 级	护理/医疗文书（流程表）；临床决策支持系统（查错）；放射科以外的 PACS
2 级	临床数据中心（clinical data repository，CDR），受控医学词汇；初级临床支持系统；可使用文档影像系统；医疗信息交换（health information exchange，HIE）能力
1 级	三大辅助科室（检验、放射、药房）系统上线运行
0 级	三大辅助科室（检验、放射、药房）系统均未安装

截至 2019 年，相关行业报告表明美国已有 30%以上的医院通过 HIMSS EMRAM 6 级或以上的评审，这表明这些医院已经能够熟练掌握电子病历（electronic medical record，EMR）系统的使用。

近几年，我国出台了很多医疗数字化相关的政策，鼓励"互联网＋医疗健康"，促进大数据应用发展，以解决医疗改革进程中的关键问题。2021 年 3 月，国家卫健委发布了《关于进一步完善预约诊疗制度加强智慧医院建设的通知》和《医院智慧管理分级评估标准体系（试行）》，为智慧医院的发展指明了方向。

四、智慧医院发展要点

智能医院的建设涉及门诊、住院、护理、医技、行政、后勤保障、教学和科研、区域协调等领域的智能化建设，是一个系统工程，各个领域的子系统协作实现医院的智慧运作。

（一）顶层设计

顶层设计要注意各子系统和模块的协调，优先建设 EMR、临床信息系统（clinical information system，CIS）、PACS，必须将大数据、云计算和人工智能等新技术整合到智慧医院的规划中，为新技术预留资金和接口，并实现智慧医院的迭代更新。

（二）保障体系

智慧医院随着新技术的出现不断更新换代，没有最好、只有更好。医院子系统繁多，信息孤岛现象广泛存在，子系统必须符合智慧医院顶层方案，是智慧医院可持续发展的重要基础，提高智慧医院的稳定性、可扩展性、智慧性。

第二节　5G 与智慧医疗

一、5G 与智慧医疗概述

（一）5G 技术关键能力

5G 技术拥有高速率（峰值传输速率达到 10Gbit/s）、低延时（端到端时延达到毫秒级）、大连接三大特性，能在高速移动中为用户提供稳定的网络服务，在能效和成本等方面与 4G 相比有飞跃式提升。作为光纤（固定网络）的互补，5G 网络在光纤不能覆盖的野外空旷地带以及移动性场景下更为适用。

（二）5G 智慧医疗概述

5G 智慧医疗是指基于 5G 技术充分利用医疗资源，充分发挥医疗机构的医疗水平和技术优势，突破传统医疗行业的痛点，如医疗系统碎片化、医疗信息孤岛、医疗资源供不应求等，促进医疗资源共享，提高医疗效率和诊疗水平，缓解"看病难、看病贵"的问题。

5G 智慧医疗体系架构可分为终端层、网络层、平台层和应用层。终端层主要是信息的发出端和接收端；网络层是信息的传输媒介；平台层主要实现信息的存储、运算和分析；应用层是 5G 价值的集中体现。

◎终端层

5G 智慧医疗终端设备可分为信息采集类终端设备、交互与显示功能的智能化终端、远程操控类设备、具有自动识别场景路线和规划路线功能的设备等四类，包括医学检测设备、可穿戴设备、传感设备、感应设备、视频采集终端、手持终端 PDA、智能手机、移动查房信息化推车、手术机器人、远程超声机器人、导诊机器人、查房机器人、物资运送机器人、消杀机器人等。AR/VR 融合 5G 技术在教育培训、临床辅助、视力障碍、心理障碍、康复训练等方面有一定的运用（见图 5-1）。

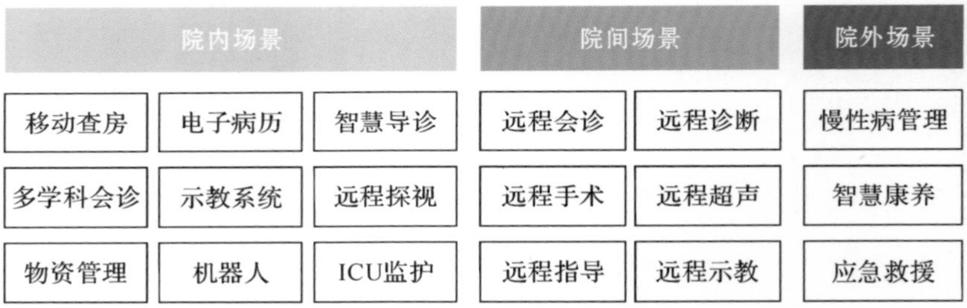

院内场景			院间场景		院外场景
移动查房	电子病历	智慧导诊	远程会诊	远程诊断	慢性病管理
多学科会诊	示教系统	远程探视	远程手术	远程超声	智慧康养
物资管理	机器人	ICU监护	远程指导	远程示教	应急救援

图 5-1　5G 智慧医疗应用全景图

◎网络层

新型多载波技术、移动边缘计算、网络切片技术为 5G 智慧医疗发展关键网络技术，5G 医疗专网能为用户提供自主管控、数据集中、网络覆盖、安全隔离和大容量连接，适应各类医疗设备中对网络时延、数据量传输的要求和解决数据不出院区的数据安全性问题，是医疗机构在移动查房、远程会诊、远程手术等医疗场景下可靠的网络系统。

◎平台层

平台层实现信息的存储、运算和分析，发挥承上启下的过渡作用，其核心是承载医疗健康信息的大数据平台。5G 智慧医疗大数据平台结合 AI、边缘计算、云计算等技术，实现各类信息的存储、运算和分析。5G 智慧医疗大数据平台包括院内应用平台、远程医疗平台和应急救援平台。5G 智慧医疗大数据平台支撑院内医疗信息化及各类 5G 智慧应用，包含医院信息管理系统、临床信息系统、实验室（检验科）信息管理系统、电子病历、影像归档和通信系统、放射科信息管理系统、计算机辅助检测软件系统、临床数据中心等。远程医疗平台和应急救援平台实现医疗机构与急救中心之间安全可控的数据沟通。远程病理平台、远程超声平台、远程会诊平台、远程 ICU 平台的建立解决了困扰医疗机构多时的"信息孤岛"和数据安全问题。

◎应用层

应用层为患者、医联体、基层医院等对象提供基于 5G 的院内、院间、院外多场景服务，全方位连接医生、患者、居家康养人等的多种应用，包括智慧导引、移动查房、远程会诊、慢性病管理等。

（三）5G 技术对智慧医疗赋能

5G 技术的赋能与应用在各行各业均可发挥很大的作用，在智慧医疗领域主要表现为以下四个方面：①医疗设备随时地快速部署；②远程场景下智慧医疗服务能力；③大连接下物联网管理；④移动 / 高速移动场景下智慧医疗应用。

随着 5G 逐渐走进生活和工作，各行各业纷纷迈入数字经济时代。作为新一代信息通信技术，5G 推动着智慧医疗领域迎来新时代。

◎医疗设备随时地快速部署

5G 技术可提供非常大规模的连接，实现大量的终端连接和数据采集。利用 5G 大规模连接的特点，建立医院物联网，将医院大规模医疗设备与非医疗资产有机地连接起来，实现固定资产管理、应急调度、医务人员管理、患者体征实时监测、医院导航等服务，提高医院管理效率，增强患者的医疗体验。

◎远程场景下智慧医疗服务能力

5G 网络高速率能够支持 4K/8K 的远程高清会诊、大量医学影像数据采集与上传、沉浸式 AR/VR 手术示教，让专家能随时随地开展会诊及远程指导，提升诊断准确率和指导效率，促进优质医疗资源下沉。5G 远程超声、机器人技术使远程会诊延迟风险降低，大大提高远程诊断准确性。

◎大连接下物联网管理

医院监测或图像系统需要快速、稳定的数据通信支持，大量设备的互联需要很高的网络连接密度和流量，以可穿戴设备为代表的监测设备对网络接入能力要求很高。5G 大规模连接可以实现海量医疗仪器的网络化，满足应用设备和外部信息交换的需要，支持海量医疗设备连接的医疗监护应用。

5G 技术网络切片技术可为医疗系统分配多个专用网络切片，保证业务的独立性、安全性、实时性和可靠性。基于网络切片以及其他安全设备技术，可提供安全隔离、安全传输等；基于全方位的安全感知、防护和处置能力，可提供安全专网防护。

◎移动 / 高速移动场景下智慧医疗应用

5G 网络及多样化 5G 终端设备的使用可以使现有的医疗设备、医护服务无线化，实现任意空间内随时随地的联网。在 5G 智能急救场景中，5G 网络可实现高速移动下数据的实时传输，实现院内院外信息同步，无缝联动，提高患者救治成功率；在院内，医护人员利用 5G 终端实现影像数据和患者体征数据采集和传输；在院外，5G 与可穿戴设备将医疗监测拓展至家庭与社区，为患者提供良好的保健支撑。

二、5G 智慧医疗发展概况

5G 是我国的国家战略技术，我国 5G 基础设施建设不断加快，并逐步实现以行业应用为主。5G 智能医疗发展迅速，截至 2019 年 12 月，全国有 300 多家医院在运营"5G ＋医疗"。截至 2022 年 6 月，全国已审批设置 1700 余家互联网医院，初步形成线上线下一体化医疗服务。2020 年 3 月，发改委和工信部联合下发《关于组织实施 2020 年新型基础设施建设工程（宽带网络和 5G 领域）的通知》，着重提出要建设面向重大公共卫生突发事件的 5G 智慧医疗系统。开展基于 5G 新型网络架构的智慧医疗技术研发，建设 5G 智慧医疗示范网，构建评测验证环境，推动满足智慧医疗协同需求的网络关键设备和原型系统的产业化，加快 5G 在疫情预警、院前急救、远程实时会诊、远程手术、无线监护、移动查房等环节的应用推广（见表 5-2），有效保障医护人员健康，为应对重大公共卫生突发事件等提供重要支撑。

表 5-2　智慧医疗典型应用技术要求（来源：浙江数字医疗卫生技术研究院）

5G 智慧应用	应用类型	传输	时延	现有网络	5G
5G 远程视频	视频（1080P）	5Mbps	≤ 50ms	√	√
	视频（4K/8K）	20Mbps	≤ 50ms	时延满足，速率不满足	√
	VR/AR/MR	2Gbit	< 20ms	×	√
	电子病历	0.2Mbps		√	√
	影像、B 超	13Mbps		上传下载时间长	√
5G 应急救援	高清远程视频（1080P）	5Mbps	≤ 50ms	√	√
	超高清远程视频互动（4K/8K）	20Mbps	≤ 50ms	速率不能满足	√
	全景 VR 实时显示	2Gbit	< 20ms	×	√
	超声影像传输（1080P）	5Mbps	≤ 50ms	上传时间长	√
5G 远程超声	视频（1080P）	5Mbps	≤ 20ms	速率满足，时延不满足，存在丢包情况	√
	B 超探头影像（1080P）	5Mbps			√
	操作摇杆控制信号	150kbps			√
	力反馈触觉信号	150kbps			√
	超高清远程视频互动（4K/8K）	20Mbps		×	√
5G 远程手术	力反馈触觉信号	150kbps			√
	操作摇杆控制信号	150kbps			√
	视频（1080P）	5Mbps	≤ 20ms	速率满足，时延不满足，存在丢包情况	距离最佳体验的时延要求还有一定距离
	超高清远程视频互动（4K/8K）	20Mbps		×	√

 三、5G 智慧医疗场景

根据使用地点，5G 智慧医疗场景可概括为院内智慧医疗场景、院间远程医疗场景、院外急救和康养场景三类。

（一）院内 5G 智慧医疗场景

5G 智慧医疗生态系统中，医院通过相关设备、系统和流程，实现对患者的全方位感知，实现对患者的实时感知、测量、捕获和传输，主要应用场景包括智慧导诊、移动查房、手术示教、远程监护、远程探视、资产管理、医疗机器人等。5G 在院内场景的应用不仅可以提高医务人员的服务效率，而且可以使患者获得更好的医疗服务体验，促进医疗质量和效率的进一步提高。

◎5G 智慧导诊

利用 5G 定位技术建立导航系统，通过智能手机、智能导航机器人等智能终端，引导患者挂号、取药、就诊、检查等，规划最佳的流程和路线，实时定位，缩短患者寻找的时间，提高患者的就医体验。5G 智慧导诊还提供导诊、精确分诊、健康咨询、健康教育、医生排班等服务，支持语音、图像等互动方式，实现患者对医疗需求与医生资源的匹配，协助医护人员完成大量重复性工作。

◎5G 移动查房

5G 移动查房是指医护人员在查房和日常护理过程中使用 5G 移动护理终端 PDA、5G 移动信息小车、5G 床边智能终端等设备，实现患者体征信息和检测结果的智能采集、电子病历的实时输入、查询或修改、体检报告的快速阅读和患者医嘱的执行等功能，为医护人员的移动护理工作提供充分支持，优化护理流程，提高护理质量和医院运营管理效率。

◎5G 手术示教

5G 手术示教通过 5G 实现手术直播、手术录制、手术示教、手术指导、无人值守式远程控制、高清手术录制视频自动备份及随时回放等功能，为远程手术互动教学、在线视频问诊、无人值守式远程控制等智慧建设提供可能，有效助力远程手术指导与示教的精准化和常态化。

◎5G ICU 远程监护

5G ICU 远程监护利用 5G 技术、生命体征监护仪、可穿戴智能设备，实现对患者各种生命体征的实时采集、监护、处理和计算分析。5G 低时延和精确定位能力支持可穿戴式智能设备或生命体征监护仪等实时上传体征监测数据。远程监护主要针对需要实时动态监护的患者，如重症患者、老年患者、术后患者和突发性疾病患者等。远程医护人员可根据患者状态及时做出处理，响应速度越快，越有利于患者抢救。

◎5G 远程探视

在重症监护病房、新生儿重症监护病房、传染病病房等特殊用房内部署高清全景摄像头，病患亲属可通过 5G 网络，在经过护士授权后实时查看患者或新生儿的状况，并实时通话、实时互动，提供更加人性化的医疗服务。

◎5G 资产管理

资产物资管理结合 5G、数字孪生等技术，实现对设备、药品、耗材等医疗物资的可视化管理。通过药品、耗材等在供应、分拣、配送等环节的可追溯管理，医院物资管理流程和管理效率得到优化。

◎5G 智慧机器人

物流是智慧医院的必然配套，智慧医疗物流使用机器人，与传统医院物流有代差。5G 智慧机器人主要包括运输机器人、消杀机器人、药品管控机器人、医疗废弃物运输机器人、测温机器人等，智慧机器人可为医疗智慧服务提供巨大的价值。5G 智慧机器人具有自动识别复杂场景、自主识别场景路线、自主避障及低电返航等功能。

（二）院间 5G 远程医疗场景

5G 技术在院间远程医疗的应用有助于医疗资源的优化配置。通过远程诊断、远程超声波、远程手术、远程会诊、远程手术指导、远程手术等 5G 应用，解决偏远地区医疗资源不足、医疗水平不足的问题，提高医疗工作效率，打破区域限制，提高高质量医疗资源的渗透率。

◎5G + AI 远程诊断

在远程医疗中利用 5G 网络、AI 等技术，实现影像数据、电子病历等患者信息传输共享，经过 AI 筛查与远程专家复核或远程专家诊断后，出具诊断报告，为广域多级医联体内各医疗卫生机构实现医疗数据共享、医疗资源有效下沉提供有力支撑，使基层及偏远地区患者在当地也可享受三级甲等医院的医疗资源，有效提升基层医生医疗水平。

◎5G + 远程超声

5G + 远程超声包括远程超声诊断和远程超声会诊，医生通过远程实时操控机械臂开展超声检查，可与患者实时交流，会诊过程超声影像与音视频通过 5G 网络实时传输至专家端，实现患者病历分析、超声影像诊断等功能，发挥优质专家诊疗能力，实现跨区、跨院的业务指导。

◎5G ＋远程会诊

远程会诊是指基层医疗机构与合作医疗机构的专家通过 5G 网络共享患者数据和医疗信息，通过实时在线音视频交互讨论患者病情，实现会诊和诊疗。4K/8K 会诊视频与医学影像数据同步传输，支持电子病历在线融合，目前已被广泛应用于疫情防控和远程分级诊疗系统中，有效地提高了诊疗效率。

◎5G ＋远程手术指导

依托 5G、远程医疗平台，专家能够远程指导基层医生进行病例讨论和手术救治，实现跨地域医疗诊治，把智慧医疗延伸到基层，让基层患者不出远门就能享受省级、国家级甚至国际级专家的诊疗服务，大幅提高基层医疗机构的手术质量和手术安全。

◎5G ＋远程手术

5G 远程手术是指在跨院医疗合作中，合作医疗机构的专家依靠 5G 远程手术系统，传递手术室视频、图像、力反馈、虚拟现实/增强现实建模等信息。通过构建病灶模型与患者身体精确配准，使用手术机器人和手术机械臂实现远程精确手术控制。

◎5G ＋远程示教

示教是医疗行业中较为常见的学习方式。通过"5G ＋远程示教"平台，可以远程观看操作过程，实时教学，避免交叉感染等风险；还可实现手术直播、病例讨论、AR 远程会诊、双向实时沟通，从而实现医疗资源下沉、提升基层医疗诊治水平、方便百姓就地就医的目标。

（三）院外 5G 急救与康养场景

在院前急救、智慧康养、慢病管理等院外场景中，5G 技术将医疗服务从医院转移到社区和家庭，为患者提供更全面的健康保障，加快医疗信息服务的远程化、智慧化。

◎5G ＋院前急救

5G ＋院前急救系统基于 5G、互联网、物联网、云计算、大数据、AI 等技术，建立以 5G 网络、5G 急救车载系统为核心的急救医疗信息系统平台，将 5G

智慧急救车、120急救指挥中心、医疗机构等连接起来，将患者生命体征数据、急救车载视频、VR/AR急救画面等信息实时传至后台指挥中心，院内医生通过信息系统平台指导急救车医生救治患者。

◎5G + 智慧康养

5G + 智慧康养聚焦养老业务痛点，整合养老生态资源，打造出以居家为基础、社区为依托、平台机构为支撑的医养一体化平台，全面支撑养老服务监管、机构养老、社区养老、居家养老等服务场景，以信息技术赋能康养服务升级，为居家或社区养老人员提供一键求救、安全定位、健康监测、居家安防、智能护理、居家护理等数字化服务，系统动态掌握老年人的生活、起居、饮食、健康、活动情况，为老年人的健康保健保驾护航。

◎5G + 慢性病管理

慢患者群逐年上升并呈年轻化趋势，现有的医疗卫生服务面临数据中断、碎片化等问题，已无法满足人们的健康需求。5G等赋能健康管理"三早"，成为未来社区慢病管理的重要方向。通过早筛查、早评估、早干预，采用中西医适宜技术，开展线上线下健康教育、技能培训，构建医院、社区、家庭、个人全新的模式，建立全周期健康管理服务体系，全面推进健康服务业发展，实现全人群、全方位、全生命周期健康管理，助力实现慢病清零。

5G + 慢性病管理利用5G和智能设备，实现智能生命体征监测数据传输、日常健康管理、呼吸暂停报警、家居康复监测、AI诊断和治疗、远程问诊、早期干预等。

第三节 医疗物联网应用

一、医疗物联网概述

物联网技术（internet of things，IoT）是与互联网相对应的一个概念，由麻省理工学院的凯文·阿什顿于1999年提出，是通过射频识别等信息传感设备把所有物品与互联网连接起来，以实现智能化识别、定位、追踪、监控和管理的一种网络技术。2005年，国际电信联盟（International Telecommunication Union，ITU）发布《ITU互联网报告2005：物联网》，正式提出了"物联网"的概念。国际数据公司（International Data Corporation，IDC）的数据显示，2020年全球物联网支出达到6904亿美元。麦肯锡预测2025年全球物联网市场规模可达（4～11）万亿美元。

物联网在医疗领域的应用促进了医疗物联网（medical internet of things，MIoT）的发展。物联医疗设备的不断出现让物联网技术在医疗健康行业中的作用逐步体现出来。物联医疗设备数量的增加又推动了支持医疗数据采集和传输的传感器、物联网、服务系统及软件的进步。

2018年4月，国家卫健委发布了《全国医院信息化建设标准与规范》（试行），其中对二级以上医院物联网建设做出了明确的要求（见表5-3）。

表5-3　《全国医院信息化建设标准与规范》（试行）物联网技术要求

一级指标	二级指标	三级指标	具体内容和要求
物联网技术	物联网应用	数据采集	支持基于传感网络的物联网应用架构，支撑医疗环境下各类设备的数据采集与利用。 ①数据信息的加密传输。 ②通过红外线、射频等介质进行数据传输。 ③医疗设备的生命体征采集，大型医疗检查设备的能耗数据采集，医疗环境下的温湿度、污染颗粒数据采集等。 ④数据采集设备的安全接入和审计。 二级医院推荐要求。 三级乙等医院满足①②③④要求。 三级甲等医院同上
		患者安全	基于RFID电子标签的物联网应用架构，通过物联网终端设备支持在医院就诊环境下的患者业务服务应用。 ①物联网终端的无障碍感应扫描，在不同业务场景下感应功率的自动调节。 ②患者定位、身份识别、用药识别、业务监控等功能。 二级医院推荐要求。 三级乙等医院满足①②要求。 三级甲等医院同上
		资产和物资管理	基于传感网络的物联网应用架构，通过RFID电子标签，实现医院资产或药品的管理。 ①RFID标签和医院资产的匹配绑定。 ②区域内资产自动识别和盘点管理。 ③医院固定资产管理、特殊药品的综合管理，包括医疗设备、高值耗材、毒麻药品等物品的全生命周期管理等。 二级医院推荐要求。 三级乙等医院满足①②③要求。 三级甲等医院同上

RFID：radio frequency identification，射频识别。

二、医疗物联网基础架构及技术

医疗物联网是物联网的一个分支，其网络基础架构与物联网架构一致，分为四层，分别为感知层、网络层、平台层和应用层。

（一）医疗物联网感知层

医疗物联网感知层为物联网系统对物体和环境提供感知和识别能力，由RFID等传感器硬件、相应的数据感知和采集协议构成；采用条形码、二维码、RFID等多种生理信号采集方法完成医学信息的采集。

传感器收集各种信息并将其转换成特定信号，是感知层的核心；传感器收集身份、运动状态、地理位置、姿势、压力、温度、湿度、光、声、气味等信息，是医疗物联网的重要环节。利用传感器技术，可以实现对患者生命体征数据和治疗检查过程数据的采集，实现对医疗过程的监控，提高治疗效果。医疗物联网传感器包括RFID、条形码、二维码、摄像头、读卡器和红外传感器元件。

（二）医疗物联网网络层

医疗物联网网络层用于各物联网中的设备间传输和共享信息；网络层包括接入网和传输网两部分，接入网用于实现物联网设备的接入，传输网用于设备间的信息传输。网络层必须满足安全性、连接可靠性、低延时、低功耗等的要求。

医疗物联网网络安全需要着重关注。相对于互联网，物联网由于硬件性能偏弱、终端智能化程度不足、物联网设备众多等因素，导致物联网整体安全性能较弱，易受到攻击。PaloAltoNetworks（派拓网络）威胁情报团队《2020年Unit 42物联网威胁报告》中展示了美国物联网部分安全现状，其中指出98%的物联网终端在传输数据流量时未实现加密传输；美国医学影像设备中，83%已经停止安全更新。

医疗物联网接入网包括Wi-Fi、蓝牙、RFID、ZigBee、UWB（Ultra Wide Band）、Z-Wave等多种短距离无线网络。传输网包括有线网络技术、5G网络、NB-IoT、LoRa、EC-GSM、SigFox、eMTC等低功耗广域网技术。常用医疗物联网接入网络特性对比详见表5-4。

表 5-4 主流医疗物联网接入网络技术特性对比

名称	工作频率	数据传输率	覆盖距离	功耗	成本
2G/3G	蜂窝网络	10Mb/s	5～10km	高	高
4G（LTECat.4）	蜂窝网络	150Mb/s	1～3km	高	高
5G	蜂窝网络	20Gb/s	300m	高	高
蓝牙	2.4GHz	24Mb/s	300m	低	低
802.15.4	亚 GHz、2.4GHz	40、250kb/s	10～75m	低	低
Lora	亚 GHz	0.3～50kb/s	20km	低	中
LTECat.0/1	蜂窝网络	1～10Mb/s	数千米	中	高
NB-IoT	蜂窝网络	50～60kb/s	20km	中	高
SigFox	亚 GHz	0.1kb/s	50km	低	中
Weightless	2.4GHz	0.1～24Mb/s	数千米	低	低
Wi-Fi	亚 GHz/2.4GHz/5GHz	54～450Mb/s	100m	中	低
WirelessHART	2.4GHz	250kb/s	100m	中	中
ZigBee	2.4GHz	250kb/s	100m	低	中
z-Wave	亚 GHz	40kb/s	100m	低	中

（三）医疗物联网平台层

医疗物联网平台层在物联网体系结构中起着关键的作用。平台层主要解决数据存储、检索、使用和数据安全隐私保护等问题。平台层通过提供标准的接口和协议，实现对终端设备的管理。

（四）医疗物联网应用层

医疗物联网应用层是物联网架构的顶层，应用层体系结构基于平台层。根据业务需求设置相关物联网应用，通过对感知层采集和传输的数据进行计算、处理和知识挖掘，实现对物理世界的实时控制、精准管理和科学决策。应用层未来发展的主要趋势有人工智能、大数据与云计算、可穿戴、家庭化等。

人工智能与物联网已经被用于对帕金森病或阿尔茨海默病等诸多疾病患者的智能看护。慢性病患者使用的物联网设备时时刻刻都在收集患者相关的数据，通过机器学习等人工智能算法，利用智能设备来帮忙照看慢性病患者。大数据、云计算和医疗物联网的结合使医疗过程能够更有效地进行，得出更明智的决策，降低发病率，并节省医疗成本。

医疗行业不断将人工智能、大数据、可穿戴设备、虚拟现实等数字技术与医疗技术相结合，构建现代诊疗护理新格局。2016 年，全球可穿戴医疗设备市场总销售额为 20 亿美元；2017 年为 23.94 亿美元，2018 年超过 30 亿美元，2021 年全球可穿戴医疗设备市场规模达 212.7 亿美元，预计 2026 年全球可穿戴医疗设备市场规模将达 727.5 亿美元。

家庭化是医疗物联网的又一个发展趋势。2019 年《中国医疗器械行业发展报告》显示，我国已成为全球第二大医疗器械市场。居民消费升级和人口老龄化加速使得便携式医疗设备进入越来越多的家庭。集成传感器并接入物联网的智能家庭医疗设备因功能强大、操作简单，越来越受到用户的青睐。

三、医疗物联网应用

医疗物联网应用场景分为四大类，分别是智慧临床、智慧患者服务、智慧管理和远程健康类。

（一）智慧临床类应用场景

物联网可以不受时间、空间等因素的限制，高效实时、动态连续地获取和分析多维度信息，为临床护理提供准确的数据基础和强大的人工智能处理。智慧临床类应用场景包括医疗急救管理、移动护理管理、输液监护管理、智慧病区和床旁智能交互。智慧护理是智慧医疗的重要部分，要想推进智慧医疗建设，实现护理的"智慧化"也是重要的一步。

（二）智慧患者服务类应用场景

在医疗服务活动中，智慧患者服务类应用场景包括院内导航、人员定位和报警求助等，覆盖患者诊前、诊中、诊后各环节，室内定位技术比较常见的有 Wi-Fi、蓝牙和 RFID 定位。2020 年 5 月，国家卫健委发布的《关于进一步完善预约诊疗制度加强智慧医院建设的通知》强调二级以上医院必须提供院内导航线上服务。在浙江大学医学院附属邵逸夫医院，众寻医院智能导航系统的上线为解决患者在医院问路、找人以及寻车难的问题提供了帮助；该系统能覆盖医院线上线下所有患者入口，深入患者各个就诊环节和流程，为患者提供基于移动端的精准的院内实时导航服务。

人员定位管理系统具有对患者实时位置跟踪和活动状态监控、活动轨迹追踪等功能。婴儿防盗子系统通过实时采集婴儿防盗标签的位置信息，以达到对婴儿状态的实时监控和追踪。精神病患防走失子系统通过定位系统提供准确的患者位置信息，实现对精神病患者的日常管理，提供防走失的解决方案。

医护随身报警系统可通过给医护人员佩戴医护智能工卡进行预报警的方案来解决医护安全问题。当医患出现争执时，医护人员按动报警工卡的按钮进行预报警，就近安保人员接到报警后第一时间赶到现场进行劝阻，避免伤医事件发生。

（三）智慧管理类应用场景

现代医院资产种类多、数量大，传统的资产管理方式已经不能适应现代医院管理的要求，基于物联网技术的智慧管理系统能大幅度提高资产管理效率和资产利用率。智慧管理类应用场景包括智慧后勤管理、院内物资及物流管理、院内医废溯源管理、冷链环境监测等。

院内资产管理系统将移动资产、固定资产和基础资产分别绑定资产标签，并分别匹配归属科室和具体责任人，通过覆盖全院的医疗物联网系统，实时采集资产的位置信息，系统可设置按权限查找资产的具体位置，统计资产甚至分析使用情况。

院内医废溯源管理将医废采集、运输和存储设备的运行参数实时发送到控制中心，使监管人员全面掌握各个机构的医疗废物产生、回收、处置情况，利用"物联网＋"的模式，在医疗废物收集、清运、存储的全过程实现跟踪管理和实时监控。

冷链环境监测系统可以实时现场显示，电脑可以实时显示冷链所有状态数据，自动采集、记录、处理（平均、最值、报警）各测点温湿度冷链数据，通过互联网或局域网实现对系统的管理，依据级别的不同，可查询打印实时数据、历史数据并可进行常规设置。

（四）远程健康类应用场景

随着政策推动、经济水平发展，健康服务发生了变化：从疾病治疗服务向康复医疗服务延伸；从院内治疗向远程医疗、社区医疗、家庭健康延伸。在家庭及社区环境中，通过在家庭中配置生命体征监测仪器，实时跟踪和采集患者生命体征信息，使健康数据自动上传至物联网云平台，医务人员可以清晰了解患者的身体状况，提出相应的医疗健康方案。

第四节　基础医院智能化系统

医院作为一个全新的现代综合性医疗建筑群体，既要满足现阶段的应用，又要能保证日后的系统扩展。

医院智能化系统是数字化医院建设的基础，包括建筑智能化系统和医疗智能化系统两大内容。其主要由下列子系统组成。

（1）建筑设备监控系统；

（2）建筑能效管理系统；

（3）综合布线系统；

（4）语音通信系统；

（5）计算机网络系统；

（6）安全防范系统（安全报警系统、视频监控系统、出入口控制系统、无线对讲及电子巡查系统、梯控系统、访客管理系统、安全防范综合管理系统）；

（7）有线电视系统；

（8）公共广播系统；

（9）多媒体会议系统；

（10）信息引导及发布系统；

（11）电梯五方通话系统；

（12）停车管理系统；

（13）机房工程；

（14）智能一卡通系统；

（15）智能照明控制系统；

（16）病房数字护理呼叫系统；

（17）时钟系统；

（18）排队叫号系统；

（19）ICU远程探视系统；

（20）手术示教系统；

（21）三维可视化管理平台。

一、建筑设备监控系统

建筑设备监控系统已被广泛应用于各类建筑领域，为各类建筑物内设备提供自动管理与控制。

建筑设备监控系统对以下系统进行监控：冷热源系统、空调、新风系统、通风系统、环境质量监测、给排水系统、电梯系统、电力系统、医用气体等（见图5-2）。

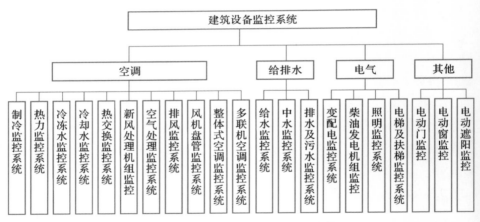

图5-2 医院楼宇建筑设备监控系统模型

空调冷热源系统的监控对象包括冷水机组、冷媒水泵、膨胀水箱、冷却塔、冷却水泵、锅炉、蒸汽发生器、热交换器等。

麻醉手术部、设置空调净化系统的重症监护病房，及易感人群保护病房，如感染病房、血液病房、烧伤病房、新生儿监护病房等，除需要调节空气的温度、湿度外，还需要控制空气的尘菌数量和气流方向，系统做法可参照《建筑设备管理系统设计与安装》（19D706-2）第116—122页。

风机盘管采用电子联网型温控器，可实现对风机盘管的远程监控，实现房间温度远程设定；采用计量型电子联网温控器，还可实现末端用冷、用热计量，并通过软件平台为节能管理提供有效手段。

变冷媒流量多联式中央空调系统采用智能化管理系统，对分室温控、集中管理功能和对所有空调室内机的电量消耗情况进行专业管理，可以方便地进行集中管理和能耗监督结算，可实现逐层或逐室计费。变冷媒流量多联式中央空调系统的控制作为产品的系统配套，应要求由供货方配套完成。

医院新风控制系统主要对空气湿度、空气温度、通风量、过滤器堵塞信号，以及风机启停、工作、故障和手/自动状态进行监控；通过调节电动水阀的开度和加湿器来保证送风温度和湿度的设定值。

医院各类大型送风机、排风机通常应纳入建筑设备监控系统进行管理；但消防专用排烟风机、消防正压送风机等各类消防设备应由火灾报警系统控制管理，以保证消防系统的可靠性。建筑设备监控系统仅对排烟风机、正压风机的运行、故障状态和手/自动状态进行监视，发生故障时发出报警。上述消防风机的控制由火灾报警系统完成。

火灾报警系统与建筑设备监控系统之间可以通过集成系统进行协调。但火灾报警系统与建筑设备监控系统的联动必须符合国家和地方的消防规范。

环境质量监测分别对 PM10、PM2.5、CO_2 进行定时连续测量、显示、记录和数据传输，监测系统对污染物浓度的读数时间间隔不得长于 10min，且具有存储至少一年的监测数据并实时显示等功能；在地下车库应设置与排风设备联动的一氧化碳浓度监测装置。

给排水监控的主要对象是集水井、生活给水和生活热水装置、屋顶水箱、地下生活水池、污水处理池、消毒池、降温池、医院纯水系统，对所有生活用水池高低水位进行监测、记录及报警；对屋顶水箱的高低水位报警、电动泄水阀开关状态、给水泵运行状态进行监测、记录及报警；对污水处理池、集水坑进行高水位监测及超水位报警；对生活泵的运行状态及故障报警等。

电梯及扶梯系统通过接口监控电梯的以下运行内容：电梯运行状态监视及显示，电梯启停控制和故障报警，历史记录及维护保养清单，按时间程序、节假日设定电梯运行，与火灾报警系统联动。管理中心在图形显示器上直接监视每部电梯的运行状态，并显示故障报警，系统以时间程序控制方式或手动控制方式控制电梯的运行。监控系统的主要任务是监控电梯的运行状态，统计分析其运行时间与能耗；在火警状态下，命令电梯迅速降至首层。

变配电监控系统包括高压配电监测系统、低压配电监测系统、变压器监测系统。变配电监控系统建议由变配电厂商成套配置高低压配电自动监控系统，监测供配电站的主要电量参数，并给建筑设备监控系统提供通信接口和有关协议，建筑设备监控系统只作为监视和数据采集，不做控制。

医用气体系统中存在大量机电设备，这些机电设备对于医院的正常运转是至关重要的。医用气体系统一般由专业的单位设计和施工，其通过通信网关的方式向上集成到建筑设备监控系统内，由建筑设备监控系统统一集中监视和管理。

二、建筑能效管理系统

建筑能效管理系统可采集多种类型能源（电、水、天然气、医疗气体、冷热量等）数据，并对能源消耗进行分析，包括分类分项能耗、区域能耗、部门能耗数据，以及用能安全监控，协助用户消除能源消耗盲区，提高配电系统运行和用能安全，降低运营成本。

建筑能效管理系统作为一个集成系统，可以接入高低压配电系统各类传感设备，包括微机保护测控装置、多功能仪表、剩余电流传感器、直流屏、变压器温控仪、暖通仪表（水、冷热量、工业气体等），以及其他电源系统，包括柴油发电机、UPS、光伏、风力发电、储能系统等。

建筑能效管理系统分为监控管理层、网络传输层和现场感知层。监控管理层作为主要的人机接口界面，包含数据服务器、监控主机等，承担数据采集、存储、展示、打印等功能。网络传输层包含智能网关以及其他网络设备。传输数据可使用局域网，也可以依赖运营商提供的互联网服务。现场感知层设备用于感知电、水、冷热量等能源数据，并将数据上传至智能网关或者通过 4G/5G/NB-IoT 等方式直接上传数据服务器。

三、综合布线系统

综合布线系统支持数据、语音、视频图像等业务信息传输，既要满足当前的使用需要，又要考虑将来发展的需要，使系统达到可靠性高、配置灵活、易于管理、易于维护、易于扩充的目的。

综合布线系统由六个子系统组成，包括工作区子系统、水平布线子系统、垂直干线子系统、管理间子系统、设备间子系统、建筑群子系统。

　　系统采用星形组网结构、机房集中管理。医院采用高速以太网络架构，大楼内以万兆为主干，千兆交换到桌面的网络体系。外网和内网完全物理隔离，所有配线间的外网和语音设备安装在一个机柜内，内网设备安装在另一个机柜内（见图5-3）。

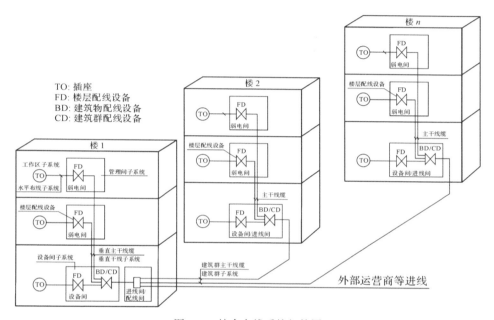

图5-3　综合布线系统拓扑图

　　工作区子系统：主要为电话、电脑等设备提供接口，主要包括插座面板、模块、跳线。

　　水平布线子系统：主要由各楼层弱电间至各个工作区之间的电缆构成。水平布线采用7类/超6类/6类非屏蔽4对双绞线或室内光缆。水平子系统主要内容就是把线从插座面板引到弱电间。

　　垂直干线子系统：由设备间至各楼层弱电间的线缆构成；主要功能是把各楼层配线架与设备间主配线架相连，使整个布线系统组成一个有机的整体，每个楼层弱电间均需采用垂直主干线缆连接到大楼设备间。数据垂直干线一般采用单模或多模光缆，语音垂直干线一般采用大对数电缆、单模或多模光缆。

管理间子系统：设置在楼层弱电间内，水平布线子系统电缆端接的场所，也是垂直干线子系统线缆端接的场所。

设备间子系统：设备间是安装各种设备的房间，对综合布线系统工程而言，主要安装配线设备，设备间是大楼数据、语音垂直主干线缆端接的场所；通过垂直干线子系统连接至管理子系统。

建筑群子系统：通常涉及两幢上的建筑，在建筑群子系统中不仅要考虑同一建筑内各楼层及各房间的线缆敷设，而且应该考虑不同楼宇之间连接问题，并同时应照顾到各建筑内部原有的网络接入。建筑群子系统数据干线一般采用单模或多模光缆，语音干线一般采用大对数电缆、单模或多模光缆。

 四、语音通信系统

（一）有线电话通信系统

有线电话通信系统通过综合布线系统和智能交换设备组成通信网络，保证大楼与外界各种通信方式和通信要求的实现，主要包括提供通信设备间与各运营商间的通信能力，如电话、传真、电子邮件、可视电话、视频会议等话音和图像的通信，应具备高速大容量、可靠的信息通信传输能力，具有高度可管理性和扩展性，适应面向未来的可预见性业务发展的需要。现阶段语音通信系统组成方式主要有虚拟网和 PABX 程控交换机两种，对比特性见表 5-5。

表 5-5　虚拟网和程控交换机特性对比

比较内容	虚拟网	PABX 程控交换机
设备投入	几乎没有	交换机及电源
线路投入	没有	需要
平时投入	每门电话的月租费	专业人才的维护
使用功能	常用的功能	功能可灵活控制
网内通话	免费	免费
拨打电话	方便	较方便

（二）移动电话信号覆盖

移动电话信号覆盖主要是为了消除电梯、地下车库、室内工作区等区域的运营商信号盲区，及高密度接入点信号过弱等问题，业主通过与联通、移动、电信运营商的合作，由运营商进行合理的基站信号分布布置，使得所有地方都有信号覆盖，消除盲区，运营商移动电话信号覆盖由各运营商或铁塔公司等有通信设计施工资质的企业落实实施。在智能化设计阶段建议预留信号覆盖桥架，避免后期布线混乱的情况。

五、计算机网络系统

医院计算机网络系统是业务量大、涉及面广的计算机系统工程，是医院信息化建设的基础。

（一）医院计算机网络系统的组成

医院计算机网络系统根据使用功能及管理维护部门的区别，划分为三类网络，即医疗网（包括远程医疗信息网、无线网）、外网、设备专网。

1. 医疗专用计算机网络系统

医疗专用计算机网络系统主要承载业务包括医院的内部信息传输，为医院的日常运营及医院的 HIS/LIS/PACS 等业务系统服务，该网络在部署有线网络（有线网络包括光纤网络）的同时还利用无线网络对院区实现无线覆盖，满足医务人员移动办公、移动查房的需求。设备特性要求能够保证各关键业务稳定安全地运行，以及对各信息点实施有效管理。

2. 可以访问互联网的计算机外网系统

计算机外网系统为大楼内部提供连接互联网的服务，单独设此网络是为有效地与医疗专用计算机网络系统的信息进行物理隔离，确保医院专用医疗业务的正常运行。

3. 设备专网

设备专网是支持包括安防、建筑设备监控、门禁等智能化子系统的内部局域网。

（二）常用计算机网络系统组网

现阶段计算机网络系统组网主要有传统以太网、全光以太网、F5G 全光网络三种组网架构。

传统以太网采用 3 层架构（核心层交换机—汇聚层交换机—接入层交换机），核心交换机通常放置在核心机房，汇聚层交换机放置在楼宇弱电机房，接入层交换机放置于楼层弱电间；核心交换机与汇聚交换机之间，汇聚交换机与接入层交换机之间，都是通过光纤连接；从楼层弱电间的接入层交换机通过 100m 内的 4 对对绞电缆（俗称网线）接到房间。楼宇弱电间和楼层弱电间都是有源设备。

全光以太网采用 3 层架构（核心层交换机—全光汇聚层交换机—光接入网交换机），网络架构与传统以太网一样，差异点就是把接入交换机从楼层弱电间下移到房间内，本质上还是点到点的交换机技术。楼宇弱电间仍需要有源的汇聚设备（有些厂家的全光以太网也宣传支持直接从核心层交换机接到接入层交换机，但这种组网方式需要使用园区楼宇间的大量光纤，部署困难）。

F5G 是 The 5th Generation Fixed Networks 的缩写，即第五代固定网络。F5G 是由中国提出的，欧洲电信标准协会接纳，由业界广泛参与的最新一代固定网络。F5G 全光网络为创新架构，对网络层次进行了简化，简化为二层架构［核心层交换机和光线路终端（optical line terminal，OLT）接入层的光网络单元（optical network unit，ONU）］，从 OLT 到 ONU 中间都是无源的分光器和光纤，不管楼宇弱电间还是楼层弱电间都是无源的。F5G 与 5G 是协同关系，有线网络与无线网络互相补充，为万物感知和网络应用赋能。ETSI 预测 F5G 与 5G 将一同开启万物互联时代。

传统以太网、全光以太网和 F5G 全光网络的对比如图 5-4 所示。

医院计算机内网建议采用双核心、双汇聚（OLT）、双链路的网络架构；计算机外网较少可根据实际数量配置网络架构。

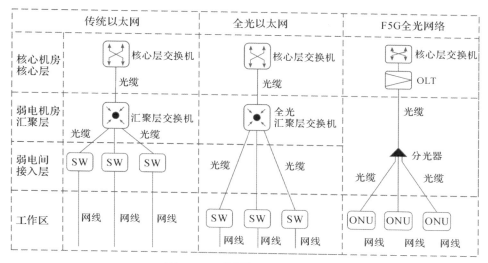

图 5-4　三种网络组网形式对比

（三）医院无线网络

无线局域网是利用射频技术实现无线通信的局域网络。WLAN 主要作为传统布线 LAN 的延展和替代，它能支持较高数据速率，采用微蜂窝、微微蜂窝结构的自主管理的计算机局部网络；也可以将无线电或红外线作为传输媒质，采用扩展频谱技术，移动终端可通过无线接入点来实现互联网访问。

为简化大量的无线设备维护与管理工作，建议采用集中式管理的瘦无线接入点（access point，AP）＋集中无线控制器（access point controller，AC）架构，在医院信息机房内部署无线控制器。该无线架构具有简单而强大的无线局域网集中式管理功能，AP 本身并不存放任何配置文件，AP 的配置是从 AC 上获取的，通过 AC 就可以统一管理整个无线网络的 AP。网管人员只需简单地配置无线交换机，即可开通、管理和维护所有 AP 设备以及移动终端，包括无线电波频谱、无线安全、接入认证、移动漫游以及接入用户。无线控制器＋瘦无线 AP 的架构，在实现对医院无缝覆盖的同时，又能够实现对无线网络的灵活管理配置，提高网络维护效率。

未来医院无线网络主要承载移动医护、医疗物联网、掌上医院和无线多媒体业务。建议无线网络具备以下特性：①为了更好地承载医院无线业务，选择带宽能达到 1Gbps 的 IEEE802.11ac 标准无线设备，能够承载语音、视频等多媒体应用；②在室内环境满足无盲点覆盖，且整体覆盖信号强度优于— 65db；③考虑到无线网络与医疗物联网的融合，无线网络应可以通过平滑扩展，升级医疗物联网应用，且考虑到国际物联网业务并无通用标准，要求无线网络接口开发，通过标准 RJ45 接口扩展任意厂商的基于 RFID、ZigBee、蓝牙等射频信号的物联网应用；④支持室内定位导航，能够结合掌上医院应用完成室内导诊业务。

在投资允许的情况下，医院无线网络建议单独设置，不与有线网共用核心设备；一般情况下，建议与内网共用核心设备。

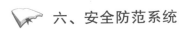 六、安全防范系统

（一）安防报警系统

现代安全防范体系通常被划分为人防、物防、技防三部分。人防体系由保安员等人力资源构成；物防体系由围墙、门锁、保险柜、防弹玻璃等物体资源构成；技防体系由探测器、检测设备、摄像机、管理软件等信息技术设施构成。

随着经济建设和各项社会事业的快速发展，人们对安全防范的需求也越来越高，作为技防手段的安防系统建设在日常生活和工作中显示出其必要性。报警系统作为安防系统的重要组成部分，以高效报警探测能力和低误报率被应用于各个安防系统建设项目。

医院技防体系通常可分为基础安全防范系统和智慧安全防范系统。其中，基础安全防范系统属于基于物业和医院后勤管理的传统安防范畴；智慧安全防范系统是与医疗业务密切相关的新型安防。医院技防体系相关要求可以参考团体标准《医院智慧安全防范技术规范》（T/CAME 012–2020）。

医院基础安全防范系统通常包括视频监控系统、入侵报警系统、出入口控制系统、声音复核装置、电子巡查系统、安全检查系统等。

医院智慧安全防范系统通常基于 AIoT 技术，建设集安防设备监控、消防设备监控、医疗业务管理与综合决策分析等功能于一体的综合运营安全防范平台。该平台的框架设计应遵循如下的原则。

（1）平台应采用分层次的系统构架，用不同的层次解决不同的问题。

（2）实现安全防范信息共享与业务协调，通过平台整合信息，并实现

应用系统之间的安全防范业务协同。

（3）综合利用物联网技术、人工智能技术、大数据技术以及 BIM/GIS/VR 等技术手段，为管理者提供预警分析、决策支持和安全防范可视化工具。

多院区医院的安全防范系统应提供统一、规范、标准的接口服务，以标准化的信息为基础，实现多院区安全防范系统数据、信息、资源的全面共享和管理。

多院区智慧安全防范系统建设应综合考虑各院区安全防范设备及系统的兼容性，确保多院区安全防范系统的一体化管理。

安防报警系统包括以下子系统（见图 5-5）：①周界防范系统，用于对违法人员闯入院区周界的检测和报警；②入侵报警系统，用于对人员入侵、意外事件的探测和报警；③紧急报警系统，用于紧急情况下的主动报警求助。

安防报警系统由前端紧急报警设备、传输网络和中心管理平台组成，通过对监控区域部署探测器形成防区，以被动响应的形式实现警情上报。

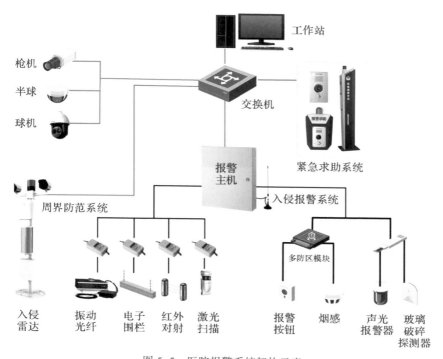

图 5-5 医院报警系统架构示意

（二）视频监控系统

视频监控系统是医院安防建设的重中之重，负责医院的安全监控，实现视频图像的预览、回放、存储、上墙、云台设备控制等功能，提供安全监视、设备监控、事件溯源、证据提取等有效的技术手段，为快速有效地指挥决策提供可视化支撑，使管理人员能远程实时掌握院区内各重要区域发生的情况，保障监管区域内部人员及财产的安全。

医院安防监控系统主要由视频前端、传输网络、视频存储、视频解码、拼接显示、视频信息管理平台等几个部分组成。视频前端支持多种类型摄像机接入；传输网络负责将前端的视频数据传输到后端系统；视频存储系统负责对视频数据进行存储；视频解码负责视频的解码、拼接、上墙控制；拼接显示接收解码输出的视频信号，完成视频信号呈现。视频监控系统物理拓扑架构如图5-6所示。

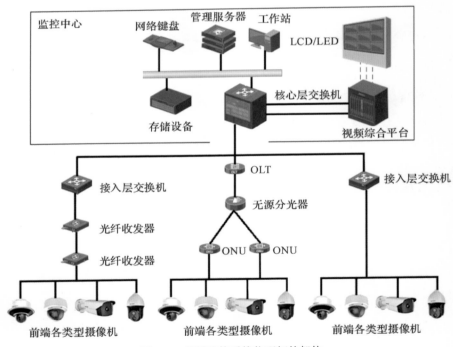

图5-6　视频监控系统物理拓扑架构

（三）出入口控制系统

出入口控制系统主要实现重要场所出入口的安全管理，对门禁资源、卡片、人员、权限、报警等进行一体化管理。控制端对门禁资源进行统一的操作管理，对报警、事件实现中心化管理，从而在满足用户对出入口安全需求的同时，为医院建立一个安全、高效、舒适、方便的环境。出入口控制系统由前端设备、传输网络和中心管理平台组成；前端设备包括门禁读卡器、人脸门禁一体机、磁力锁、出门按钮等，负责采集与判断人员身份信息和通道进出权限，磁力锁接收开门信号，控制人员放行；传输网络负责门禁控制器与管理中心数据传输；管理中心负责系统配置与信息管理，实时显示系统状态等，由医院综合管理平台和发卡设备组成。医院门禁系统架构如图5-7所示。

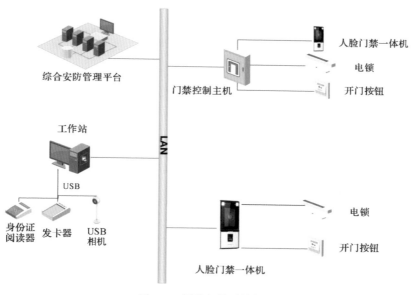

图 5-7　医院门禁系统架构

（四）无线对讲及电子巡查系统

无线对讲系统是一个必不可少的通信平台，系统为用户提供清晰保真的移动中的语音交流通信范围，使得内部人员可即时有效地安排和协调工作，同时也大大提高管理部门安全保障的能力。

　　无线对讲系统现阶段主要有室内天线分布系统和无线单兵两种方式。室内无线分布系统主要由同轴线缆、耦合分配器、二功率分配器和室内全向天线组成；无线单兵利用 4G/5G/Wi-Fi 无线网络来进行实时音视频信息传输和语音对讲。除实时音视频信息传输和语音对讲功能之外，无线单兵同时还具有 GPS 监控定位功能，可以实现快速远程调度指挥。

　　单兵系统带电子巡查功能，通过读取 NFC 标签或蓝牙巡更（见图 5-8）。单兵系统易于部署，前期投入较少，或可由物业公司自行配置，因此工程中推荐采用单兵系统。

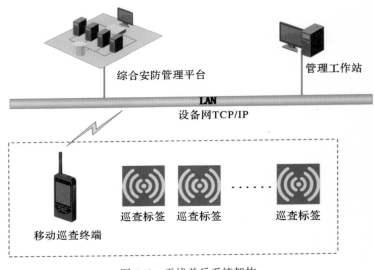

图 5-8　无线单兵系统架构

（五）梯控系统

　　梯控系统根据用户权限实现对电梯的管理。用户通过刷卡或人脸识别完成认证，前端设备将认证信息传送至梯控主机完成楼层控制，使被授予权限的人方可使用该电梯。

　　梯控系统由 IC 卡/人脸特征、前端认证设备、梯控联动模块、梯控主机、管理工作站及系统管理软件等组成。系统架构见图 5-9。

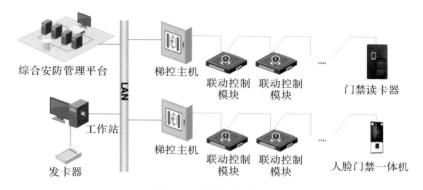

图 5-9　梯控系统架构

（六）访客管理系统

访客管理系统主要用于访客的信息登记、操作记录与权限管理。访客来访，需要对访客信息做登记处理，为访客指定接待人员，授予访客门禁点/电梯/出入口的通行权限，对访客在来访期间所做的操作进行记录，并提供访客预约、访客自助服务等功能（见图 5-10），主要是为了对来访访客的信息做统一管理，以便后期做统计或查询操作。

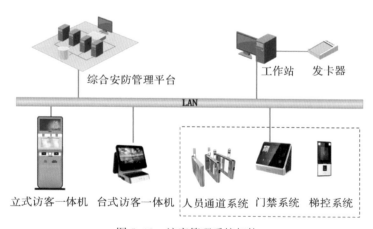

图 5-10　访客管理系统架构

（七）安全防范综合管理系统

智慧医院安全防范（简称安防）综合管理系统不是各个子系统的简单堆

砌，需要在满足各子系统功能的基础上，寻求各子系统之间、与其他智能化系统之间的融合。通过安防综合管理平台实现各安防子系统的统一管理和控制，实现统一数据库、统一管理界面、统一授权、统一权限卡、统一安防管理业务流程等。

　　智慧医院安防综合管理系统主要将各个安防子系统通过设备专网与监控指挥中心连接起来，包括视频监控系统、人脸识别系统、违停抓拍系统、一键报警系统、报警管理系统、门禁管理系统、人员通道系统、巡更系统、阳光厨房系统、停车场系统等，并通过系统管理平台，能够将医院各安防系统无缝整合在一起，化被动监控为主动监控，极大地提高视频的利用效率，提升监控系统的整体性能（见图5-11）。

图5-11　智慧医院安防综合管理系统架构

七、有线电视系统

有线电视系统是医院必不可少的一部分，传统有线电视系统由接收信号源、前端设备、干线传输系统、用户分配网络四部分组成。随着信息化技术的高速发展，有线电视网络的功能逐渐强大，并且朝着有线电视双向交互性发展。对于医院来说，在今后的有线电视网上，人们可以通过电视来实现视频点播、民意测验、家庭医生、医疗咨询、可寻址加解扰、可视电话、可视会议、远程教学等多种交互性功能。

八、公共广播系统

医院因建筑布局复杂，功能分区多，因此推荐采用 IP 网络广播系统。IP 网络广播系统将音频信号以数据包形式在局域网和广域网进行传送，该系统由节目设备、信号的放大和处理设备、传输线路和扬声器系统四部分组成。

背景音乐广播与消防紧急广播末端扬声器兼用，即所有背景音乐扬声器在发生火灾时均能通过楼层消防广播切换模块，强切至消防紧急广播状态。

九、多媒体会议系统

多媒体会议系统一般由音频扩声子系统、数字会议子系统、大屏幕显示子系统、远程视频会议子系统、会议摄录子系统、中控系统几部分组成。会议系统和会议同声传译系统应具备与火灾自动报警系统联动的功能。医院多媒体会议系统应根据实际建筑布局配置。

十、信息引导及发布系统

智慧医院要求程度越来越高，电子公告牌作为信息发布的载体，在各建筑中的应用也越来越多。它可以及时、醒目、多样地将各类信息传递给大众。近年来，随着社会的进步和人们对信息的需求，LED 显示屏、LCD 信息发布一体机、触摸查询一体机等作为宣传工具也成为必然。

十一、电梯五方通话系统

电梯五方通话是指管理中心主机、电梯轿厢、电梯机房、电梯顶部、电梯底部这五方之间进行的通话。

现阶段，电梯五方通话系统有总线制、分线制、IP网络三种组网形式，具体需要根据电梯设备选择合适的系统。总线制和分线制系统一般由电梯厂家配套提供；IP网络电梯五方对讲系统在一般情况下需要额外采购，该系统可减少布线和施工成本，当电梯较多时可考虑采用。

电梯五方通话系统（IP网络）基于局域网（LAN）和广域网（WAN）传输技术，专用于监控中心、保安室与电梯轿厢、电梯控制机房之间的求助报警、报警联动、对讲、录音。

十二、停车管理系统

为了满足医院车辆正常出入的需求，特别是解决高峰期拥堵问题，来访车辆正常停车及方便寻车，院内车辆违停及超速管理，需要建设一套车辆管理系统，实现车辆快速进出、快速停车及院内车辆管控。

◎车辆出入口管理系统

车辆出入口管理系统由前端子系统、传输子系统、中心子系统组成，实现对进出场车辆的24小时全天候监控覆盖，记录所有通行车辆，自动抓拍、记录、传输和处理，同时系统还能完成车牌、车主信息管理等功能。

现阶段其主流产品为基于车牌识别的车辆出入口管理系统。前端子系统包含自动挡车器、车检线圈（车检雷达）、车牌识别摄像机、信息显示屏等设备。传输子系统包含接入交换机、光模块、传输光纤等设备。

车辆出入口管理设备前端子系统有以下两种形式：①自动挡车器＋车检线圈（车检雷达）＋车牌识别摄像机＋信息显示屏；②一体化道闸＋车检线圈（车检雷达），一体化道闸集成自动挡车器、车牌识别摄像机、信息显示屏等设备。

车辆出入口管理系统根据管理模式有以下两种形式：①有人值守，在安全岛部署值班岗亭和出入口控制电脑；②无人值守，在安全岛上设置无人值守设备，无人值守设备具备与监控室双向视频对讲的功能，带显示屏，支持扫码支付功能。

◎停车引导系统

现阶段常用的停车引导系统主要有两种形式：①视频车位引导系统；②超声波车位引导系统。

（1）视频车位引导系统：室内平面车位使用车位相机检测车位状态，机械车位使用无线超声波探测器检测车位状态。通过车位相机实时检测车位信息，车位相机指示灯实时反映车位占用情况，并将数据实时发送到控制器和管理平台，由控制器和管理平台更新各个交叉路口引导屏的空车位数，指引客户停车。

（2）超声波车位引导系统：布线相对简单，造价也相对低廉，功能与视频车位引导系统相同；系统主要由室内引导屏、超声波探测器、车位指示灯、超声波引导控制器、交换机等组成。超声波探测器有前置和中置两种形式：前置超声波探测器内置车位指示灯；中置超声波探测器需要额外配置车位指示灯，探测器与车位指示灯直接连接。

◎反向寻车系统

视频车位引导系统具备反向寻车的功能，系统主要由中央控制模块、数据库服务器提供数据支撑，通过自助寻车终端（终端查询机、自助缴费机）、移动端（APP、微信公众号、手机WEB）等向车主提供反向寻车功能（见图5-12）。

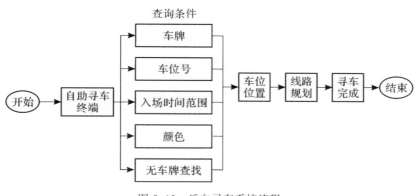

图5-12　反向寻车系统流程

十三、机房工程

计算机数据中心机房工程是一个集多系统的系统集成工程，它主要包括供配电管理系统、独立地线系统、专用精密空调系统、不间断电源系统、结构化综合布线系统、专用气体消防系统、安保监控系统、动环监控系统、室内装饰系统等。

现阶段医院信息中心机房主流方案采用微模块机房，微模块机房将机柜、供配电、制冷、监控以及综合布线等系统集成于一体，实现供配电、制冷和管理系统无缝集成，使模块化数据中心智能、高效运行，既可作为独立机房承担网络业务，也可作为大型数据中心的一个局域机房或模块，承担部分或局部业务。微模块机房部署快，建设周期显著缩短，方便扩展，可分期建设；并且，微模块机房采用标准模块，稳定可靠。

十四、智能一卡通系统

智能一卡通系统将访客、门禁、梯控、考勤、巡更、消费等子系统的信息共享，对各子系统进行结构化和标准化设计，通过一卡通管理平台将其整合成一个有机的整体。智能一卡通系统的架构包括五个相互衔接、缺一不可的部分，即内部人员注册端、外部访客登记端、认证比对端、传输网络端、管理中心端。

十五、智能照明控制系统

节约能源和降低运行费用是当今社会的主题之一。随着社会经济的快速发展，人民生活水平的不断提高，人们对医院现代化水平和环境的要求越来越高，建筑的电能消耗也越来越大，节能已成为各方关注的一个方面。在采用智能照明控制系统后，可使照明控制系统在全自动状态工作，系统将按预先设置切换若干种基本工作状态，根据预先设定的时间自动地在各种工作状态之间转换。

智能照明控制系统由输入单元和输出单元、系统单元三部分组成。输入单元（包括输入开关、场景开关、液晶显示触摸屏、智能传感器等）将外界的信号转变为网络传输信号，在系统总线上传播；输出单元（包括智能继电器、智能调光模块）收到相关的命令，并按照命令对灯光做出相应的输出动作；系统单元（包括系统电源、系统时钟、网络通信线）为系统提供弱电电源和控制信号载波，维持系统正常运行。

十六、病房数字护理呼叫系统

病房护理对讲系统是医护患沟通的重要桥梁，也是医护患沟通的重要窗口，因此良好的音质通话效果将决定患者满意度、医护人员工作效率等。通过护士站主机和病房分机对通话进行声音实测和比较，确保通话音量和音质能够满足病房需求，尤其是卧床患者的实际使用需求，卧床患者能与护士站正常交流沟通，是衡量病房护理对讲系统满足使用需求的最主要因素。

病房数字护理呼叫系统基于 IP 网络通信技术，可实现患者、护士、医生之间的呼叫及对讲，通过对接医院信息系统，为病区提供智慧服务、智慧管理、智慧医疗等信息化服务，包括消息发布、病区统计、医嘱查询、体征监测、物联网扩展等。病房数字护理呼叫系统主要由 IP 门口机、IP 病床机、床旁交互终端、病员一览表或护理白板一体机等设备组成。护理白板一体机是病员一览表的升级，其还具有护士交班、护士排班、备忘录、护理学习等其他功能（见图 5-13 和图 5-14）。

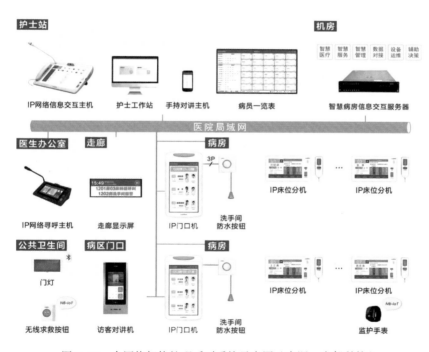

图 5-13　全网络架构护理呼叫系统示意图（来源：来邦科技）

291

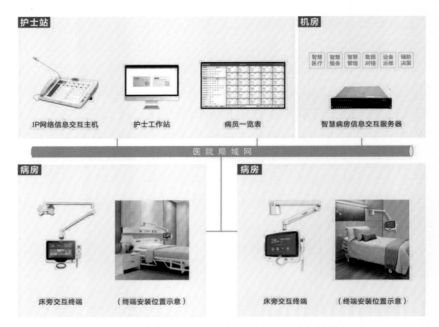

图 5-14　床旁交互系统示意图（来源：来邦科技）

十七、时钟系统

时钟系统为整个医院的计算机网络、监控系统、消防系统、门禁系统、公共信息交互系统以及其他智能化子系统提供标准的时间源。时钟系统是一个大型联网计时系统，基于智能化楼宇局域网内，子钟具有独立静态 IP 地址，设备间通过标准 RJ-45 接口方式，扩展方便。该系统的信号接收单元具有接收标准时间信号的功能，为整个系统提供校时信号，消除计时系统的积累误差。时钟系统示意见图 5-15。

医疗时钟系统的主要设备卫星接收装置、中心母钟和 NTP 时间服务器一般设置于网络中心机房；卫星天线放置在室外接收卫星发送的标准时间信号，通过处理后将卫星发送的标准时间信息发送给中心母钟，中心母钟通过内部转换将时间信息发送给 NTP 时间服务器，NTP 时间服务器通过核心层交换机，弱电各链路的交换机连接基于 NTP 网络时间协议，将标准时间信息发给医院内需要标准时间信息的客户端设备。

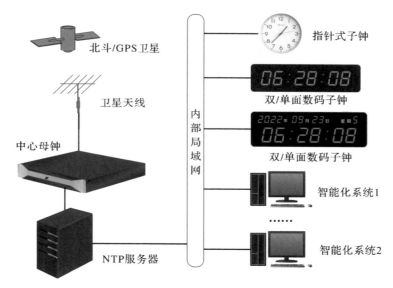

图 5-15　时钟系统示意

十八、排队叫号系统

排队叫号系统主要包含以下子系统：①门诊排队叫号系统；②医技排队叫号系统；③取药排队叫号系统；④抽血排队叫号系统。现阶段主流排队叫号系统采用基于 B/S、C/S 相结合的系统架构，主要由叫号显示屏、呼叫喇叭、叫号器（或虚拟叫号器）、诊室屏、服务器、系统软件等组成（见图 5-16）。

十九、ICU 远程探视系统

医院 ICU 远程探视系统是专门用于重诊监护患者的探视系统，可以使探视者、患者、医生三者之间进行音视频交流，方便家属及时了解患者的状况，医生和家属可以及时沟通。护士站可接收到院家属的探视请求，并可将通话转接到相应病房：患者家属前往医院探视区，可通过探视设备向护士站（或值班室）发出探视请求。护士站接听并将通话转接到相应的隔离病房；家属与患者可进行双向高清可视、全双工通话；探视区家属与隔离病房患者通过探视设备可进行双向可视通话。

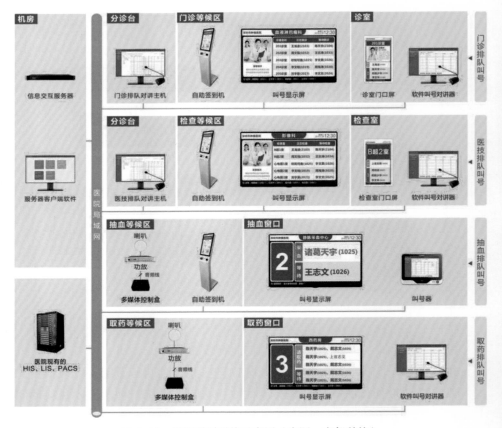

图 5-16　排队呼叫系统示意图（来源：来邦科技）

二十、手术示教系统

手术示教系统采用集视音频数字化、编码、存储、转播为一体的示教系统，学员可以在手术室外通过大屏幕观摩手术过程，进行实时教学，既可以预防手术室内交叉感染，又可以保障手术室内无菌要求，扩大手术示教的范围，从而摆脱传统示教模式在时间、空间和人数上的限制（见图 5-17）。

手术室示教系统主要有以下两种方式。

1. 手术室吊塔上配置高清术野摄像机、全景云台摄像机、麦克风、拾音器等专业设备，摄录手术过程；在示教室等处设置示教终端。

2. 将摄录主机、无线麦克、全景摄像机、术野摄像机、显示器、音箱等集成在 1 台示教推车上，示教推车可在多个手术室间移动部署，方便快捷。

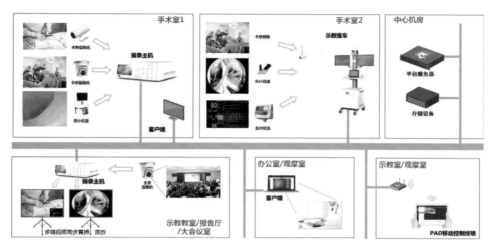

图 5-17　手术示教系统拓扑图

二十一、三维可视化管理平台

三维可视化管理平台以建筑信息模型（building information modeling，BIM）技术为基础，以可视化、智能化、网络化、集成化为目标，实现楼宇的园区、建筑、室内、设备的逐级可视；集成建筑设备监控系统，以楼宇的智能监控为重点，构建楼宇管理的监控、预警、诊断、分析一体化的 3D 可视化平台。

该平台以数字孪生为理念，借助 3D 虚拟仿真技术，整体管控园区内综合态势，将园区内各类具有完整功能的独立子系统组合成一个有机的整体；对园区内车辆、人员、设备、访客、安防、消防等各类系统数据进行综合管理，提高系统可视化水平、维护水平、自动化管理水平、协调运行能力。

支持在三维场景中以 3D 地图的形式展示园区的空间分布。支持以顶信息牌、信息面板的方式，展示各园区的地理名称、位置、物理属性及管理属性等相关信息；以楼宇模型为中心，在系统中直观展示楼宇周围的建筑、道路、桥梁分布等信息；场景中标志性的楼宇、道路及桥梁以顶信息牌的方式展示，方便用户快速确认楼宇位置。

三维可视化管理平台集成消防监控管理系统，展示所有消防设备空间分布情况；支持展示消防告警的统计数据，如消防报警、感温电缆报警、燃气报警、漏电火灾报警数量等；支持展示各类消防设备的数量及占比；支持展示消防类设备的用电量及对比数据；点击消防设备模型，可查看该设备的详细信息，如名称、编号、安装位置、工作状态等；当设备发生告警时，系统会用明显颜色显示该设备模型，并弹框展示告警详情，便于管理人员快速了解告警信息并采取措施。

设置统一事件中心，管理人员可以直观地看到当前的告警总数，及已处理和未处理的告警数量；按照不同的子系统进行告警统计，可以让不同专业组的管理人员了解到各自领域内需要处理的告警数量；按照不同的告警级别进行统计，可以让管理者看到紧急告警的数量和占比，便于及时做出响应和决策；按照不同的时间段进行告警统计，可以让管理者看到近期或一段时间区间内告警的分布和增长趋势。

参考文献

[1] Hosny A, Parmar C, Quackenbush J. Artificial intelligence in radiology. Nature Reviews Cancer, 2018, 18(8): 500–510.

[2] Liang HY, Tsui BY, Xia HM, et al. Evaluation and accurate diagnoses of pediatric diseases using artificial intelligence. Nature Medicine, 2019.

[3] Balogh EP, Miller BT, Ball JR. Improving Diagnosis in Health Care. Washington (DC): National Academies Press, 2015.

[4] Carlton S, Singhal S. The potential impact of technology–driven disruption in the United States. McKinsey white paper. May 2019.

[5] HIMSS EMRAM 是美国医疗信息与管理系统学会主导的电子病历应用模型评级.

[6] FDA: Cybersecurity Vulnerabilities Identified in St. Jude Medical's Implantable Cardiac Devices and Merlin@home Transmitter: FDA Safety Communication.

[7] 国药品监督管理研究会.医疗器械蓝皮书：中国医疗器械行业发展报告（2019）.北京：社会科学文献出版社，2019.

第六章

医院物流传输系统

第一节　医院物流传输系统的历史、现状与发展趋势

物流传输系统是指借助信息技术、光电技术、机械传动装置等一系列技术和设施，在设定的区域内传输物品的系统。常见的医院物流传输系统包括轨道物流传输系统、垃圾被服动力收集系统、气动物流传输系统、自动物流机器人（autonomous mobile robot，AMR）系统、箱式物流传输系统等。

物流传输系统在世界发达国家和地区的医院引入较早，并且应用领域广泛、种类齐全，比如美国、德国、日本、新加坡等大多数中型以上医院装备了物流传输系统。截至20世纪末，欧洲有超过一万套物流传输系统在使用，也较常见多种物流传输系统组合配置的情况。目前，国内有上千家医院采用了区间物流传输系统，主要使用轨道物流传输系统、气动物流传输系统、箱式物流传输系统。AMR系统因具有运行稳定可靠、运载量大的特点，逐渐被接受和推广。垃圾被服动力收集系统主要可以解决医院生活垃圾、餐厨垃圾以及污衣被服的收集问题。相比于人工收集方式，垃圾被服动力收集系统更具有环境效益、经济效益和社会效益，目前在国内三甲医院已被逐步推广应用。

医院物流传输系统的核心功能就是医院内部各种日常医用物品的自动化快速传送。采用不同的物流传输系统既可传送药品、小型医疗器械、单据、标本、血液、血样、X线片、敷料、处方、办公用品等小型物品，也可传送输液、餐车、医疗废弃物等中等或者体积较大的物品。

国内较优秀的医院多数采用两种或以上传输系统相结合的方式，越来越多新建的大中型院区已经将综合物流传输系统作为设计规划的标准配置。医院物流传输系统的发展趋于多元化、智能化。多元化体现在应用领域和物流传输系统类型上；智能化主要体现在物流传输过程的实时监控、事后追溯、自动故障识别和远程维护系统等方面。现代化的物流传输系统已经被国外密集型现代化医院所广泛采用。选择适合我国国情和医院实际的医院物流传输系统可以提高工作效率，降低综合成本，提高医院整体运营效益，其推广应用价值是十分明显的。随着物流传输系统相关知识的普及、新一轮医院改扩建热潮的到来，并且应现代医院管理的内在要求，各种类型的医院物流传输系统必将为越来越多的医院所接受。

第二节　医院物流传输系统的种类与用途

 一、医院物流传输系统的种类

（一）轨道物流传输系统

轨道物流传输系统由收发工作站、智能轨道载物小车、物流轨道、轨道转换器、防火窗、中心控制设备、控制网络等构成。智能轨道载物小车是轨道物流传输系统的传输载体，用于装载物品，小车内置无线射频智能控制器，实时与中心控制通信。考虑到利用智能轨道载物小车运输血、尿标本等各种病理标本时，部分标本会因振动和翻转而被破坏，需要配置陀螺装置，使陀螺装置内物品在传输过程中始终保持垂直向上的状态，保证容器内液体不发生往复振动和翻转；运输瓶装药物配有专门的内箱。

轨道物流传输系统为双向传输多任务并行模式；物流轨道为双轨，小车可悬挂，小车行走均速横向 0.6m/s、纵向 0.4m/s，速度最快可达 1m/s；水平运输段的水平连接层和垂直运输段的井道间内同时有多车连续行进，多任务同时进行。轨道载物小车载重量 15 ～ 20kg（最高可达 30kg），站点可设置 3 车位及以上，单次吞吐量可达 45 ～ 60kg。

（二）垃圾被服动力收集系统

严格的医疗污物及其他污物处理能够改善医院诊疗环境，从而提高医院的治疗效果，流畅的污物处理水平可以有效地提升医院的物流管理水平，规范污物处理能够有效地加强医院院区及院区周围环境保护力度。为了提高整个医院的卫生诊疗水平，安全高效且便捷的污物处理中心的建设是现代医院的必要组成部分，也是现代医院院区诊疗环境营建的重要组成内容。

医院污物包括患者污衣被服、各种医疗废弃物及其他生活垃圾等，收集站点数量多、分布广、管理难。传统的人工收集方式效率低、易发生二次污染且管理成本高，无论是患者的污衣还是垃圾，都是装在袋内用推车收运，不仅工作繁重，而且大量污衣被服和垃圾的堆积产生异味影响周边环境，导致细菌传播易造成感染的风险。而垃圾被服动力收集系统采用封闭收集，对各种废弃物分类收集，降低了疾病传播的风险，可极大改善医疗及工作环境，提高废弃物收运效率，节省医院空间和人力资源成本，有助于提升医院的管理水平，且符合国家关于医疗机构基础设施改造和设备更新的政策。

相比于人工收集方式，垃圾被服动力收集系统更具有环境效益、经济效益和社会效益，目前在国内三甲医院已被逐步推广应用。

（三）气动物流传输系统

气动物流传输系统以压缩空气为动力，借助机电技术和计算机控制技术，通过网络管理和全程监控，将各科病区护士站、手术部、中心药房、检验科等数十个乃至数百个工作点通过传输管道连为一体，在气流的推动下，通过专用管道实现药品、病历、标本等各种可装入传输瓶的小型物品的站点间智能双向点对点传输。气动物流传输系统由收发工作站、管道换向器、风向切换器、传输瓶、物流管道、空气压缩机、中心控制设备、控制网络等构成。

气动物流传输系统一般用于运输重量相对轻、体积相对小的物品，一次可装载传输物品的最大重量为 5kg，传输瓶在管道内的传输速度高速可达 5～8m/s、低速为 2.5～3m/s。低速一般用于传输血浆和玻璃制品等易碎物品。传输瓶满负荷最大传输距离，横向可达 1800m，纵向可达 120m。气动物流传输系统的特点是造价低、速度快、噪声小、运输距离长、方便清洁、使用频率高、占用空间小、普及率高等。气动物流传输系统的应用可以解决医院主要的并且大量而琐碎的物流传输问题。

（四）自动物流机器人系统

自动物流机器人（AMR）系统是指在计算机和无线局域网络控制下的无人驾驶自动导引运输车，经激光雷达、超声传感器等导向装置引导并沿程序设定路径运行，并停靠到指定地点，完成一系列物品移载、搬运等作业功能，从而实现医院物品传输。它为现代医院物流提供了一种高度柔性化和自动化的运输方式。

AMR 系统由机器人、各种不同设计的推车、中央控制系统、通信单元、通信收发网构成。AMR 系统专注于医院智慧化物流运输，运行速度为 1.0～1.5m/s，载重可达 300kg，适合医院内垃圾、被服、器械、耗材等物资的配送，单次可满足大部分科室的医疗物品运输需求；且具有运输平稳、无须铺设轨道、站点修改方便、易于维护等特点，但需要设定特定的通道、专用电梯等，应该结合项目土建一起进行。

医院 AMR 系统具有智能自动导航、精准的运动控制和模块化的动力系统，能够在复杂的立体空间集群化运载多样性医疗物资，实现智能无轨导航配送，解决医院所有场景的物流配送问题。

（五）箱式物流传输系统

箱式物流传输系统是一种新型的医院智能物流传送智能化模式，是由工业和仓库领域中已经使用多年的传输带分拣系统＋垂直提升机组合衍生的，是我国医院普遍使用的一种传输系统。箱式物流传输系统将材料放入大容量周转箱，从材料传送周转起始站通过周转箱来回传递，实现材料传送的目的。箱式物流传输系统的主要机器有水平机器、垂直机器和辅助机器。智能化模式运行中，工作人员将装有资料产品的周转箱放入起始站入口机器，系统与医院 HIS 对接，周转箱将自动传递至目的站的机器处。

箱式物流传输系统可运送输液药品（大输液）、药品、标本、手术器械、消毒用品、消毒袋、棉被等医院用品。可以装入周转箱内的医院资料、物品等基本可以自动传送，可以解决医院90%的资料、物品等运送任务。箱式物流传输系统单个箱子荷载约为30～50kg，可支持连续传输，水平传输速度为0.3～2m/s，垂直速度为1～2m/s。

二、医院物流传输系统的作用

（一）提高效率，赢得时间

与人工运送相比，物流系统具有快速、准确、可靠、可追溯等特点，物流传输系统可连续不间断工作，为医院24小时医疗活动提供基础保障。物流效率提升了，医院物品供应速度加快了，无形中使医院各部门的工作效率也不同程度地提高了，不仅提高了检验标本、抢救药品、血液等物品的输送效率，而且为患者抢救赢得了时间。

（二）降低差错

传统的物流模式最大的困扰就是医务人员的沟通偏差、理解偏差或专业知识欠缺等人为差错。例如，对护工而言，由于知识差别、专业问题理解偏差或沟通不到位等，可能导致一系列差错，包括送错目的地、没有及时送达、没有及时分类导致交叉感染等。再例如，对医务人员而言，产生填写错误、填写不完整、标本留置不当等问题，而物流人员限于专业知识不能及时发现这些差错，从而延误正常诊疗工作。这些人为差错严重的可能导致医疗安全问题。物流传输系统由于采用信息化管理，沟通完全依赖于信息化，减少了人员参与环节，可以大大降低差错的发生率。

（三）控制成本

实践证明，物流传输系统的使用可以大大节约医院在物流方面耗费的人力成本，让护理人员有更多的时间为患者提供服务或者承担更多的其他工作，还在一定程度上减轻了电梯的工作量，节约了电能。另外，降低了二级库存，从而降低库存成本。

（四）优化流程

物流传输系统优化了物品递送流程，依靠信息化的优势使医院物品传输过程变成简单的操作；同时避免了物品运送与人流抢电梯的状况，尤其避免了药房、静配中心等部门某些时段对部分电梯的垄断使用所造成的矛盾。

（五）提升管理水平

由于物流传输系统采用全过程信息化管理、全过程监控等方式，因此带来了医院运行的一系列变革，有利于提高医院整体运营管理水平和医院整体运营效益，同时体现了医院后勤保障内信息化、智能化。

第三节　医院物流传输需求分析

一、院内传输物品种类

医院内物品种类繁多，按照不同维度有不同的分类。以重量和体积为分类标准，可分为大宗物资、中小型物资；以物品特殊性为分类标准，可分为高值物品、管制物品和普通物品；以物品时效性为分类标准，可分为定时物品、临时物品和紧急物品，详见表6-1和图6-1。

表 6-1　核心科室运送物资类别

物流主要分布科室 （点位及数量）	科室站点主要运输物资类型	物资接收科室	平均（单次） 载重 / 荷载
病区药房	麻醉药品、精神药品、医疗用毒性药品、放射性药品、戒毒药品等高危药品，以及其他处方 / 非处方用药的口服和注射药品	住院部各病区	5kg 以下
静配中心	有全静脉营养液、肿瘤药物、抗菌药物及其他静配用药。其中，长期医嘱占 70%，临时医嘱占 30%	住院部各病区	10kg 以内
检验科	检验科服务于住院部、体检中心和门急诊部，主要负责接收住院部、门急诊患者及各类体检的检验标本的定性 / 定量检测分析	住院部各病区	5kg 以下
消毒供应中心	各类灭菌包、敷料包（最重的 7kg，如成套的鼻镜、肛门镜）、最大尺寸 35cm×40cm×20cm（如布类的内瘘布类包），一般尺寸的不会超过 30cm×30cm×25cm）	住院部各病区、手术室	5 ～ 10kg
各病区护士站点	主要用于发送检验样品，以及接收输液、药品、消毒供应室物资	检验科、药房、静配中心	5kg 以下
急诊预检	急诊检验血液、体液样本	急诊科室、病区	5kg 以下
急诊药房	全天 24h 为门急诊以及住院病房紧急发药	急诊科室、夜间病房	5kg 以下
ICU	药品、消毒用品、检验样品等	药房、各功能科室	5kg 以下
手术室 / 输血	输血袋、检验样品、一次性医用耗材等	手术室	5kg

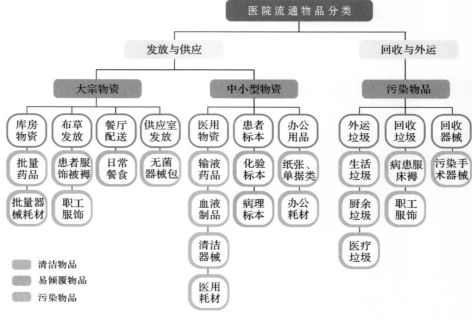

图 6-1　医院流通物品分类

二、各类物流系统特点

（一）气动物流传输系统

气动物流单次绝对输送速度快，但其单次输送量小，可输送物资的重量和体积有限，可输送物资有限，适用范围窄。同时，由于某个空压机负责范围内同一时刻只能有一个传输瓶工作，因此只适合小型、零星、快速、非批量的物品。该类运送占医院物流运送需求的 20% 左右。

（二）轨道物流传输系统

与气动物流传输系统相比，轨道物流传输系统可以装载重量和体积更大的物品，且运载车可连续发送，运输物品种类和输送量有了质的提升。运载车运行安全性高，车体与轨道不可分离，箱盖关闭，可设置电子加密传输，轨道种类多、敷设灵活，因此系统占用空间小，后期扩展灵活，对已建成的院区也可适用。轨道物流传输系统适合传输中小型、批量、快速、零星的物品，例如输液、批量标本、批量口服药等。由于医院常用物资中，中小型物资占绝大多数，所以轨道物流传输系统非常适合作为院内主干物流传输系统。

（三）箱式物流传输系统

箱式物流传输系统具有单次输送重量大、输送载体体积较大、可以连续输送等特点，传输箱不受输送线水平或垂直位置变化的影响，始终处于水平状态，但该系统占用的建筑空间较大，需要较大的垂直井道，且传输箱在运输过程中没有很好的保护措施，垂直运输段排队拥堵较为严重，难以在全院建成完整的运输网络，因此适合批量、对传输速度要求不高的医用物品。

（四）自动物流机器人

自动物流机器人（AMR）是目前单次运输重量最大、运输体积最大的物流方式。医院 AMR 是人工智能和物联网技术的演进产品，能够独立控制和上下电梯，独立控制自动门、防火门等，以实现跨楼层、跨科室的物流运输，运输过程可全程监控，保证物资安全。医院 AMR 内含技术复杂，但用户界面简单便捷，可以快速灵活部署，对已建成的院区也可适用。该系统运载量大，但运行速度慢，且运输通道与医院人流冲突，因此运输途中的安全性尤为重要。目前，大型车适合运送 350kg 以上的物品，如输送餐车、被服等物品；中型车适合运送 30 ～ 100kg 的物品。

第四节　医院物流传输系统配置选型原则与要求

因任何一种物流传输形式都有其适用范围与局限性，建议医院选用综合物流传输系统，尤其在大型医疗机构，可根据自身对快慢、大小、重量、批量与非批量的物流传输需求而配置适合的物流传输系统，必要时选用两种或两种以上物流传输系统。建议采用气动物流、轨道物流、箱式物流、AMR、垃圾被服动力收集系统相结合的方式，兼顾速度要求和批量体积要求两个核心的需求问题。

如造价限制，则应总体规划，分步实施，在基础设施上做预留，根据经济条件和输送需求来综合考虑。分步实施时，如需要解决快和散的非批量小型物品传输问题，应选择气动物流；如要解决医院绝大部分物资的传输，如批量药品、大输液、标本及零散物资的传输问题，则应选择轨道或箱式物流；如要解决批量物品定点传输问题，如一、二级库物资发送，则可以考虑 AMR 或箱式物流；如要解决大型物品搬运，如手术器械、餐食、被服等，则只有选择 AMR 系统搬运。医院物流是医院运营的后勤保障，是整个医院建设过程中非常重要的一个部分。专业的物流规划可以提升医院的管理水平和服务质量，缩短患者的轮候时间，优化就医环境，降低医院运营成本，从而提升医院的竞争力和医院品牌影响力。鉴于医院物流在现代化医院管理中的特殊地位，在选择区间物流传输系统时，要结合医院自身情况，考虑多种因素后方能选择最合适自身的物流传输系统类型。

 一、确定需要输送的物品范围

目前，医院内需要输送的物资主要有药品、大输液、标本、手术器械、敷料包、消毒供应物品、报告单、胶片、一次性医用物品、衣服、被褥、饭菜、污物等。

由于各医院具体情况不同，各类物资的物流传输需求也不同，如有些库房或功能科室可能处于不同大楼内，且楼宇间无连廊或地下室相连，物流系统无法连接，只能由人工来运送等。院方可根据建筑特点、功能用房位置等实际情况，考虑需要输送的物资类型。在新设计医院时，应充分考虑功能用房相对集中，不仅有利于物流动线的设计，而且还能减少物流设备的投资。

 二、确定各类物资的输送量

医院根据自身业务繁忙程度估算各类物资的输送量，如根据床位数量预估药品、输液和标本的输送量，根据手术台数预估手术室器械的输送量，根据门诊量预估门诊药品的输送量等，进而预估全院物资输送需求。

三、确定物流传输形式

根据所传输的物资类型及其预计传输量，院方选择最适合自身的物流传输系统，选择的物流传输系统要解决 70% ～ 90% 的常用物品运送。

四、初期投入、运行及维护成本

在设备选型时除需要考虑设备的初期投入成本外，还需要考虑设备运行成本、维护成本等。

五、系统的可扩展性和灵活性

如今，科学技术发展迅速，医院规模也会随着业务需求的变化而变化，难免出现医院扩建、改建的情况。面对未知的变数，如何保证高成本投入的物流传输系统"不落伍"？医院在设备选型时应考虑物流系统的先进性、可扩展性以及后期扩容的灵活性（见表 6-2）。

表 6-2　各医院物流传输系统配置特点的要求

	气动物流	轨道物流	箱式物流	AMR
输送重量	≤ 5kg	≤ 30kg	≤ 50kg	≤ 300kg
输送速度	5 ～ 8m/s	0.6 ～ 1m/s	0.6 ～ 1m/s	0 ～ 2m/s
可运送物品	各类标本、药品、小型器材、单据、胶片等，以小型、紧急、零星或小批量物品为主	各类标本、药品、中心配液、血液制品、中小型器械包、一次性物品、单据、X 线片、档案文件等批量相对较大的医用物品	标本、药品、小型器械、单据、文件、X 线片、档案、较大体积的器械、中心配液等需定点运输的医用物品	手术包、高值耗材、中心配液、中心供应、药品、标本、小型器械、单据、文件、X 线片、档案、被服、垃圾、餐饮等体积和重量较大，且对时间要求不高的批量物品运输
系统特点	速度快，设备占用空间小，受建筑限制少，适合新建或改建建筑	物品传输效率高，轨道上可有多个运载车同时连续发送，物品传输安全性高，系统占用空间小，受建筑限制少，后期扩展灵活，适合新建或改建建筑	单次传输量较大，物品始终水平放置，可以连续不断输送	是目前单次运输体积、运送重量最大的运输方式，运输速度中等。可自动控制门禁和电梯。能满足单点对单点以及多点对多点的运输

续表

	气动物流	轨道物流	箱式物流	AMR
传输建设要求	传输量小，适合体积小、重量轻的物品，液体需密闭，适合点对点传输，不适合大批量物品传输	大型器械包等较大物品不适宜传输，需要建立较小的垂直井道	大型器械包等较大的物品不适宜传输，水平传输段占用空间大，需要建立垂直井道，需要额外的输送箱存放空间。往复式升降机在高峰期会造成物品在水平段等待进入升降机，不适合改建医院	跨楼层运输要占用电梯资源，高峰时段会有机器人在电梯口排队的现象，对于电梯数量较少的医院则更适用于手术室、库房等内部平层内输送。垂直输送时必须建立专用电梯系统，机器人水平段宜设立在无闲杂人员区域，以避免安全问题
适宜输送物品	临时医嘱药品、急诊标本等，随机性比较强、小规模非批量的、对速度要求高的物品	可装载的批量物品和临时物品	可装载的、需定点运输的批量物品	固定批次、体积大、重量大、对时间要求不高的物资
应用现状	中小规模医院或局部传送	大中型医院	大中型医院	大中型医院

第五节　医院物流传输系统的建设规划

 一、医院物流传输系统选型思路

单一的物流方式各有利弊，为了能够更加全面地满足医院物资运输的要求，从运输物品、适用科室类别、运输效率、运输量、建筑条件以及消防解决方案等进行多维度分析和评价之后，对医院的智能化物流传输系统组合方式提出建议（如表 6-3 所示）。

表 6-3　医院物流传输系统选型组合比较

用量排序	名称	物资类型	物资特征	可选物流形式	影响因素	对建筑条件的要求	消防解决方案	工艺程影响程度	核心要素	最适物流形式
1	病房到检验科	各种标本、检验报告	小	气动物流	优：全覆盖 劣：高峰期拥堵，等候时间不确定	较低	暂无完整解决方案	较小		
				轨道物流	优：全覆盖 劣：运输标本需要水平旋转架，如采用专用标本运输车则无须水平旋转架	较低	有成熟的解决方案	较小	全覆盖	主：轨道物流 辅：气动物流
				箱式物流	优：全覆盖 劣：高峰期时间不确定	较高	消防解决方案待考证	较大		
2	急诊检验		小、快	气动物流	优：速度快 劣：高峰期拥堵，等候时间不确定	较低	暂无完整解决方案	较小		
				轨道物流	优：即发即走 劣：运输标本需要水平旋转架，如采用专用标本运输车则无须水平旋转架	较低	有成熟的解决方案	较小	速度快	主：气动物流 辅：轨道物流
				箱式物流	优：— 劣：急诊到检验中心的水平传输带设置困难：高峰期井道口拥堵，等候时间不确定	较高	消防解决方案待考证	较大		

续表

用量排序	名称	物资类型	物资特征	可选物流形式	影响因素	对建筑条件的要求	消防解决方案	工艺程影响程度	核心要素	最适物流形式
3	输血科	血液制品（择期手术用血、病区用血、急诊用血）	中、小	气动物流	优：— 劣：运量低，气动物流传输系统运输血液制品是否会对血液制品有影响尚有争议	较低	暂无完整解决方案	较小	及时性 安全性	轨道物流
				轨道物流	优：安全性高 劣：—	较低	有成熟的解决方案	较小		
				箱式物流	优：单次运输量大 劣：安全性低（可从传输箱上随意拿走传输箱）	较高	消防解决方案待考证	较大		
4	中心药房	分装好的药品、针剂等药品和放射性药品（含高危类）	中、小	气动物流	优：— 劣：运量低	较低	暂无完整解决方案	中等	及时性 安全性	轨道物流
				轨道物流	优：安全性高 劣：—	较低	有成熟的解决方案	较小		
				箱式物流	优：单次运输量大 劣：安全性低（可从传输箱上随意拿走传输箱），高峰期井道口易拥堵	较高	消防解决方案待考证	较大		
5	消毒供应中心	无菌包、器械包、治疗包等	大、中、小	气动物流	优：— 劣：运量低	较低	暂无完整解决方案	中等	运量大 安全性高	1. 仓储式物流 2. 轨道物流 3. 箱式物流

续表

用量排序	名称	物资类型	物资特征	可选物流形式	影响因素	对建筑条件的要求	消防解决方案	工艺程影响程度	核心要素	最适物流形式
5	消毒供应中心	无菌包、器械包、治疗包等	大、中、小	轨道物流	优：安全性高，可连续发送　劣：箱体容量较小	较低	有成熟的解决方案	较小	运量大　安全性高	1. 仓储式物流　2. 轨道物流　3. 箱式物流
				箱式物流	优：单次运输量大，但单箱运量如重量过大，会对搬运人员造成劳动伤害　劣：安全性低（可从轨道上随意拿走转箱），高峰期井道口易拥堵	较高	消防解决方案待考证	较大		
				仓储式物流	优：运量充足，安全性高　劣：独立主物流传输系统外设置，造价高	较低	暂无完整解决方案	较小		
6	静脉配置中心	普通配置药物、毒性配置药物等	中、小	气动物流	优：—　劣：运量低	较低	暂无完整解决方案	中等	运量大　安全性高	1. 轨道物流　2. 箱式物流
				轨道物流	优：单次运量大，安全性高　劣：运量限制，个别临床科室可能需要运输两车	较低	有成熟的解决方案	较小		
				箱式物流	优：单次运量大，但个箱体运量如重量过大，会对搬运人员造成劳动伤害　劣：安全性低（可从轨道上随意拿走传输箱），高峰期井道口易拥堵	较高	消防解决方案待考证	较大		

续表

用量排序	名称	物资类型	物资特征	可选物流形式	影响因素	对建筑条件的要求	消防解决方案	工艺影响程度	核心要素	最适物流形式
7	ICU	注射输液器、各类治疗包、体液、血液、大小便标本、及血液制品等	中、小	气动物流	优：速度快 劣：运量低，高峰期堵车，等候时间不确定	较低	暂无完整解决方案	较小		
				轨道物流	优：安全性高 劣：速度一般	较低	有成熟的解决方案	较小	安全性及时性	1. 轨道物流 2. 箱式物流
				箱式物流	优：— 劣：安全性低（可从轨道上随意拿走传输箱）	较高	消防解决方案待考证	较大		
8	手术室	药品、病理标本、血液制品、器械、治疗包等	大、中	气动物流	优：— 劣：运量低	较低	暂无完整解决方案	较小		
				轨道物流	优：安全性高 劣：—	较低	有成熟的解决方案	较小	安全性及时性	1. 仓储式物流 2. 轨道物流 3. 箱式物流
				箱式物流	优：— 劣：安全性低（可从轨道上随意拿走传输箱）	较高	消防解决方案待考证	较大		
				仓储式物流	优：— 劣：运量无足，独立主物流传输系统外设置，造价高	/	/	较小		

续表

用量排序	名称	物资类型	物资特征	可选物流形式		影响因素	对建筑条件的要求	消防解决方案	工艺程影响程度	核心要素	最适物流形式
9	病区	被服、餐食等	大	气动物流	优：—		/	/	/	运量大安全性高	AMR
					劣：不适合		/	/	/		
				轨道物流	优：—		/	/	/		
					劣：不适合						
				箱式物流	优：—		/	/	/		
					劣：不适合						
				AMR	优：运量充足，计划实施		/	/	较小		
					劣：造价高，需专用电梯						
10	其他	其他功能科室对物流传输系统的需求不是非常强烈，建议根据整体布局统一设置									

313

二、医院物流传输系统的设计原则与依据

　　严格按照国家的有关标准、规范进行工程设计，从技术上确保设计图纸符合国家有关标准、规范的规定，满足医院提出的各项要求；努力贯彻设计的安全性、可靠性和实用性；在满足安全、可靠的前提下采用先进技术，同时考虑美观和维修方便等因素，做好医院物流传输系统设计，遵循简单、方便、实用、效率高的原则。

　　物流传输系统安装执行标准：

　　《特低电压（ELV）限值》（GB/T 3805–2008）

　　《医疗机构消毒技术规范》（卫生部 2012 版）

　　《医疗机构消防安全管理》（WS 308–2009）

　　《建筑设计防火规范》（GB 50016–2014）

　　《民用建筑设计通则》（GB 50352–2005）

　　《防火门》（GB 12955–2008）

　　《防火窗》（GB 16809–2008）

　　《医用电器环境要求及试验方法》（GB/T 14710–2009）

　　《医用电气设备第1—2部分 安全通用要求并列标准 电磁兼容 要求和试验》（YY 0505–2012）

　　《包装储运图示标志》（GB/T 191–2008）

　　《工业产品使用说明书 总则》（GB/T 9969–2008）

　　《医疗器械 用于医疗器械标签、标记和提供信息的符号》（YY 0466.1–2009）

　　《民用建筑电气设计规范》（JGJ/T 16–2008）

　　《工业管道工程施工及验收规范》（GB 50235–2010）

　　《工业自动化仪表工程施工及验收规范》（GB 50093–2002）

　　注：各物流传输系统设计依据包括但不限于上述标准规范，同时需依据相关行业标准，以及国家和当地的部分标准规范。

三、医院物流传输系统规划要点

（一）各物流功能科室布置

医院在建筑方案设计阶段就应充分考虑各个功能用房的分布，如药库、静脉配制中心、中心供应室、检验中心、病理科、护士站、手术室等的位置，物流传输系统的站点应尽可能靠近科室使用位置，简化物流传输流程。

（二）各楼层物流室的设置

应在地下室或设备层规划不同类型物流的机房，如气动物流需要压缩机房、中心交换站等；轨道物流需要控制机房；箱式物流需要控制机房和水平输送交换设施机房；AGV自动导车需要存车区、充电区和专门的运送通道；被服真空输送系统和医疗垃圾真空收集系统均需要在地下室建立机房和收集室。

（三）物流设备通道规划

医院在建筑设计时除考虑功能用房外，还需要预留物流传输系统的垂直井道和水平动线的通道，避免与其他管线冲突，便于物流设备的安装及维护。其中，轨道物流可直接利用电梯井道或者仅需预留较小的垂直井道，箱式物流需要预留较大的垂直井道和水平段输送空间；气动物流和其他各类真空传输系统需要合理地规划垂直或水平管道位置。

（四）物流信息系统规划

医院在规划弱电系统、信息系统和智能化系统时，还应该考虑物流自动化在医院整体规划中的定位。在设计医院物流弱电系统、信息系统和智能化系统时，应充分考虑各个系统与物流自动化系统的接口，确保物流自动化系统与整个信息系统实现资源共享。选型时，应充分考虑物流供应商的信息化能力。

未来的医院必然是物流自动化与信息流双管齐下，做到物流未发、信息先行，物流抵达、信息反馈，实现物流实物输送和信息输送的闭环，同时也保证所有物流信息有数据可查，在便于医院统计物流信息的同时也提高物资的可追溯性。

（五）防院感措施规划

物流系统在医院运载物品时，必须符合医院院感的要求。目前，轨道物流在这方面做得较为成熟。如在运载检验样本时，通过洁污分离、专车专用、优化洁污物资运输物流流向，大幅度缩短存车、发车、调车时间，保证各科室有车可用。洁净运载车主要用于发送药品、耗材等清洁物资，物流流向是从功能站点（药剂科、中心供应室）发送至各病区科室，科室取出物品后，空车返回功能站点附近车库停放，便于被功能站点再次调用；检验样品专用运载车主要用于发送病区科室检验标本，物流流向是从各病区科室发送至检验科，检验科取出标本后，空车需要找到病区楼专用车库停放，便于被各病区科室再次调用。

另外，通过错峰规划、合理调度，大幅度提高轨道物流运输效率。静配中心、药房等功能科室设置双轨发送站点，周围设置停车库，方便就近叫车，站点＋空车库车位数≥标准病区数，保证高峰期洁净运载车数量足够覆盖所有病区；标准病区站点附近井道内设置检验样品专用运载车停车库，方便护士站就近叫车，运载车数量按需配置。

四、医院物流传输系统垂直井道与水平传输对建筑的影响

工艺流程的布局是影响医院未来经营和发展的关键性因素，不同的布局形式可能会很大程度地影响医疗功能。从医院未来使用的角度来说，所有的专项设计都应该为医疗工艺流程布置让步，必须在满足工艺布局优质和完整的基础上再通过物流传输系统专项设计使得医院的使用更加完善。目前，国内医院已经采用和考虑使用的多为气动、轨道、箱式三种物流传输系统，在选型方面主要考虑垂直井道与层高对医疗工艺的要求。

气动物流影响因子中等，气动物流（见图6-2）的管道本身对垂直管井层高的要求较低，穿板一般预留160mm孔洞即可，管道采用同尺寸PVC或钢管铺设。但是为了满足科室的运输需求与保证医院全面的物资传输不会出现断点，床位数较多或体量较大的医院管线的布局就较为复杂，为了保证有足够的动力，需要配套足够面积和数量的空压机房，所以对于医疗工艺一二级流程的布置会有一定影响。

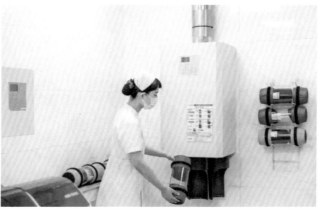

图 6-2 医院气动物流系统

轨道物流影响因子小，运载车自带动力，不需要额外的动力装置来提供驱动力。水平轨道一般安装在吊顶天花板，不占用吊顶上空间，运载车在天花下行走，除井道以外，对工艺一、二级流程的平面布置没有特殊要求。垂直轨道传输需在专用的物流井道内进行，常规井道间可分为单轨、双轨、三轨、四轨井道间，不同轨道的井道间对应不同大小的井道间。标准井道间为三轨地板开孔井道间（连接站点为单轨），内径尺寸约为2000mm×2000mm（实际尺寸根据不同产品规格型号局部调整）。常见的井道间设置如下，井道内尺寸需求约为900mm×750mm。井道间的墙壁需采用防火且能承重的实心材料修砌，壁厚要求不低于150mm，建议采用95砖或蒸压加气混凝土砌块。

对宽度及高度都要求有一定的安装空间（见图6-3和图6-4）。

1. 要求的宽度空间：单轨250mm，双轨500mm，三轨750mm，四轨1000mm，安装转轨器处宽度需各自增加300～350mm（由双轨至四轨分别为800mm、1050mm、1350mm）。

2. 要求的高度空间：为850mm，此空间包括轨道的安装空间250mm和运载车的运行空间600mm。在转轨器处高度空间为950mm，包括转轨器的安装空间350mm和小车的运行空间600mm。

3. 水平穿越墙壁时，根据不同产品规格型号，孔洞大小不一致，常见的墙孔有以下两种尺寸：①单轨穿墙洞洞口尺寸：460mm×780mm（h）；②双轨穿墙洞洞口尺寸：750mm×780mm（h）。

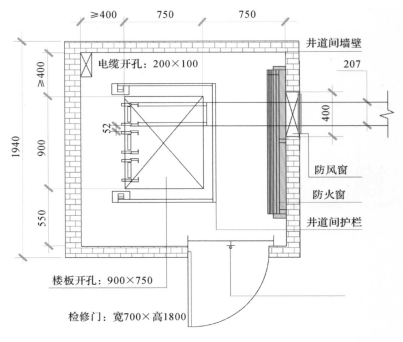

图 6-3　轨道物流管井图（单位：mm）

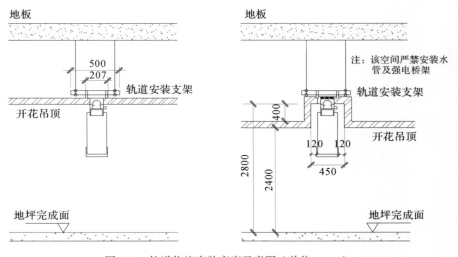

图 6-4　轨道物流安装高度示意图（单位：mm）

4. 不同的安装方式所要求的孔底离地高度不同，但无论哪种安装方式，轨道的高度都不宜低于 2800mm。

常规站点占用科室空间：单轨站点小于 $2m^2$，双轨站点（5＋5车位）小于 $5.2m^2$（见图 6-5）。

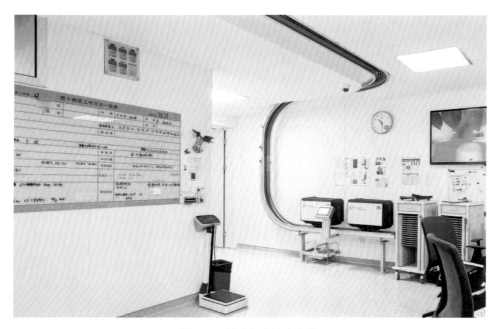

图 6-5 轨道物流站点实景

箱式物流影响因子大，传输箱体本身没有动力，在水平传输转化时需要特定的空间来完成动作，需要独立的设备夹层或水平转换层。平层的分拣运输需要动力装置给辊筒或皮带提供动力源，单条传输线宽约 600mm，双条传输线宽约 1600mm；单层传输线高约 700mm；需要在传送带的两侧预留出额外的 800mm×800mm 的维护空间，局部影响其他管线排布。

循环式提升机的井道内尺寸需求约为 2000mm×2000mm 或 1600mm×2400mm，顶层需要 2600mm×2000mm 的空间来架设机房。竖向的井道需要提升机来提供动力源，竖向的井道如果要达到高效率，就需要设置循环提升机而不是往复提升机，井道的尺寸就需要扩大。循环提升机的总高度有限制，而对于高楼设置循环提升机，需要每隔 5～6 层设置一个占用空间更大的接力装置，同时，为了减少提升机所占用的井道数量，药房、静脉配制中心等物流运输需求较大的科室，就需要围绕同一物流竖井就近设计，同时竖井位置也需要尽量贴近住院楼每层护士站（见图6-6和图6-7）。另外，由于水平传输带设立在吊顶内占用空间较大，设立在地面则影响人员走动，所以药房、静脉配制中心等物流运输需求较大的科室的位置也要尽可能靠近物流竖井，因此对工艺一、二级流程的布置有一定的约束和影响。

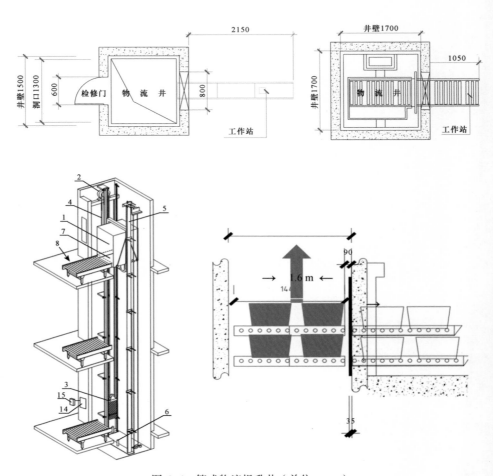

图6-6　箱式物流提升井（单位：mm）

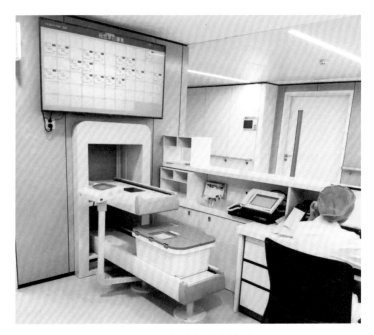

图 6-7 箱式物流实景图

五、物流设备与建筑消防措施规划

（一）气动物流传输系统

气动物流穿越防火分区的处理方法相对简单，仅管线穿越防火分区，在管道贯穿楼板和墙壁时均装有防火隔离套，当出现火灾时，将自动封闭管道口，以达到防火的目的。

（二）轨道物流传输系统

根据《建筑设计防火规范》（GB 50016-2014），轨道穿越防火墙和井道水平开口均设置甲级防火窗，采用翻轨器技术，可使轨道断开，实现防火窗完全密闭；同时设置直流不间断电源（UPS）后备电源，以确保防火窗区域的运载车驶离，以避免防火窗关闭时卡住运输车等；与整个建筑消防系统实现联动，可以快速反应，完成防火动作（见图 6-8）。目前全国已有几十家医院的系统通过消防验收。

①正常情况下的轨道及防火门

②发生火灾时，轨道在微处理器控制下自动翻起

③轨道翻起，防火门方可关闭

④防火门完全关闭，封死墙面开孔

图 6-8　轨道物流系统穿越防火分区

（三）箱式物流传输系统

目前，箱式物流传输系统穿越防火分区主要采取断轨双防护措施，采用甲级防火卷帘、双门设计结构（见图 6-9）。一般在穿越防火分区处水平传输线留出两道 100mm 的间隙，让卷帘门通过，消防报警系统与物流传输系统对接；在站点与垂直管井交接处同样需要设计相应的防火措施。目前，尚无统一规范的防火技术措施，如无法设置有效的防火措施，则箱式物流的站点往往需设置在独立的消防前室内。

现代综合医院的规模不断提升，医院的智能化物流系统作为一种专项设计，在满足医院物资运输需求的前提下，应该尽可能地让出面积以满足医疗功能。现在市场上大多使用气动物流、轨道物流以及箱式物流。从实际案例及调研分析来看，气动物流已经逐渐无法满足医院的物资运输需求，其虽然单次绝对速度较快，但运量的局限性使得其只能作为点对点的补充物流存在；轨道物流在经过数年实践之后，不管是从建筑条件，还是从工艺流程和消防方面来说，都较为成熟，即只需要占用较小的空间就可以满足医院大部分物资的运输需求，可以成为医院主要的智能化物流形式；箱式物流系统近两年也得到了较快的发展，虽然占用的土建空间较多，但是其运力大，能够较好地适应国内大型医院的运量需求。医院物流机器人能够在复杂的立体空间运载多样化医疗物资，且无轨灵活，是未来医院物流趋势，值得关注。

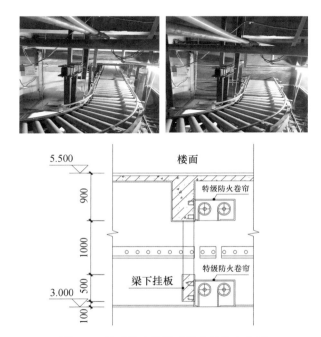

图 6-9　箱式物流传输系统穿越防火分区

第七章

医院绿色建筑规划

从 20 世纪后半叶起，绿色思潮成为国际社会思潮的主流，各国政府竞相提出一系列以"绿色"概念为前提的相关政策。到 90 年代，在巴西里约热内卢召开的"联合国环境与发展大会"，"绿色建筑"的概念第一次被提出。发达国家早在 20 世纪 60 年代就开始探索绿色建筑的发展战略与技术，相继提出绿色建筑评价体系，以规范建筑和能源带来的消耗和污染，比如英国的《建筑环境评估法》、美国的《能源与环境设计先锋》和《医疗保健绿色指南》。2003 年，美国医疗行业提出了第一个针对医疗建筑的可量化绿色设计与评价标准。2010 年之后，世界卫生组织更是将绿色医疗作为重点工作内容之一进行推广。

绿色医院是新时期医疗建筑设计、实施与运营的发展趋势。绿色医院是对医院建筑全过程的质量把控，设计实施注重节地、节能、节水、节材，在运营过程中强调对外部生态的保护与内部环境的提升。绿色医院的建设目的包含三个层次的内容：保障医院使用人群的安全，做好医院功能流线的规划；保护周围环境的健康，不对周边的其他建筑类型造成污染；节约自然资源，减少各类能耗。伴随着科学技术与生产技艺的发展，新的设计理念、新的建筑材料、新的管理平台不断涌现，势必将绿色医院的理念提升到新的高度。

<h1 style="text-align:center">第一节 绿色建筑评价体系</h1>

绿色建筑自概念提出后，经过几十年发展，已经由建筑单体设计布局、技术措施处理手段上升到系统体系层面的策略高度，涉及环境评估、区域规划、建筑设计等多学科多领域。世界各国也相继推出了各自的绿色建筑评价体系（见图 7-1 和表 7-1）。

一、国外绿色建筑评价体系介绍

（一）美国能源与环境设计先锋（LEED）评价体系

美国 LEED 评价体系是由美国绿色建筑协会建立并推行的绿色建筑评价体系，目前在世界各国的各类建筑环保评价、绿色建筑评价以及建筑可持续性评价标准中，被认为是最完善、最有影响力的评价标准。

（二）英国建筑研究院绿色建筑（BREEAM）评价体系

创于 1990 年的英国建筑研究院绿色建筑（building research establishment environment assessment method，BREEAM）评价体系是全球第一个也是最广泛使用的绿色建筑评价体系。该评价体系采取"因地制宜、平衡效益"的核心理念，是全球唯一兼具"国际化"和"本地化"特色的绿色建筑评价体系。它既是一套绿色建筑的评价标准，也为绿色建筑的设计设立了最佳实践方法，也因此成为描述建筑环境性能最权威的国际标准。

（三）加拿大绿色建筑工具（GB Tool）评价体系

加拿大绿色建筑工具（green building tool，GB Tool）评价体系由加拿大自然资源部发起，并由英、美、法等 14 个国家共同制定，目的是想要建立一套国际比较通用的绿色建筑评价模式。其评价内容包含资源消耗，环境负荷，建筑在建造、运行及拆除的整个生命周期对环境的影响，建筑室内环境、可维护性、经济性及使用管理。

1990 英国
BREEAM: Building Research Establishment
Environmental Assessment Method

- 确立了最早的评价体系
- 第一套实用于市场和管理的绿色建筑评价方法
- 评价级别：通过、好、很好、优秀

- 荷兰国家建筑评价工具，表征建筑的可持续发展性

荷兰
Green Cale **1997**

1998 美国
LEED™: Leadership Energy and
Environmental Design

加拿大
GB Tool：Green Building Tool

- 能源与环境设计先锋
- 首次尝试独立、三方认定的绿色建筑评价体系
- 评价级别：认证级、银级、金级、铂金级

- 加拿大绿色建筑评价体系

- 日本建筑物环境效能综合评价体系
- 评定等级：5级评分制。基准值水准3（分）、
满足最低条件值水准1(分）、高优 5(分)

日本
CASBEE: Comprehensive Assessment
for Building Environmental Efficiency **2001**

2003 美国
GGHC：Green Guidelines for
Healthcare Construction

澳大利亚
NABERS: National Australian Built
Environment Rating System

- 医疗建筑绿色指南
- 第一个针对医疗建筑的可量化的绿色设计与评价
工具

- 澳大利亚国家建筑环境评估体系

- 中国绿色建筑评价体系
- 评定等级：一星级、二星级、三星级

中国
《绿色建筑评价标准（GB/T 50378-2006))》 **2006**

2007 德国
DGNB: German Sustainable Building
Certificate

- 德国可持续建筑认证体系
- 评定等级：金级、银级、铜级

- 针对医疗建筑的评价标准

英国
BREEAM Healthcare **2008**

2007 美国
LEED-HC: LEED for Health Care

- 针对医疗建筑的评价标准

- 中国绿色医院建筑评价体系
- 评定等级：一星级、二星级、三星级

中国
《绿色医院建筑评价标准
(CSUS/GBC 2 -2011))》 **2011**

图 7-1 各国绿色建筑评价体系发展一览图

表 7-1　各国绿色建筑评估体系评价项目对比

名称	BREEAM	LEED	GB Tool	CASSEE
国家	英国	美国	加拿大	日本
修订记录	1990（第一版） 2002（最新版）	1996（草案） 2002（最新版）	1998（第一版） 2002（最新版）	2002（第一版） 2004（最新版）
主要评价项目	1. 管理 2. 健康及良好状态 3. 能源 4. 交通 5. 水资源消耗 6. 材料 7. 用地 8. 生态 9. 污染	1. 可持续发展的场地 2. 水的利用效率 3. 能源及空气 4. 材料及资源 5. 室内环境质量 6. 创新及设计方法	1. 资源消耗 2. 环境负荷 3. 室内环境 4. 服务质量 5. 经济状况 6. 管理 7. 便利及交通	Q: 建筑品质性能 Q1: 室内环境质量 Q2: 服务质量 Q3: 户外环境质量 L: 环境负荷 L1: 能源负荷 L2: 资源及材料负荷 L3: 周边环境负荷 BEE: building environmental

（四）日本建筑物综合环境性能评价体系（CASBEE）

日本建筑物综合环境性能评价体系（comprehensive assessment system for build environment efficiency，CASBEE）以各种用途、规模的建筑物作为评价对象，从"环境效率"定义出发进行评价。该评价体系的评价内容包括室内环境、服务质量、室外环境、能源、资源、材料及建筑用地外环境。该评价体系突破了以往的评价模式，不仅注重降低环境负荷与减少资源消耗，而且注重提供优质的建筑空间和生活品质。

（五）澳大利亚国家建筑环境评价体系（NABERS）

澳大利亚国家建筑环境评价体系（National Australian Built Enviroment Rating System，NABERS）是澳大利亚国内第一个较全面的绿色建筑评价体系，主要针对建筑能耗及温室气体排放进行评价，该评价体系共有四大项14个指标。①温室气体排放：能源及温室气体、制冷导致的温室效应、交通；②水资源：水资源的使用、雨水排放、污水排放；③环境：雨水污染、自然景观多样性、有害物质、质量引起的臭氧层破坏、垃圾排放和掩埋处理、室内空气质量；④使用者反馈：使用者满意程度。

（六）德国可持续建筑评价体系（DGNB）

德国可持续建筑评价体系（DGNB）不仅是绿色建筑标准，而且还是涵盖生态、经济、社会三大方面的因素，以及建筑功能和建筑性能评价指标的体系。它所评价的内容包括生态质量、经济质量、社会文化及功能质量、技术质量、程序质量和场址选择。

除以上评价体系外，国外的绿色建筑评价体系还包括挪威的 EcoProfile 体系、法国的 ESCALE 体系以及新加坡的 Green Mark 认证等。国外的绿色建筑评价体系大多采用评分制，涉及节水和水资源利用，且都在不断地更新和发展。

二、我国绿色建筑评价体系

我国在绿色建筑评价体系方面的研究起步较晚，初期的评价体系主要针对住宅类项目，如《中国生态住宅技术评估手册》。该手册的制定主要是为了指导生态住宅规划、设计与建设，保护自然资源，创造健康、舒适的居住环境，提高我国住宅建设水平。

2006年，我国颁布了第一部综合性绿色建筑评价的国家标准《绿色建筑评价标准》（GB/T 50378-2006），该标准是一部多目标、多层次的绿色建筑综合评价体系，从选址、材料、节能、节水、运行管理等多方面对建筑进行综合评价，其特点是强调设计过程中的节能控制。该标准历经2006年、2014年两个版本，目前已经更新为《绿色建筑评价标准》（GB/T 50378-2019），见表7-2。为引导绿色建筑健康发展，更好地实行《绿色建筑评价标准》，住房和城乡建设部随后又组织编写了《绿色建筑评价标准技术细则》。

在建筑节能、节能验收及运行管理方面还有《公共建筑节能设计标准》（GB 50189-2005）、《建筑节能工程施工质量验收规范》（GB 50411-2007）、《空调通风系统运行管理规范》（GB 500365-2005）及《建筑能效测评与标识技术导则》等相关规范和标准，以及各类与幕墙、照明、噪声等相关的评定标准。

三、我国绿色医院建筑评价体系

在绿色建筑的大背景下，医院建筑作为医疗功能得以实现的载体，绿色医院整体评价体系的建立变得更为迫切。国内一些城市还进行了相关研究并出台了相关标准与要求，如太原的《创建绿色医院实施方案》、大连市的《绿色医院评估标准》、西安市的《绿色医院评审细则》、深圳市的《绿色医院评审细则》等，虽然提法各不相同，但都从不同侧重点解释了绿色医院应包括的一些重要内容。

2011年3月，我国住房和城乡建设部科技发展促进中心和卫生部医院管理研究所共同组织编制发布了《绿色医院建筑评价技术细则（草稿）》；2011年7月，中国医院协会组织编制的《绿色医院建筑评价标准》（CSUS/GBC 2-2011）推广应用，它包括医院规划、建筑、设备及系统、环境与环境保护、运行管理等5个方面，该标准将绿色医院建筑分为3个等级，可根据当地发展情况灵活选用指标。

2015年，住房和城乡建设部正式发布了《绿色医院建筑评价标准》（GB/T 51153-2015），该标准全文共分10章和一个附录，其核心内容是场地优化与土地合理利用、节能与能源利用、节水与水资源利用、节材与材料资

表7-2 《绿色建筑评价标准》内容对比（我国《绿色建筑评价标准》发展及2019版检验检测增量成本分析高月霞）

对比项		标准2006版	标准2014版	标准2019版
		公共建筑和住宅建筑	各类民用建筑	各类民用建筑
评价类型		公共建筑和住宅建筑	各类民用建筑	各类民用建筑
评价阶段		设计评价：施工图设计文件审查通过后 运行评价：竣工验收并投入使用1年后	设计评价：施工图设计文件审查通过后 运行评价：竣工验收并投入使用1年后	设计评价：施工图设计已完成后 运行评价：建筑工程竣工后
评价指标	指标体系	节地与室外环境 节能与能源利用 节水与水资源利用 节材与材料资源利用 室内环境质量 运营管理	节地与室外环境 节能与能源利用 节水与水资源利用 节材与材料资源利用 室内环境质量 施工管理 运营管理	安全耐久 健康舒适 生活便利 资源节约 环境宜居 提高与创新
	指标性质	控制项、一般项和优选项	控制项、评分项和加分项	控制项、评分项和加分项
	指标权重	无	控制项：无 评分项：有，权重值均为1 加分项：有，权重值为1	控制项：无 评分项：有，权重值均<1 加分项：有，权重值均<1
	评定结果	控制项：满足或不满足 一般项：满足或不满足 优选项：满足或不满足	控制项：满足或不满足 评分项：分值 加分项：分值	控制项：达标或不达标 评分项：分值 加分项：分值
评价等级		一星级 二星级 三星级	一星级 二星级 三星级	基本级 一星级 二星级 三星级
评价等级确定方法		满足所有控制项的要求，按满足一般项数和优选项数的程度确定一、二或三星级	满足所有控制项的要求，按满足一般项数和优选项数的程度确定一、二或三星级	满足"控制项"的要求即为基本级，即每类指标所有控制项的要求，满足所有控制项的要求，标准评分240分，按总得分确定一、二或三星级
评价等级的前置条件		无	无	全装修 围护结构热工性能 提升节水器具等级住宅建筑隔声性能 室内主要空气污染物浓度降低比

源利用、室内空气质量、运行管理和创新。它符合我国绿色建筑评价体系的基本要求，统筹考虑了医院建筑能耗、安全性能要求高、医疗流程复杂、室内外环境要求严格、各功能房间用能用水要求差别较大等突出特点，明确了对医院建筑的针对性，借鉴国外先进经验，并开展项目试评，增强了先进性和可操作性。该标准的编制建立在国家绿色建筑评价标准基础之上，同时突出医院与一般公共建筑的不同点，其主要编制原则包括以下5点内容：

1. 借鉴国外先进经验，结合我国国情。

2. 重点突出医院的特殊性，科学、合理地实行安全与"四节一环保"策略。

3. 体现过程控制。

4. 定量和定性相结合。

5. 系统性与可操作性相结合。

该标准从场地优化与土地合理利用、节水与水资源利用、节能与能源利用、节材与材料资源利用、运行管理、室内环境质量和创新7个方面对参评医院建筑进行评价。评价分为两种，即设计阶段评价及运行阶段评价。设计阶段评价不包含运营期的评价，且指标选取不同。设计阶段评价从场地优化与土地合理利用、节能与能源利用、节水与水资源利用、节材与材料资源利用、室内环境质量5个方面进行。而运行阶段的评价增加了运行管理的指标，指标权重有所区别。单独划分了创新加分项，此项指标不赋予权重，而是根据建设项目实际情况考虑加分且不超过10分（见表7-3）。

表7-3　《绿色医院建筑评价标准》内容

1	总则		设计阶段评价比重	运行阶段评价比重
2	术语			
3	基本规定	3.1 基本要求	/	/
		3.2 评价与等级划分		
4	场地优化与土地合理利用	4.1 控制项	15%	10%
		4.2 评分项		
5	节能与能源利用	5.1 控制项	30%	25%
		5.2 评分项		
6	节水与水资源利用	6.1 控制项	15%	15%
		6.2 评分项		

331

续表

7	节材与材料资源利用	7.1 控制项	15%	10%
		7.2 评分项		
8	室内环境质量	8.1 控制项	25%	20%
		8.2 评分项		
9	运行管理	9.1 控制项	/	20%
		9.2 评分项		
10	创新	10.1 基本要求	/	/
		10.2 加分项		
一星级			50/110	
二星级			60/110	
三星级			80/110	

第二节　基于 LEED HC 的评价体系

LEED HC 认证体系是医疗绿色指南（Green Guide for Health Care，GGHC）和美国绿色建筑委员会（U.S. Green Building Council，USGBC）历经 7 年合作的成果。GGHC 是世界上第一个针对医疗建筑的可量化的绿色设计与评价工具，也是 LEED HC 的基础。2011 年 4 月 8 日，USGBC 推出了针对医疗建筑的绿色建筑评价体系 LEED HC（LEED 2009 for Healthcare）。该评价体系可应用于门诊、病房、长期疗养设施、医疗办公室、养老机构以及医疗培训和研究中心等建筑的 LEED 认证（见图 7-2）。在 LEED HC 之前，对医疗建筑的认证大多采用 LEED NC（适用于公共建筑、办公建筑、高层居住建筑、政府大楼、娱乐设施、制造工厂和实验室等新建筑和重大改造项目）。考虑到医疗建筑的特殊性，其他类型建筑的评价不能完全适应医疗建筑的特点，LEED HC 应运而生，这是绿色医疗建筑发展史上重要的里程碑，是目前国际上最完善、最具影响力的针对医疗建筑的绿色建筑评价体系。

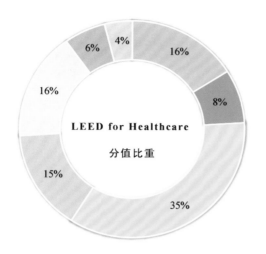

可持续发展场址　节水　能源与大气　材料与资源　室内环境质量　创新设计　地区优先

图 7-2　LEED 认证

　　与其他 LEED 认证体系一样，LEED HC 也采用评分制，其评分包括强制项（prerequisite）和得分项（credit）两种。强制项不设置分数，但必须满足。整个体系从 7 个方面对医疗建筑项目进行评价，每个方面分别包含若干强制性得分和可选得分，具体请见表 7-4 的得分卡。

表 7-4　LEED HC 评价体系表

LEED HC 评分项目		可能分值
可持续发展场址		18
强制项 1	建设活动污染放置	
强制项 2*	场地环境评价	
得分项 1	场地选择	1
得分项 2	开发密度和社区连通性	1
得分项 3	褐地再开发	1
得分项 4.1	替代交通：公共交通的接入	3
得分项 4.2	替代交通：自行车存放和更衣间	1
得分项 4.3	替代交通：低排放和节油车辆	1
得分项 4.4	替代交通：停车容量	1

续表

LEED HC 评分项目		可能分值
得分项 5.1	场地开发：栖息地保护和恢复	1
得分项 5.2	场地开发：最大化空地	1
得分项 6.1	雨洪设计：流量控制	1
得分项 6.2	雨洪设计：水质控制	1
得分项 7.1	热岛效应：非屋面	1
得分项 7.2	热岛效应：屋面	1
得分项 8	减少光污染	1
得分项 9.1*	与室外自然环境的连通：休息空间	1
得分项 9.2*	与室外自然环境的连通：室外空间可及性	1
节水		9
强制项 1	减少用水量	
强制项 2*	医疗设备冷却用水减量化	
得分项 1	节水绿化景观：不使用自来水或无灌溉	1
得分项 2*	减少用水量：测量与验证	1～2
得分项 3	减少用水量	1～3
得分项 4.1*	减少用水量：建筑设备	1
得分项 4.2*	减少用水量：冷塔	1
得分项 4.3*	减少用水量：食物垃圾系统	1
能源与大气		39
强制项 1	建筑能源系统基本调试运行	
强制项 2	最低能效	
强制项 3	基本冷媒管理	
得分项 1	能效优化	1～24
得分项 2	现场可再生能源	1～8
得分项 3	增强调试	1～2
得分项 4	增强冷媒管理	1
得分项 5	测量和验证	2
得分项 6	绿色电力	1
得分项 7*	社区污染防治：气溶胶扩散	1

LEED HC 评分项目		可能分值
材料和资源		16
强制项 1	再生物存放和收集	
强制项 2*	持久性生物累积性有毒物质减少：汞	
得分项 1.1	建筑再利用：保留原墙体、地板和屋面	1～3
得分项 1.2	建筑再利用：保留原内部非结构构件	1
得分项 2	建筑废弃物管理	1～2
得分项 3	可持续材料和产品	1～4
得分项 4.1	持久性生物累积性有毒物质减少：灯泡中的汞	1
得分项 4.2	持久性生物累积性有毒物质减少：铅、镉和铜	2
得分项 5	家居和医疗设备	1～2
得分项 6	资源利用：灵活性设计	1
室内环境质量		18
强制项 1	最低室内空气品质	
强制项 2	环境烟草烟雾控制（environmental tobacco smoke，ETS）	
强制项 3*	有害物消除和密封	
得分项 1	室外送风监控	1
得分项 2*	声学环境	1～2
得分项 3.1	施工 IAQ 管理计划：施工中	1
得分项 3.2	施工 IAQ 管理计划：入住前	1
得分项 4*	低挥发性材料	1～4
得分项 5	室内化学品及污染源控制	1
得分项 6.1	系统可控性：照明	1
得分项 6.2	系统可控性：热舒适	1
得分项 7	热舒适：设计和验证	1
得分项 8.1	采光和视野：采光	2
得分项 8.2	采光和视野：视野	1～3
创新设计		6
强制项 1*	一体化规划与设计	
得分项 1	创新设计	4

续表

LEED HC 评分项目		可能分值
得分项 2	LEED 认证工程师	1
得分项 3*	一体化规划与设计	1
地区优先		4
得分项 1	地区优先	1 ～ 4

注：* 医疗建筑的设计和施工情况，得分 40 ～ 49 分为认证级，50 ～ 59 分为银级认证，69 ～ 79 分为金级认证，80 分以上为铂金级认证。

医疗建筑由于其特殊性，能耗设备种类多，连续运行时间长。在我国，同等外在条件下的单体建筑能耗是发达国家的 2 ～ 5 倍，而医院建筑的能耗又是一般公共建筑的 1.6 ～ 2 倍，因此在我国节约医院耗能具有重要的意义。最直接的受益点有改善医疗环境、提升患者健康状况、缩短患者康复时间、降低运营成本等。

第三节　绿色医院建设中待解决的问题

 一、对绿色概念的认知不足

对绿色医院概念存在认识的误区。许多人认为医院建筑达到绿色、节能、环保，就能被称为"绿色医院"。医院建筑作为绿色医院的载体，仅仅为绿色医院的一部分，它包括绿色医疗、医患和谐及医院绿色运营等方面。绿色医院是在保证其功能的前提下达到节能的目的，绿色医院在保护环境、节约能源、体现绿色的原则下，还需要考虑以患者为中心，尊重、理解、关心患者，开展人性化医疗服务，保障绿色医疗，即不仅仅是绿色医疗环境，也包括患者诊治过程的绿色医疗措施与保障。

二、指标设置缺乏前瞻性

评价体系的设立为参评建筑在设计阶段提供规范的标准，施工阶段制定科学合理方案，为参评建筑评价时提供参考的依据，是绿色医院建筑发展的技术支撑。绿色医院建筑是一个复杂的系统工程，具有多专业、多层次和多阶段的特点。指标的选取与设立的原则应是在节能环保的基础上推动绿色建筑技术的推广应用，应当结合相关领域的新技术与方法，比如以下几个方面。

（一）绿色建筑材料与被动节能措施

绿色建筑材料是指采用清洁生产技术，不用或少用天然资源和能源，大量使用工农业或城市固态废弃物生产的无毒害、无污染、无放射性，达到使用周期后可回收利用，有利于环境保护和人体健康的建筑材料。近年来，水泥、玻璃、饰面材料的发展都取得了质的提升。对于绿色材料的品质与市场，国家积极出台相关标准、认证，但是还有空间做进一步的提升与规范。结合绿色建筑材料，通过在建筑规划设计中对建筑朝向的合理布置、遮阳的设置、建筑围护结构的保温隔热技术、有利于自然通风的建筑开口设计等，实现建筑所需要的采暖、空调、通风等能耗降低。2019 年我国建筑全过程能耗细分见图 7-3。

（二）未来智库

绿色建筑建材行业研究：下一个五年的"蓝海" BIM 信息技术的全过程应用，追踪设计存在的问题、施工管理的组织以及后期运营能耗的统计与优化。BIM 具有可视化、仿真化、多信息平台的特点，可以有力支持绿色建筑的发展。我国从 2002 年开始推广建筑模型信息化系统，但是与国际平均水平相比，渗透率还有很大的差距（见图 7-4）。

（三）装配式建筑的推广

装配式建筑是指把传统建造方式中的大量现场作业工作转移到工厂进行，在工厂加工制作好建筑用构件和配件（如楼板、墙板、楼梯、阳台等），运输到建筑施工现场，通过可靠的连接方式在现场装配安装而成的建筑。装配式建筑的建造速度快，而且生产成本较低，可以减少 20% ～ 80% 的人工。虽然从医院实际角度出发，其建筑结构和系统错综复杂，每家医院都有自己的布局、设备、管理特点，并且科室多、功能复杂，医技等特殊要求多，预制构件无法大批量标准化生产，装配式建筑很难完全推行，但是在一些常态化、单元化的部位仍建议局部采用。尤其在新冠疫情下，装配式医院快速组建完成并收治患者，节约人力、物力，绿色建筑的环保等优势展现得非常明显。因此，还应该在医院装配式建筑的推行上进一步研究与优化。着力于以上领域的推广与优化，在绿色建筑指标的选取与设立上保持创新，大胆设置新技术、新方法的指标项，并且赋予足够的权重，进一步细化各类分项目标来推动新技术的发展，以达到其根本目的。

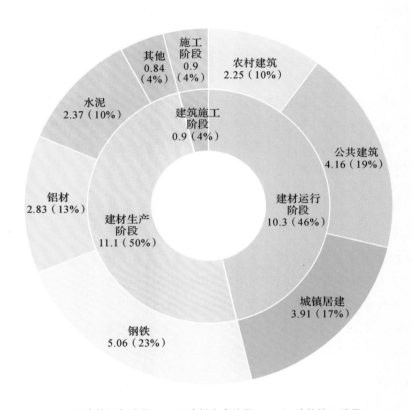

图 7-3 2019 年我国建筑全过程能耗细分（单位：亿 tce）

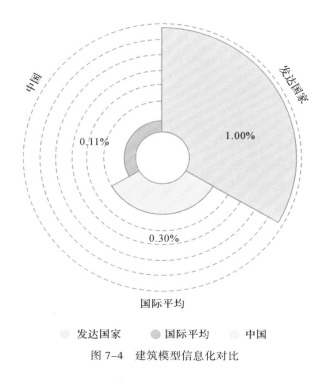

图 7-4　建筑模型信息化对比

第四节　参照 LEED HC 评价体系的绿色医院设计优化

一、场地优化

尊重自然、顺应自然是可持续建筑的重要特征。现代医院要求回归自然，强调以人为本，创造绿色环境，贯彻可持续发展。建造绿色医院，强调绿色建筑、绿色能源、绿色环境与绿色管理，顺应了当前对医院建设与发展的新要求，是时代之需。医院建筑设计中应充分认识到人、建筑、环境三者之间的关系，建立良好的生态观念，使建筑与环境相互融合、相互适应。在场地优化中，不选择污染场地，提倡使用达到环保标准的修复场地，注重可持续选址，注重与室外环境的连通，打造景观节点，包括院前广场绿化景观、屋顶花园绿化景观、院区内庭院绿化景观等。参照 LEED HC 的标准，对于 75% 的住院患者和 75% 的就诊时间超过 4 小时的门诊患者，可以直接触及和享受的室外庭院、草坪、花园、阳台等空间总面积不低于每人 $0.465m^2$。

二、节水、节能、节材与运营

尽量减少医疗设备的耗水，针对医疗建筑用水量大的特点，鼓励淘汰医疗设备采用的直流水冷却方式，采取用水量检测的技术措施以便于跟踪用水情况并进行节水优化，实现冷却设备用水最小化。从设计到运营阶段，采用节水灌溉方式进行绿化。考虑可再生能源的利用，通过建筑能源系统的基本调试，燃烧设备的燃烧产物满足排放要求，同时进行制冷剂管理。节材主要包括两个要点，一方面是材料本身的选择与应用应遵循无公害达标的原则，另一方面是在空间布局上考虑一定的扩容与可变性，体现可持续发展的理念。LEED HC 评价体系将医院建筑的策划、设计、施工、运营视作一个统一的整体，强调医院建设的各方主体协同作战，关注项目全寿命周期。

三、室内环境质量

室内环境的质量包括多方面因素，如设计、用材、声、光、电等。在室内环境中要杜绝石棉、汞、铅等有害物质的暴露，减少挥发性材料的应用。控制室内环境，减少噪声污染，以及采取医院室内设计篇章中所述要点，整体打造医院室内环境质量。

四、创　新

在基本的评价板块中，除能源、大气、材料、资源等核心之外，绿色医院的设计评价体系同时也强调各种类型的创新突破在国家提出"双碳"目标之后，建筑的节能减碳势在必行，建设方要用更长远的眼光、更广阔的视角来看待绿色建筑，不能半途而废，一些绿色建筑的措施虽然前期有较高的投入成本，但是从长期的运营和环境效益来看是非常可观的。同时我们也要认识到，绿色建筑不仅是我们要达到的医院建设目标，更是建筑可持续发展的开始。